Eva Tenzer
Go Shopping!

Eva Tenzer

Go Shopping!

Warum wir es einfach nicht lassen können

kiepenheuer

ISBN 978-3-378-01105-2

Gustav Kiepenheuer ist eine Marke der
Aufbau Verlag GmbH & Co. KG

1. Auflage 2009
© Aufbau Verlag GmbH & Co. KG, Berlin 2009
© Eva Tenzer
Einbandgestaltung Glanegger.com, Büro für Buch und Grafik, München
Druck und Binden Bercker Graphischer Betrieb, Kevelaer
Printed in Germany

www.aufbau-verlag.de

Inhalt

Einleitung

Warum unsere Neuronen beim Anblick eines Sport-
wagens jubeln – auch wenn uns das peinlich ist

➤ Mein Strohhut und die Weltwirtschaft

➤ Gegen Konsumlust ist kein vernünftiges Kraut gewachsen

➤ Luxuriöses Erbe der Evolution

➤ Vorsicht Neuromarketing!

➤ Der aufgeklärte Konsument

Mein Strohhut und die Weltwirtschaft

Im letzten Sommer machte ich einen Ausflug, der bei einer Verkaufsveranstaltung im Park eines alten Wasserschlosses endete. Vielleicht kennen Sie diese Art der Landpartie: eine alte Immobilie mit Flair, Freundinnen im Gespann, die Stimmung eines sonnigen Nachmittags; kurz: ein lustbetontes Ambiente – in dem herrliche Waren angeboten werden, die es in normalen Läden kaum zu kaufen gibt. Und schon war es wieder passiert. Mir geht es bei diesen Anlässen wie Frauen, die ungewollt schwanger werden. Meine Ausbeute diesmal: ein exaltierter Strohhut, den ich im Alltag niemals tragen werde, weil er nur zu alten Wasserschlössern passt, eine handgemachte Seife mit echten Rosenblättern, die ich selten benutzen werde, weil sie eigentlich zu wertvoll zum Händewaschen ist, und eine Terrakotta-Skulptur für den Garten. In unserem norddeutschen Schmuddelwetter wird sie spätestens nach zwei Jahren bis zur Unkenntlichkeit mit Moos überwuchert sein. Man wird dann nur noch ahnen können, dass unter dem grünen Flaum die nackte Jagdgöttin Diana zu Pfeil und Bogen greift. Von dem zauberhaften Ausdruck, der der Bildhauerin gelungen ist, wird nichts mehr zu sehen sein; von Vogelschieter und dem Zahn der Zeit gezeichnet, wird das Ding bald nur noch einen morbiden Charme verbreiten.

Mein Mann registrierte die Neuerwerbungen mit einer hochgezogenen Braue und verächtlichem Funkeln in den Augen. Zur Wahrung des Ehefriedens verkniff er sich einen Kommentar und wandte sich wieder seiner Zeitung zu. Was er aber in diesem Moment dort hinter dem Wirtschaftsteil dachte, war mir klar: »Wenn du einen Hut brauchst, nimm doch eines der anderen Schlossherrinnen-Modelle aus dem Schrank.« – »Wir besitzen Seifen *en gros* und *en détail*, ein

9

Blick ins Bad genügt.« – »Im Garten sieht man vor lauter moosüberwucherten Skulpturen die Pflanzen nicht mehr.«

Ich ließ mir die gute Laune nicht verderben, wohl wissend, dass er keinen Deut besser ist als ich. Zwar ist er gegen Hüte und Seifen immun, nicht jedoch gegen die Verlockungen der Technik. Ich sage nur: Schachcomputer, Aktivboxen und Multifunktionstools.

Etwa zur selben Zeit, als ich von der Landpartie zurückkam, ersteigerte ein Kanadier bei einer Auktion im mittelenglischen Derby eine Unterhose der englischen Königin Viktoria für rund 5700 Euro. Die 100 Jahre alte Pumphose hatte einen Umfang von 130 Zentimetern und brachte ihrem Verkäufer einen neunmal höheren Betrag ein als erwartet. Spätestens dieser Kaufakt stellte mich vor die Frage, was in unserem Kopf beim Kaufen eigentlich vor sich geht. Warum gibt jemand den Gegenwert eines Luxusurlaubs für eine monströse vergilbte Unterhose aus? Was passiert in diesem Moment in den Gehirnzellen, wie entsteht dieses eigenartige Begehren und lässt in uns wider alle Vernunft den Entschluss zum Kauf reifen?

Kaufen Sie manchmal mehr, als Sie brauchen oder sich momentan leisten können? Kommen Sie an Rabatten, exklusiven Angeboten oder brandneuen Innovationen nicht vorbei, ohne dass Ihre Hand nach dem Geldbeutel tastet? Lieben Sie Markenprodukte, und sind Sie bereit, für gute Qualität viel Geld auszugeben? Oder sammeln Sie lieber Trödel vom Flohmarkt und mögen Internetauktionen, selbst wenn Sie sich dabei gelegentlich um Kopf und Kragen bieten? Und haben Sie die Erfahrung gemacht, dass diese eigenartige Leidenschaft fürs Kaufen manchmal Ihren Verstand auszuschalten vermag? Dann geht es Ihnen wie mir – und vielen anderen Konsumenten. Wir stehen oft ratlos vor dem eigenen Kaufverhalten und fragen uns, was in aller Welt uns zu dieser oder jener Tat getrieben haben mag.

Über dem Aufmacher des Wirtschaftsteils, hinter dem sich mein Mann an jenem spätsommerlichen Tag verschanzte, prangte die Überschrift: »Konsum hilft allen!« Also, dachte ich, da haben wir's! Meine Konsumimpulse helfen nicht nur Hutmachern und Seifensiedern, sondern allen: dem Staat, weil er Steuern einnimmt, der Wirtschaft, weil dadurch Unternehmen am Leben gehalten werden, und am Ende auch der gemeinnützigen Organisation Oxfam, wo all das landet, was ich nicht mehr brauche, und aus den Einnahmen Hilfsprojekte in armen Ländern finanziert werden. Allerdings hätte ich – zugegeben – die Dinge auch ohne das Wissen um ihren volkswirtschaftlichen Nutzen gekauft. Denn: Konsum bereitet Lust. Mehr jedenfalls als das Nachdenken über seine Folgen, keine Frage. Diese Freude scheint in unserem Gehirn bisweilen die Oberherrschaft über die neuronalen Kontrollbehörden zu übernehmen, deren Aufgabe es eigentlich wäre, unsere Konsumlust zu überwachen. Und genau diese Vermutung, dass nämlich unser Konsumkontrollzentrum ein Teil unseres Gehirns ist, dem es bisweilen an Durchsetzungskraft mangelt und auf den wir uns nicht immer verlassen sollten, scheint sich in Experimenten von Hirnforschern mehr und mehr zu bestätigen.

Sie fanden zum Beispiel heraus, dass unsere Neuronen frohlocken, sobald wir einen flotten Sportwagen zu Gesicht bekommen. »Meine ganz sicher nicht«, wird jetzt vielleicht manche(r) denken. Aber so einfach ist das nicht. Die Mehrheit der Menschen in diesem Land ist der Meinung, dass es angesichts knapper Ölreserven und schmelzender Polkappen sinnvoll ist, benzinsparende Kleinwagen zu fahren. Wahrscheinlich würde auch Sie das Bewusstsein, etwas für den Umweltschutz zu tun, glücklich machen, und deshalb würde Sie ein Wagen, der das Gegenteil davon tut, kaltlassen. Ja? Sind Sie ganz sicher? Die Hirnforscher haben anderes beobachtet. Vermutlich würden nämlich auch Ihre

Neuronen eine unerwartete Vorstellung bieten, sobald man Ihnen mit Hilfe eines Hirnscans genauer auf die Synapsen schaut. Versuchspersonen, die in die »Röhre« eines Computertomographen geschoben wurden, lieferten genau dieses Bild. Auch sie wussten, dass ein Sportwagen teuer ist, suboptimal in Sachen Klimaschutz und unpraktisch für den Transport von großen Strohhüten, ganz zu schweigen von größeren Familien. Dennoch empfanden sie beim Anblick eines Flitzers so etwas wie Glück. Ein kleiner Zellhaufen in ihrem Gehirn, der wie eine Belohnungszentrale funktioniert, feuerte wild elektrische Impulse, während der vernünftige Kleinwagen keinerlei euphorisierende Zustände produzierte. Ein Kleinwagen mag vernünftig sein, aber das ist Hustensaft auch. Glücksgefühle lösen beide eher selten aus. Und in diesem Fall lodert auch unsere Kauflust nur verhalten auf.

Ein ähnliches Experiment zeigte, dass Coca-Cola Versuchspersonen oft schlechter schmeckt als der Konkurrent Pepsi – aber nur solange sie nicht wissen, *was* sie trinken. Sobald die Teilnehmer die Etiketten lesen können, sind plötzlich zusätzlich weitere Hirnzentren aktiv, jedoch nur zugunsten des Marktführers. Entsprechend greifen wir im Supermarkt zu. Starke Marken können in unseren Gehirnen sogar eine Wirkung zeigen, die der von Schmerzmitteln ähnelt.

Solche Experimente legen eindrücklich nahe, dass es eine Illusion ist, zu glauben, unser Konsumverhalten sei stets das Ergebnis bewusster Entscheidungen und rationaler Abwägungen. Diese Einsicht gehört zu den Haupterkenntnissen der modernen Wirtschaftsforschung. Was jedoch nicht bedeutet, dass wir nicht verstehen *könnten*, was da beim Shopping in unserem Oberstübchen vor sich geht. Und es bedeutet genauso wenig, dass unser Verhalten unsinnig wäre – es folgt einfach nur seiner eigenen Logik. Hirnforscher, Psychologen und Marketingexperten haben eine ganze Menge darüber herausgefunden, warum unser Gehirn so gern einkaufen geht und weder vor Fernsehgeräten für 5000 Euro noch vor goldbepuderten Pralinen haltmacht, nicht vor überteuerten Handtaschen aus Rochenleder und nicht vor spritsaufenden Sportwagen. Setzen wir alle Puzzleteile zusammen, ergibt sich ein hochinteressanter, oft verblüffender, manchmal auch bestürzender Einblick in unsere rätselhafte Lust auf immer mehr. *Go Shopping!*, scheinen die Neuronen wider alle Vernunft selbst in wirtschaftlichen Krisenzeiten zu rufen. Aber warum tun sie das?

Gegen Konsumlust ist kein vernünftiges Kraut gewachsen

»Langjähriger Konsum lässt das Gehirn schrumpfen!«, »Wer häufig konsumiert, desorganisiert seine neuronale Architektur!« – Keine Sorge, diese Schlagzeilen aus der Hirnforschung beziehen sich auf den Konsum von Cannabis. Sie können sich beruhigt zurücklehnen: Der Konsum von Schmuck, Schuhen, Autos oder Reisen hat kaum vergleichbare Auswirkungen auf Ihre Hirnzellen. Ganz im Gegenteil: Unsere grauen Zellen reagieren geradezu beflügelt auf Shopping und machen uns allzu gern einen Strich durch die Rechnung, wenn es darum geht, endlich! weniger! zu kaufen, zu schlemmen oder unnötige Dinge zu begehren. Das Gehirn nämlich konsumiert ausgesprochen gern. Es hat im Laufe der Evolution zahlreiche Mechanismen entwickelt, die uns Enthaltsamkeit schwermachen. Sehr schwer. Wie das genau funktioniert, erfahren Sie in diesem Buch. Es beleuchtet, was in unserem Inneren vor sich geht, sobald wir uns in der modernen Warenwelt bewegen, was uns steuert und antreibt.

Natürlich gibt es globale Mechanismen und Auswirkungen des Konsums, er beeinflusst die Umwelt ebenso wie

Handelsströme und Entwicklungsperspektiven ganzer Staaten. Die Entwicklung Chinas in den letzten zehn Jahren ist ohne die globale Nachfrage nach billigen Konsumgütern nicht zu erklären. Aber es gibt auch die ganz privaten Aspekte des Konsums unter der Schädeldecke, das rege Feuern von 100 Milliarden Neuronen in unserem Kopf. Und vor allem die wollen wir uns in diesem Buch einmal genauer anschauen. Es geht also nicht um globalen Kapitalismus, sondern um den Kopf des Konsumenten, um seine Psyche, seine kleinen Leiden und Freuden und den Ort, wo sie entstehen – das Gehirn.

Die These lautet: Das menschliche Gehirn selbst liebt den Konsum, und es verschmäht Askese. Das Belohnungszentrum unseres Körpers schüttet Glückshormone nicht etwa aus, wenn wir Verzicht üben und den schönen Dingen entsagen, sondern vielmehr wenn wir Abenteuer in der bunten Warenwelt erleben. Der einfache Grund dafür ist, dass sich Konsum im Laufe der Menschheitsentwicklung bewährt hat. Sie und ich wären vermutlich nicht auf der Welt, wenn unsere Urahnen nicht diese Lust am Mehr verspürt hätten. Die Evolution favorisiert Luxus, seit unsere Vorfahren aufgehört haben, den nächsten Hirsch erst dann zu jagen, wenn der Hunger kam. Wer sich rechtzeitig um Vorräte kümmerte, Überschüsse beiseitelegte und Überfluss produzierte, war im Vorteil. Vorratskammern und Statussymbole sicherten in allen Kulturen der Welt das Überleben. Wer mehr aß, mehr hatte und tauschen konnte, überlebte mit größerer Wahrscheinlichkeit, und er brachte die eigenen Gene eine Runde weiter.

Freiwillige Askese und das Befolgen von »Lessness-Trends« hätten in der längsten Zeit der Menschheitsentwicklung den sicheren Tod bedeutet. So lagen Haben und Sein schon immer viel dichter beieinander, als es modernen Konsumkritikern lieb sein kann. Nicht Verzicht, sondern Besitz und Genuss verbesserten die Überlebenschancen.

Ich gebe zu, von ausgefallenen Hüten ist da nicht die Rede, die braucht keiner zum Überleben. Aber dieses Programm sitzt tief drinnen in jedem von uns. Unsere neuronalen Schaltkreise haben es auch in Zeiten der Vollversorgung mit allem Lebensnotwendigen beibehalten. Seit Hunderttausenden von Jahren darauf trainiert, auf Konsumerlebnisse positiv zu reagieren, können wir uns den Drang zum Überfluss nur schwer abgewöhnen. Der Mensch hat einfach zu lange gelernt, dass reichhaltiges Essen, Schmuck, Mode, Technik und Innovationen aller Art gut für ihn sind.

Aus diesem Grund laufen Kapitalismuskritik und Aufrufe zum Konsumverzicht oft ins Leere – gegen die Lust am Mehr scheint kein Kraut der Vernunft gewachsen. Selbst die Tatsache, dass der ausufernde Konsumwahn lebenswichtige Ressourcen der Erde zerstört und einen beträchtlichen Teil unserer Lebenszeit auffrisst, weil wir das Geld dafür irgendwie beschaffen müssen, hält uns nicht davon ab, munter weiterzukonsumieren. Die Müllberge der westlichen Welt erzählen davon.

Was wir beim Betreten unserer Lieblingsboutique, einer riesigen Shoppingmall oder einer kleinen Seifensiederei erleben, ist also von sehr alten Verhaltensmustern geprägt. Aber es kann uns entscheidend weiterhelfen, den Geheimnissen dieser Leidenschaft auf die Spur zu kommen. Denn wer sich (selbst)kritisch mit dem Thema Konsum auseinandersetzen und am Ende vielleicht sogar sein Konsumkontrollzentrum zu einem zuverlässigeren Mitarbeiter machen möchte, sollte zuallererst die Ursprünge dieser urmenschlichen Lust kennen. Dieses Buch lädt Sie deshalb zu Expeditionen in Ihre eigenen neuronalen Netze ein, in denen jede Art von Konsum und Ihre ganz persönlichen Konsummarotten ihren Ursprung nehmen.

Konsumiert wurde und wird immer. Schon Steinzeitmenschen produzierten Schmuckstücke, auch »unverdorbene« Naturvölker schachern, ohne jemals der Werbebranche ausgeliefert gewesen zu sein, um Waren, die kein Mensch zum unmittelbaren Überleben braucht. Die nicht gerade für überschäumende Lebensfreude bekannten Kalvinisten erhoben den Warenkapitalismus gar auf den Schild gottgewollter Tugenden. Dieser Konsum hat sich in den letzten Jahren stark verändert und in viele Konsumstile aufgefächert: Vom Discounterfan bis zum distinguierten Liebhaber englischer Tweedstoffe verfolgt jeder eigene Strategien und erlebt dabei seine ganz individuellen Höhepunkte. Die Lust am Konsum verspüren alle sozialen Schichten und jagen Waren vom Ein-Euro-Schnäppchen bis zur Luxusyacht hinterher. Geht es dem einen um den edlen Glanz von Markenprodukten, liebt ein anderer alles, was neu auf dem Markt ist, während ein Dritter seine Sammelleidenschaft auslebt.

Und selbst in Gesellschaften, in denen der Tanz ums Geld verpönt ist, spielt Konsum eine große Rolle: »Westjeans« erzielten im ehemaligen Ostblock Höchstpreise, während heute das (offiziell) kommunistische China fröhlich dem Warenkonsum nach westlichem Vorbild frönt. Jeder von uns ertappt sich gelegentlich dabei, etwas gekauft zu haben, das unnötig, überflüssig oder überteuert war – aber so unglaublich begehrenswert! Wer es sich leisten kann, kauft, tauscht, sammelt und häuft an. Manchmal bis zum Exzess – bereits sieben Prozent der Deutschen gelten als kaufsuchtgefährdet. Der Kick, den sie dabei verspüren, treibt gleichfalls nichtpathologische Fälle täglich in die Einkaufsparadiese. Auch wir Normalkäufer konsumieren oft nicht aus überlegtem Kalkül heraus, sondern einfach weil es uns Lust bereitet, von Sorgen ablenkt oder Stress abbaut. Und für diese spezielle Form der Lustproduktion ist natürlich das Gehirn zuständig. Da sitzt also kein kleiner Dämon im Kopf, der uns zuflüstert: »Mehr, mehr, mehr!« Insofern ist Selbsterkenntnis das erste Ziel dieses Buchs. Doch da ist noch etwas.

Vorsicht Neuromarketing!

Auch die Gegenseite, nämlich das Neuromarketing, ist diesen Mechanismen auf der Spur, mit dem einzigen Ziel: uns Konsumenten bei den Neuronen zu packen, damit wir auch morgen noch kraftvoll zugreifen. Auch und gerade in Krisenzeiten vertrauen Hersteller und Händler auf das psychologische Know-how dieser noch relativ neuen Forschungsrichtung. Das ist der zweite wichtige Grund, unserem oft rätselhaften Konsumverhalten auf den Grund zu gehen: Das immer raffiniertere Neuromarketing erforscht die Funktionsweisen des menschlichen Gehirns, um es zum Kauf zu bewegen. Kaum etwas lieben diese Strategen mehr als verkaufs- und verhaltenspsychologische Studien und – immer öfter – den Hirnscan, der es ihnen erlaubt, direkt in die Köpfe der Kunden zu blicken und ihnen dabei selbst intime Vorlieben zu entlocken. Die dafür notwendigen, mehrere Millionen Euro teuren Geräte sind in den vergangenen Jahren geradezu zu einem Fetisch der Branche geworden.

Umfragen können in die Irre führen, Neuronen aber lügen nicht. Ich kann bei einer Befragung zu Protokoll geben, dass ich goldbepuderte Pralinen für luxusversessenen Unsinn halte. In den Hirnscan geschoben, erzählen meine Neuronen eine andere Wahrheit: nämlich, dass mein Hirn beim Anblick von luxusversessenem Unsinn jubelt, auch wenn ich das freiwillig niemals zugeben würde. Deshalb lieben Neuromarketingstrategen den direkten, unmittelbaren Blick ins Gehirn so sehr. Er ist zwar unglaublich teuer, zahlt sich langfristig aber aus, denn er bringt detaillierte Erkenntnisse über den *Homo consumens*.

Die Hirnforschung erklärt den Ökonomen, warum meine Freundin jedes Jahr wieder vor Weihnachten um die Einkaräter in den Juwelierauslagen herumschleicht oder sich von einem Luxusjacken-Hersteller dazu verleiten lässt, ausgerechnet Jacken zu sammeln, als wären es Briefmarken. »Jetzt neu!« – »Das müssen Sie haben!« – »Schnell zugreifen!« – »Weil Sie es sich wert sind!« Fachleute des Neuromarketings wissen immer besser, wie sich unsere neuronale Schaltzentrale zum Kauf anregen lässt. Sich diese Kenntnisse anzueignen heißt, den Vorsprung dieser Leute zu verringern.

Dass das Marketing den Neuronen auf der Spur ist und immer mehr Einblicke über sie zutage fördert, macht uns nämlich manipulierbar. Man weiß nicht so genau, was die wissen, und eben diese Unsicherheit erfüllt immer mehr Konsumenten mit Unbehagen. Insgeheim fürchten sich viele davor, zum gläsernen Konsumenten zu werden, der wie ferngesteuert in jede neuronale Falle tappt, in die das Marketing lockt. Zwar wiegt sich die Gegenseite in der Gewissheit, dass wir uns auch weiterhin beim Kaufen beeinflussen lassen und unserem Unbewussten ausgeliefert bleiben. Doch wer die immer raffinierteren Tricks durchschaut und erkennt, wie sie mit unseren neuronalen Konsumvorlieben spielen, erobert sich am Ende ein Stück seiner Souveränität zurück und kann die aufgestellten Fallen umtanzen. Daher werden wir einen genauen Blick in die Trickkiste der Neuroökonomen werfen.

Der aufgeklärte Konsument

Wer sich der Mechanismen bewusst geworden ist, die sich beim Konsumieren in seinen grauen Zellen abspielen, bewegt sich plötzlich anders in der bunten Warenwelt. Wenn ich weiß, wie ein Markenlogo auf mein Gehirn wirkt oder ein Rabattschild oder eine als brandneu angepriesene Innovation oder Werbung, die die Sexkarte ausspielt oder mit Prominenten ködert, dann kann ich dieses Wissen nutzen, um mein Verhalten besser zu steuern, und zwar durchaus, ohne dabei die Lust zu verlieren. Es ist ein bisschen wie mit dem Sex: Man kann ihn auch genießen, wenn man weiß, dass da lediglich ein paar Hormone und Neurotransmitter in Wallung geraten. Aber das eigene Verhalten kommt einem längst nicht mehr so nebulös vor.

Anders als in einigen jüngst erschienenen Büchern zum Neuromarketing geht es hier also nicht darum, Unternehmen werbepsychologische Tipps für erfolgreiche Verkaufsstrategien zu geben, sondern dem Leser als Konsumenten sein – nur scheinbar – irrationales Verhalten zu erklären und ihm damit zumindest teilweise die Oberhoheit über das eigene Handeln zurückzugeben. Gerade in Krisenzeiten, wenn viele den Gürtel (auch wenn es ein Gucci-Gürtel ist) enger schnallen müssen, kann es hilfreich sein, wenn wir in der Lage sind, die Manipulation des Neuromarketings zu unterlaufen.

Und es gibt einen dritten Grund für dieses Buch. Viele kluge Köpfe streiten um Sinn und Unsinn des Konsums. Er sei schlecht, meinen die einen, weil er Ressourcen vergeudet, Kinder verführt, Erwachsene infantilisiert und gar die Demokratie untergräbt, weil sich am Ende keiner mehr für das Allgemeinwohl engagiert. Der amerikanische Politikwissenschaftler Benjamin Barber rief neulich dazu auf, das »infantile Ethos« des modernen Konsumkapitalismus in seinen pathologischen Auswüchsen zu bekämpfen. Die nämlich seien ein Abgesang auf den wahren demokratischen Kapitalismus und gefährdeten unser aller Zukunft. Der Bestsellerautor John de Graaf bezeichnet den Konsumwahn seiner amerikanischen Landsleute als »Seuche«,

»Virus« und »Infektionskrankheit«. Er war mit der Idee sehr erfolgreich, Konsum zu einem pathologischen Prozess zu erklären, der ähnlich wie das AIDS-Virus unschuldige Menschen befällt, die dann dringender Hilfe bedürfen. Natürlich hat er eine probate Therapie parat: Wer sein Buch kauft, kann auf Genesung hoffen – ein Konsumakt zur Heilung vom Konsumvirus.

Auch andere Kulturkritiker wie Al Gore oder Jeremy Rifkin warnen vor der wachsenden Gier. Konsumkritik hat Konjunktur. In den letzten Jahren sind unzählige Bücher erschienen, die zum Verzicht aufrufen. Viele Zeitgenossen verspüren ein wachsendes Unbehagen angesichts der ausufernden Konsumwellen, insbesondere bei der Vorstellung, Länder wie China, Brasilien oder Indien könnten unsere westlichen Konsumgewohnheiten übernehmen, lenken sich dann aber gern mit einem ausgedehnten Urlaub in der Toskana und gutem Rotwein von den Gedanken ab. Konsumexzesse anderer lassen sich aufs angenehmste bei distinguiertem Edelkonsum kritisieren. Ohnehin ist meist nur der Konsum »der anderen« falsch.

Konsumkritiker behaupten gern, dass glückliche Menschen es nicht nötig hätten zu konsumieren, dass nur unglückliche Menschen sich von der Werbung verführen ließen und deren Glücksversprechen auf den Leim gingen. Die gesamte Konsummaschinerie sei nur da, um Menschen auszunehmen, sie zu täuschen und in Fallen tappen zu lassen. Bedürfnisse seien künstlich hervorgerufen und dem Einzelnen aufgeschwatzt. Markenhersteller versklaven angeblich ihre Käufer und verlangen eine »bedingungslose Anbetung und Unterwerfung« vom Kunden, so Alexander Meschnig und Mathias Stuhr in ihrem Buch »Wunschlos unglücklich«. Die Konsumwelt sei gnadenlos und würde hauptsächlich Frusterlebnisse produzieren, die Autostadt von VW etwa sei ein Magnet für quasireligiöse Sinnsucher. Konsum eine Art Opium des Volkes? Man kann in den Besuchern der Autostadt auch einfach Menschen sehen, die einen Tag lang Spaß haben, sich rund um die Geschichte des Automobils informieren und unterhalten lassen wollen. Ich habe dort mit meiner Familie einmal einen schönen Tag verbracht, ohne auf Sinnsuche gewesen zu sein – die lebe ich beim Juwelier aus. (Kleiner Scherz.)

Nein, meinen andere, Konsum sei gut, weil er die Weltwirtschaft am Laufen hält, Innovationen hervorbringt und zu allgemeinem Wohlstand führt. Wolf Lotter etwa, Mitbegründer des Wirtschaftsmagazins *brand eins*, ist überzeugt: »Verschwendung, Konsum, radikale Ausgabenpolitik sind sozial, ohne das Wort ständig im Munde führen zu müssen, fortschrittlich, weil sich ihre Träger stets was Neues überlegen müssen. Das ist das Leben in seiner reinsten Form. Sparen, Weglassen, Aufhören – das sind keine Antworten fürs Leben, nur für den Tod.« Kapitalistischer Konsum sei nachweislich die Grundlage für eine bessere Welt. Das Bedürfnis, das ihn antreibt, die eigentliche Sicherheit des Menschen. Und schließlich tönt auch die Politik mit Wirtschaftsexperten im Schlepptau und ruft in Zeiten der Krise Konsum zur ersten Bürgerpflicht aus. Man fühlt sich schon als Vaterlandsverräter, sobald man eine größere Anschaffung auf später verschiebt. Das neue Sofa erst im nächsten Jahr? Unmöglich! Währenddessen könnte die Volkswirtschaft über Kopf gehen, und daran will man nicht schuld sein.

Beide Seiten scheinen recht zu haben, irgendwie. Doch wie immer man zu dem Thema steht – das Phänomen selbst ist nicht aus der Welt zu schaffen, allen Anzeichen der Krise zum Trotz. Man mag den verbreiteten Konsumwahn schlecht finden oder überlebenswichtig oder ihm ratlos und verunsichert gegenüberstehen – wir alle konsumieren. Und zwar überaus gern. Selbst die neuerdings so eifrig umworbene Gruppe der *Lohas (Lifestyle of Health and Sustainability)*, die großen Wert auf nachhaltige, langlebige Produkte legt und dem *Lessness*-Trend folgt, tut es. Auch die guten Dinge von Manufactum, Naturtextilien von hessnatur oder Ökotourismus sind – nun ja, Konsum. Nur dass dieser Konsum etwas anderen Regeln folgt und sich einer subtileren Rhetorik bedient.

In diesem Buch geht es weder darum, die Freude am Shopping zu schmälern, noch darum, dazu anzustacheln. Es geht nicht um die Frage, ob Konsum (vor allem in Krisenzeiten) verwerflich ist. Es geht darum, unsere Lust darauf zu *verstehen*. Dieses Wissen ist letztlich die Grundlage für jede Auseinandersetzung mit dem Thema – und für Lösungsansätze. Egal, in welche Bahnen man den Konsum aus politischer Überzeugung lenken möchte, zuallererst sollte man sich mit dem Wirken der eigenen Neuronen vertraut machen. Denn hier zeigt sich schnell, dass die verbreitete Konsumlust in den allermeisten Fällen weder ein Virus ist noch eine Krankheit, noch ein Ausdruck von Infantilität, sondern etwas sehr viel Aufregenderes: ein Reflex der Menschheitsentwicklung. Vieles davon, was der Mensch im Laufe seiner Evolution erlebte, seit er die Höhle der Feuersteins verließ, spiegelt sich in unserem Shoppingverhalten wieder.

Diese drei Ziele – Selbsterkenntnis, Schutz gegen Manipulation und Schaffung einer fundierten Wissensgrundlage – sind gesteckt. An zehn typischen Konsumzielen werden Sie nun erfahren, was Forscher über unsere Lust am Mehr herausgefunden haben. Schauen wir einmal, warum Shopping uns so viel Lust bereitet.

1. Ich will Belohnung!

Der »G-Punkt« des Konsumenten: wie die Evolution
unsere Lust am Mehr belohnt

➤ Mit Neuronen zu Millionen

➤ Was Neuroökonomen in unserem Gehirn suchen

➤ Aus der Trickkiste des Neuromarketings

➤ Neuronen lügen nicht

➤ Der Shoppingassistent in unserem Kopf

➤ Die Vorratskammer als Überlebenshilfe

➤ Der lange Arm der Evolution

➤ Dopamin und das Glück der Warenwelt

➤ Unser Kontrollzentrum: der Feind aller Marketingstrategen

»Man gönnt sich ja sonst nichts.«
»Weil Sie es sich wert sind.«
»Belohnen Sie sich.«

Mit Neuronen zu Millionen

Neulich in der Konferenz eines großen Lebensmittelkonzerns: Die Entwickler stellen einen neuen Softdrink vor. Jugendlich und unbeschwert soll er daherkommen – frisch und spritzig mit originellen Geschmacksrichtungen wie *Tollkirsche* oder *Schokoriegel*. Die Entwicklungsleiterin reicht Proben herum und zeigt erste Verpackungsentwürfe. Der Vertriebschef erklärt die Werbestrategie und referiert die Umfrageergebnisse eines Marktforschungsinstituts. Demnach sind die Verkaufsaussichten recht gut, obwohl bereits ein Konkurrenzprodukt am Markt eingeführt ist. »Moment«, unterbricht einer der Geschäftsführer, »fragen wir doch erst einmal unseren Neurologen, was er davon hält.« Die Augen der Anwesenden richten sich auf den Professor. Der erfahrene Mediziner erhebt sich etwas schwerfällig, schließt die Knöpfe seines Jacketts und streicht sorgfältig den grauen Haarkranz zurecht. Er räuspert sich. Im Unternehmen ist er für den Hirnscan zuständig, was ihn zu einem außerordentlich wichtigen Mann macht, denn er kommt an Informationen heran, die auch die besten Umfragen nicht hergeben.

Dann erzählt er von den Tests. Dreißig Probanden hat er vergangene Woche auf eine kleine Reise in den Hirnscan geschickt. »Das Belohnungszentrum in den Gehirnen der jungen Versuchspersonen schlug deutlich an, wenn sie einen Spot mit dem neuen Drink eingespielt bekamen. Sogar die Signalketten in den für rationale Entscheidungen zuständigen Gehirnarealen wurden davon überlagert. Die neuronale Aktivierung ist wirklich gut.« Das Produkt des Wettbewerbers regte die Zellen deutlich weniger an, ein untrügliches

25

Zeichen dafür, dass es weniger positive Gefühle zu schaffen vermag. Das Ergebnis übertrifft die Umfrageergebnisse der Marktforscher also noch. »Aus unserer Sicht ist das Produkt okay. Es stimuliert genau die richtigen Neuronen im Belohnungszentrum der Zielgruppe.« Der Professor nimmt wieder Platz, und ein neues Lifestyle-Getränk erblickt das Licht der Welt.

»Mit Neuronen zu Millionen« – so lautet das Mantra vieler Marketingstrategen, die in den Unternehmen zunehmend den Ton angeben. Die Neuroökonomie hat ihren Einfluss in den vergangenen zehn Jahren ausgeweitet. Auch wenn die eben beschriebene Konferenz noch reine Utopie ist, geht schon heute in großen Konzernen kaum mehr eine Markteinführung oder Runderneuerung eines Produkts ohne das Know-how von Spezialisten in Sachen Neuromarketing über die Bühne. Sie schulen mittlerweile ganze Vertriebs- und Werbeabteilungen. Es sind Werbestrategen und Unternehmensberater, die Hirnforschung und Ökonomie verknüpfen, also mit Hilfe der Hirn- und Verhaltensforschung vorauszusagen versuchen, wie wir Kunden zu gewinnen sind und wie man uns langfristig bei der Stange hält. Schauen wir uns diese Leute einmal näher an, um zu verstehen, wie unser Gehirn von der »Gegenseite« beeinflusst wird. Denn diese Branche, die immer besser versteht, was in unseren Köpfen vor sich geht, schafft mit diesem Wissen immer ausgeklügeltere Kaufimpulse, die direkt auf die Vorlieben unserer Neuronen abzielen und uns zum Kaufen verlocken.

Was Neuroökonomen in unserem Gehirn suchen

Die Jahre 1990 bis 2000 können als die Dekade des Gehirns gelten. In dieser Zeit wurde allein in den USA ungefähr eine Milliarde Dollar in die Hirnforschung investiert, und die neuen Erkenntnisse sollten nicht nur Wissenschaft, Medien und der interessierten Öffentlichkeit zugutekommen, sondern auch der Wirtschaft. Seither entdecken Industrie, Werbung und Marktforschung mit wachsendem Interesse das Gehirn und arbeiten dabei eng mit Wissenschaftlern zusammen. Seinen Durchbruch erlebte das Neuromarketing mit dem besagten Coca-Cola-Experiment, bei dem Hirnforscher erkannten, dass die Markenbrause andere Neuronen aktiviert als der ewige Zweite am Markt, Pepsi. Nun könnte man meinen, die Öffentlichkeit wäre erfreut gewesen, ein wenig hinter die Geheimnisse der eigenen Konsumvorlieben schauen zu können. Doch das Experiment löste eher Unbehagen aus, denn viele Menschen bekamen Angst, dass mit solchen Studien der Weg zum gläsernen Konsumenten frei sein könnte. Wo sollte das hinführen, wenn jedes Unternehmen ein paar Kunden in die Röhre schieben und daraus erfahren könnte, wie man uns Konsumenten am leichtesten das Geld aus der Tasche zieht? Vor allem Verbraucherschützer sehen die wachsende Zusammenarbeit von Hirnforschung und Industrie kritisch. Der Hirnscan ist für sie ein Alptraum. Doch die Kritik beeindruckte die Unternehmen wenig. Das Experiment machte ihnen – ganz im Gegenteil – Appetit auf mehr.

Plötzlich kamen weitere große Firmen auf die Idee, in die Tiefen des Konsumentengehirns abzutauchen. DaimlerChrysler beauftragte die Hirnforscher Manfred Spitzer und Susanne Erk von der Universität Ulm, Käufern ins Gehirn zu schauen und nachzuprüfen, was dort beim Anblick von Limousinen, Vans, Sport- und Kleinwagen geschieht. Die Forscher ließen sich nicht lange bitten, hatten sie doch selbst auch ein eigenes, wissenschaftliches Interesse an solchen Fragen, nicht zuletzt wollen auch die teuren Hirnscans ja irgendwie finanziert sein. Und siehe da: Je nach Wagentyp zeigten sich unterschiedliche Aktivitätsmuster in den Hirnen der Versuchspersonen. Insbesondere die völlig unpraktischen Flitzer regten das Belohnungszentrum an, den *Nucleus accumbens*, unseren Lustkern. Bei den sehr viel vernünftigeren Kleinwagen fühlte sich dieses Zentrum nicht zuständig und blieb regungslos. »Bei einem Porsche geht das Belohnungssystem an, bei einem Daihatsu dagegen geht es aus«, fasste Spitzer die Ergebnisse zusammen. Produkte, die Status und Wohlstand symbolisieren, aktivieren das Belohnungssystem unseres Gehirns also stärker als Produkte, die sich jeder leisten kann.

Die Erkenntnis, dass das Gehirn unterschiedlich auf Markennamen und Produktklassen reagiert, setzte einen regelrechten Wettlauf in Gang. Und die Vertreter des Neuromarketings werden nicht müde, ihr Wissen interessierten Unternehmen zu verkaufen. Die wiederum gieren geradezu danach, immer besser über die (unbewusste) Konsumlust unserer Neuronen Bescheid zu wissen. Sie wollen wissen, wie man Marken langfristig im Gedächtnis der Kunden verankert oder bestimmte Zielgruppen zum Kauf bewegt, was uns in Ekstase versetzt oder was Vertrauen schafft. Wie lässt sich gezielt die Kauflust von Frauen steigern, welche Art von Werbebildern brauchen Männer, welche Senioren, und wie gewöhnt man schon Kinder an bestimmte Marken?

So entwickelte sich zu Beginn des 21. Jahrhunderts die Neuroökonomie zu einem schillernden Zweig der Wirtschaftsforschung. Wie ticken Konsumenten? – so lautet ihre Grundfrage. Im weiteren Sinne meint Neuromarketing also die Nutzung von Erkenntnissen der Hirnforschung, Psychologie und Verhaltensforschung für Marketingfragen. Man versucht herauszufinden, wie Emotionen wirken oder wie die verschiedenen Teile unseres Gehirns zusammenarbeiten und dabei von Hormonen und Neurotransmittern beeinflusst werden. Bei einer wissenschaftlichen Konferenz am Bodensee formulierte Birger Priddat, Ökonom an der Zeppelin-Universität in Friedrichshafen und der Universität Witten/Herdecke, das Ziel: »Die Blackbox Gehirn öffnen.« Wie das genau funktioniert, schauen wir uns jetzt an:

Ausgangspunkt der neuroökonomischen Forschung war die Erkenntnis, dass das Bild vom stets rational handelnden und entscheidenden Konsumenten – wie Wirtschaftswissenschaftler in vielen Experimenten herausgefunden hatten – falsch ist. Der Mensch sei kein kühl kalkulierender Computer, der nach reiflicher Überlegung auf der Basis objektiver Kriterien ein Produkt dem anderen vorzieht oder sich nur zum Kauf entscheidet, wenn er etwas *wirklich* braucht. Tatsächlich sieht es eher so aus: Auch wenn wir eine objektive Meinung zu einem Produkt haben, bewertet unser Unterbewusstsein dieselbe Sache manchmal völlig anders. Ich kann etwa der festen Meinung sein, keinen neuen Mantel zu brauchen, aber wenn ich an diesem Schaufenster vorbeikomme, das ansprechend gestaltet ist, und man mir verrät, dass zweireihige Mäntel gerade der letzte Schrei sind, den jeder trägt, der etwas auf sich hält, dann kann meine Entscheidung am Ende ganz anders ausfallen. Hat man Kunden erst einmal emotional am Wickel, lassen sie sich zu Dingen verleiten, die sie bei klarem Verstand nicht tun würden. Vielleicht fühle ich mich an dem Tag ohnehin gerade schlecht und hoffe auf ein wohliges, tröstendes Belohnungsgefühl. Vielleicht schafft es die Verkäuferin, meine Neugier auf den neuen Schnitt zu wecken oder mein Bedürfnis nach Statussymbolen zu aktivieren. Vielleicht schafft sie es auch, ein Schamgefühl angesichts meiner ansonsten schäbigen Garderobe herauszukitzeln. Wie auch immer – sie bietet meinem Gehirn eine Lösung an. Kauf genügt. Meine unbewussten Motive sind oft ganz andere als diejenigen, deren ich mir bewusst bin. Ich bin also nicht shoppingsüchtig, sondern höre in dem Moment einfach auf mein »Bauchgefühl«.

Ergebnisse der Neuromarketingforschung deuten darauf hin, dass ein Großteil unserer Konsumentenentscheidungen auf einer Art »Autopilot« läuft, also auf unbewussten Prozessen, auf unbewusster Wahrnehmung, unbewussten Eigenschaften der Persönlichkeit und auf Emotionen beruht. Das sind Dinge, auf die wir in der Regel kaum gezielt Zugriff haben. Christian Scheier, Neuropsychologe und Geschäftsführer der decode-Marketingberatung in Hamburg, ist überzeugt: »Der Autopilot entscheidet über 95 Prozent unserer Kaufentscheidungen.« Scheier fand zum Beispiel heraus, dass bewusstes und unbewusstes Urteilen über eine Marke vollkommen gegensätzlich ausfallen können: Seine Versuchspersonen äußerten ein eher negatives Image über die Deutsche Bank (damals bedingt durch den Mannesmann-Prozess und umstrittene Äußerungen von Josef Ackermann). Als aber dieselben Versuchspersonen auf unbewusste Werturteile hin abgeklopft wurden, stellte sich heraus, dass die Bank immer noch für Verlässlichkeit und Sicherheit steht, ganz so wie wir das über Generationen hinweg gelernt haben. Sie wurde, allem erlittenen Imageschaden zum Trotz, als erfolgreicher, seriöser und vertrauensvoller eingeschätzt als Konkurrenten. Solche Informationen sind es, nach denen Neuroökonomen und natürlich auch Firmen suchen. Sie fahnden nach den geheimnisvollen Gegenspielern, die unsere Fähigkeiten zum rationalen Denken und zur bewussten Reflexion – auch zum Verzicht – durchkreuzen. Diese Gegenspieler üben großen Einfluss auf unser Streben nach Luxus oder unsere Schnäppchengier aus; sie bringen Kaufsucht und Sammelwut hervor oder die nie erlahmende Lust auf neue Dinge ebenso wie die Liebe zu starken Marken.

Zu diesen Gegenspielern zählt zum Beispiel die Kultur. Was wir als Statussymbol empfinden und entsprechend als Konsumenten begehren, ist durch kulturelle Normen geprägt. Was in einer Kultur funktioniert, tut es noch lange nicht in anderen. Ist es Deutschen zum Beispiel in der Regel wichtig, ein teures Auto und ein großes Haus zu besitzen, legen Franzosen oder Italiener darauf weniger Wert. Sie zwängen sich in Kleinwagen durch die engen Gassen, steigen dann aber wie aus dem Ei gepellt aus dem Wagen. Der Durchschnittsdeutsche dagegen stellt seine hochglanzpolierte Limousine der oberen Preisklasse ab und steigt in einer Aufmachung aus, die glauben lässt, da sei der Gärtner mit dem Kindermädchen unterwegs. Eleganz rangiert hinter PS. Wenn Südeuropäer abends essen wollen, gehen sie lieber aus und trinken Wein dazu, während Nordeuropäer lieber Freunde zu sich nach Hause einladen und Bier servieren. Nach Expertenschätzungen sind etwa 50 Prozent unserer Persönlichkeit genetisch vorgegeben, der Rest wird durch Kultur, Erziehung und Lebenserfahrungen geprägt.

Kulturelle Unterschiede können sich entscheidend auf den Erfolg eines Produkts auswirken. Das erlebte die Firma Bayer mit Aspirin in Brausetablettenform. Während bei uns das Produkt sehr beliebt ist, kam es in Japan weniger gut an, wie Hanne Seelmann, Expertin in Sachen Cultural Neuroscience, berichtet: »Für den japanischen Geschmack wirkten die relativ großen Tabletten eher bedrohlich als gesundheitsfördernd.« Sie erzählte mir, dass Firmen solche kulturell bedingten Abneigungen oder Vorlieben überraschend oft missachten: »Ich wundere mich immer, wie wenig Gedanken sich Werbeagenturen über kulturspezifische Besonderheiten machen, sei es in Bezug auf Sprachbedeutung, Farbe, Artefakte, nationale Symbole. Man geht oft einfach selbstverständlich von einer *one-world-culture* (unter US-Vorherrschaft) aus.« Unterschiede gibt es bereits bei der Wahrnehmung von Werbeanzeigen. So beobachten Marketingexperten, die wie der Psychologe Richard Nisbett von der Universität in Michigan die Blickbewegungen von Versuchspersonen verfolgen, immer wieder, dass Asiaten viel stärker als Europäer oder Amerikaner den Hinter-

31

grund von Werbefotos beachten. Ein Japaner, Koreaner oder Chinese fokussiert bei einer Anzeige niemals nur das Auto im Vordergrund, sondern auch die Landschaft dahinter. Er nimmt das ganze Bild wahr. Westliche Konsumenten achten dagegen stärker auf Details, ihr Blick ist analytischer. Neuromarketingexperten suchen nach solchen Unterschieden und geben ihren Kunden entsprechende Empfehlungen fürs Anzeigendesign.

Auch die Psychologie spielt eine wichtige Rolle, also unsere Persönlichkeit, unsere Vorlieben, unsere aktuelle Stimmung und unser Selbstbild. Sie funken beim Konsum oft dazwischen, ohne dass wir uns dessen bewusst wären. Ein abenteuerlustiger Mensch konsumiert anders als ein auf Traditionen und Status bedachter, ein neugieriger Käufer bewegt sich anders durch das Warenangebot als ein ängstlicher. Männer kaufen anders als Frauen, Teenager anders als Senioren. Ein pensionierter Beamter vom Land und seine Frau, eine Jacobs-Krönung-Trinkerin, wollen anders angesprochen werden als eine 20-jährige Singlefrau in der Metropole und deren Freund, der ein Red-Bull-Trinker ist. Käufer, denen Status und Ansehen wichtig sind, handeln anders als solche, für die Genuss und Spontaneität im Vordergrund stehen. Solche Erwartungen zu kennen und die jeweils passenden Saiten zum Klingen zu bringen, ist Aufgabe des Neuromarketings. Es nutzt unsere Erinnerungen, unsere Ängste und Hoffnungen und spielt mit der Psychologie von Zielgruppen.

Ein dritter Faktor, der uns Konsumenten beeinflusst, ist die Neurologie im engeren Sinne, also unsere Hirnstrukturen, die Hormone und Neurotransmitter, die im zentralen Nervensystem ausgeschüttet werden. Bestimmte Hirnfunktionen beeinflussen die Wahrnehmung und damit auch unsere Entscheidungen als Käufer. Wer seine Kunden anhaltend zum Konsumieren verleiten möchte, muss sich hier gut auskennen. Und da kommen die Neuromarketingstrategen ins Spiel, die immer neue Kniffe entwickeln, um uns Kunden zu beeinflussen.

Aus der Trickkiste des Neuromarketings

In Deutschland werden zurzeit rund 50000 Marken beworben, etwa doppelt so viele wie noch vor 30 Jahren. Jedes Jahr kommen gut 20000 neue Produkte auf den Markt. Europaweit werden pro Jahr rund 100000 neue Marken angemeldet, die meisten von ihnen floppen zwar, dennoch gelingt es einigen, sich auf den immer engeren Märkten zu behaupten. Allein auf der Frankfurter Buchmesse werden jedes Jahr gut 90000 Neuerscheinungen vorgestellt. (Daher an dieser Stelle noch einmal herzlich Dank dafür, dass Sie zu diesem Buch gegriffen haben.) Hinzu kommen Millionen von Werbeanzeigen, TV-Spots und Websites, Messen und Veranstaltungen samt Landpartien auf alten Wasserschlössern und Auktionen, bei denen Unterhosen verstorbener Königinnen versteigert werden. All das führt zu einem Informationsoverload beim Konsumenten. Die meisten Werbekontakte inmitten dieses Chaos dauern nur wenige Sekunden. Das wissen Werbeleute und Firmen und stehen entsprechend unter Druck, in dieser unglaublich kurzen Zeit unsere Aufmerksamkeit zu fesseln und im Idealfall tiefe Emotionen für ein Produkt zu erzeugen, um es langfristig im Gedächtnis der Kunden zu verankern. Die Reizüberflutung schafft einen ständigen Kampf um Aufmerksamkeit. Und genau darin besteht die wichtigste Herausforderung des Neuromarketings: in dieser schwierigen Situation den Firmen zu erklären, wie unser Aufmerksamkeitsapparat auf Reize reagiert, wie dort Interesse entsteht und wir dazu gebracht werden können, ein Produkt nicht nur einmal zu kaufen, sondern am besten für den Rest des Lebens.

Neuroökonomen hoffen, mit ihrem Wissen den Widerstand der Kunden zu knacken. Sie wollen in unsere Hirnwindungen eindringen, ohne dass wir etwas davon merken. Sex, Tabubrüche, Generationenerfahrungen, Innovationen, Statussymbole, Babybilder oder Markenlogos helfen dabei, um nur einige wenige zu nennen. Unser Gehirn verarbeitet solche Reize selbst dann, wenn wir sie gerade nicht mit voller Aufmerksamkeit wahrnehmen. Der Psychologe Stewart Shapiro ließ Versuchspersonen einen Text am Computerbildschirm lesen. Zusätzlich mussten sie mit dem Cursor Aufgaben lösen. Am Rand des Bildschirms lief in dieser Zeit Werbung. Obwohl die Probanden bei einem anschließenden Test nicht mehr über die Produkte wussten als eine Kontrollgruppe, die die Werbung nicht gesehen hatte, legten sie bei einer virtuellen Shoppingtour die beworbenen Sachen deutlich häufiger in den Einkaufswagen. Das zeigt, wie genau unser Gehirn Konsumanreize auch dann wahrnimmt, wenn unsere Aufmerksamkeit gerade mit etwas völlig anderem beschäftigt ist. Was nun wirksame Reize sind und wie sie in unserem Gehirn verarbeitet werden, das versuchen Neuroökonomen herauszubekommen.

Viele Marketingleute hantieren nur mit neurologischen Schlagwörtern, andere jedoch machen sich die Mühe, tatsächlich ins Gehirn zu schauen und zu verstehen, wie es sich zum Konsum anregen lässt. Eines ihrer aktuellen Lieblingskinder ist der bereits erwähnte Hirnscan, der eigentlich fMRT heißt, funktioneller Magnetresonanztomograph. Das Gerät zeigt, wie Menschen bestimmte Informationen verarbeiten, ohne dass sie auch nur eine einzige Frage beantworten müssten. Hans-Wilhelm Schroiff, Vizepräsident der Abteilung für Marktforschung bei Henkel, Chef der 80 Marktforscher des Unternehmens, vermutet: »Ich glaube, wenn wir über 2012 sprechen, dass fMRT ein regulärer Bestandteil unserer anwendungsorientierten Grundlagenforschung sein könnte.« Wie schafft ein Apparat das? Da in den folgenden Kapiteln immer wieder von fMRT-Studien erzählt wird, hier ein kurzer Einblick, wie sie funktionieren:

Neuronen lügen nicht

Die funktionelle Magnetresonanztomographie steht der Forschung seit den neunziger Jahren zur Verfügung. Sie basiert auf der simplen Tatsache, dass sauerstoffreiches Blut andere magnetische Eigenschaften hat als sauerstoffarmes. Ist nun ein Hirnareal besonders aktiv, wird an dieser Stelle mehr sauerstoffreiches Blut durchgepumpt, was eine Hirnscanaufnahme zeigt. Der Kopf des Probanden wird, während er in der Röhre Aufgaben vorgelegt bekommt, fixiert, damit die Abbildung nicht verwackelt. Die entstandenen Bilder verraten dem Fachmann anschließend, welche Hirngebiete bei einer Tätigkeit aktiv waren.

Dafür wird den Versuchspersonen weder ein radioaktives Kontrastmittel gespritzt wie bei anderen bildgebenden Verfahren, noch muss sonst irgendwie ins Gehirn eingegriffen werden. Seine nichtinvasive und unschädliche Technik hat den Magnettomographen unter Neuroökonomen so überaus beliebt werden lassen. Zum ersten Mal in der Geschichte der Menschheit ist es damit möglich, dem Gehirn quasi beim Denken zuzusehen und diese Technik auch für nichtmedizinische Zwecke einzusetzen. Wohlgemerkt zeigt das Gerät nicht wirklich, was eine Testperson gerade denkt, also keine Inhalte, sondern nur aktive Bereiche des Gehirns. Diese Aktivitäten müssen von Wissenschaftlern interpretiert werden. Sie wissen, welche Regionen für welche Denkprozesse zuständig sind, und ziehen entsprechend Schlüsse aus den Bildern. Das ist oft gar nicht so einfach, denn bei vielen Experimenten sind gleich mehrere Bereiche aktiv, wie die aber genau zusammenarbeiten und was das bedeutet, ist nicht selten schwierig zu deuten.

Dieses Spielzeug ist teuer: Ein Magnetresonanztomograph (MRT) kostet zwischen einer und zwei Millionen Euro. Hinzu kommen laufende Kosten bis 200 000 Euro im Jahr, und schon eine einzige Messung pro Proband kostet mehrere hundert Euro. Da ist klar, dass der Weg zum gläsernen, massenhaft in die Röhre geschobenen Konsumenten wohl vorerst nicht gangbar sein wird. Doch zum einen haben die Marktforscher damit bereits vieles herausgefunden, zum anderen stehen ihnen Experten aus anderen Disziplinen hilfreich zur Seite: Psychologen, Anthropologen oder Evolutionsforscher. Nicht nur Gehirnscans führen auf die Spur unbewusster Motive, auch traditionelle Verfahren der psychologischen Diagnostik wie die Verfolgung von Blickbewegungen beim Betrachten von Werbeanzeigen, Messungen des Hautwiderstands oder Fragebögen und Interviews bringen Erkenntnisse. Das Problem ist nur: Interviewte können lügen. Kaum ein Passant würde zum Beispiel bei einer Umfrage zugeben, dass er gern Pornographie konsumiert. Ein Blick in sein Hirn verrät da eventuell eine andere Wahrheit.

Auch wenn selbst die Neurostrategen die Gedanken der Konsumenten noch nicht lesen können, sind sie ihnen doch auf der Spur. Sie wollen genau wissen, was in den Konsumenten vorgeht, um sie noch gezielter beeinflussen zu können, am liebsten ganz tief im Reich der Emotionen, wo kein kritischer Einwand des Verstands mehr hinreicht, um der Kauflust einen Riegel vorzuschieben. Für die auftraggebenden Firmen hat das einen entscheidenden Vorteil: Es reduziert Streuverluste. Wenn eine Marketingabteilung genau weiß, wie die angepeilten Zielgruppen angesprochen werden müssen, spart das eine Menge Werbegelder ein. Denn ein Mantra der Werbeleute lautet: »Die Hälfte aller Werbeausgaben ist verschwendet, wir wissen nur nicht, *welche* Hälfte.« Neuromarketing hilft, das herauszufinden. Einer der interessantesten Angriffspunkte bei dieser Strategie ist immer wieder das Belohnungszentrum unseres Gehirns. Was hier Anklang findet, hat gute Chancen, dauerhaft gekauft zu werden, weshalb sich die Neuromarketingexperten ganz besonders freuen, wenn eine Hirnscanaufnahme Aktivitäten in diesem Bereich zeigt. Man könnte diesen Zellhaufen wegen seiner lustbetonten Qualitäten und seiner starken Wirkung auf das menschliche Konsumverhalten geradezu als »G-Punkt« des *Homo consumens* bezeichnen.

Der Shoppingassistent in unserem Kopf

Physiologisch gesehen zählt das Belohnungszentrum unseres Gehirns zu den wichtigsten Konsumorten überhaupt, denn ein Großteil der Leidenschaft fürs Kaufen hat hier seinen Ursprung. Es leitet uns durch das bunte Warenangebot, wenn wir Neues entdecken, nach Schönheit trachten oder angesichts einer starken Marke Lust empfinden, wenn wir uns in sozialer Anerkennung sonnen, Schnäppchen nachjagen oder uns einem Kaufrausch hingeben. Der *Nucleus accumbens* mitten im Vorderhirn ist eine Ansammlung von Neuronen, die im Laufe der Evolution dafür gesorgt hat, dass wir nicht aussterben, indem sie die Zufuhr lebenserhaltender Substanzen und die Ausübung ebensolcher Tätigkeiten mit wohligen Glücksgefühlen belohnte. Die Signale, die von hier gesendet werden, bereiten uns Lust. »Das Belohnungssystem wird bereits in *Erwartung* eines künftigen Genusses aktiviert. Überraschende Gewinne führen zu einer starken Aktivierung der Dopaminneuronen; unerwartete Verluste dagegen bremsen das Belohnungssystem«, erklärt Birger Priddat.

Das Belohnungssystem gehört zum sogenannten limbischen System und damit zu den ältesten Teilen des menschlichen Gehirns überhaupt. Es ist mit tiefliegenden emotionalen Zentren, aber über verschiedene Schaltkreise auch mit dem Großhirn verbunden. Im Grunde ist der Begriff Belohnungssystem nicht ganz exakt. Wenn diese Schaltkreise feuern, ist das mehr ein Zeichen für die Erwartung einer Belohnung, das Gehirn stellt sich auf das eigentliche Lustgefühl ein, das dann in unterschiedlichen Schaltkreisen verarbeitet wird.

»Belohnungen beziehungsweise die Ankündigung einer solchen führen zur Ausschüttung von Dopamin. Und beim Menschen erhöhen Belohnungen deshalb nicht nur die Anreizmotivation, sondern sind auch eng mit positiver Stimmung assoziiert«, stellt Gesine Dreisbach, Psychologin an der Universität Bielefeld, fest. Versuche mit Ratten zeigten, dass selbst die im Vergleich zum Menschen recht einfach gestrickten Wesen einen Impuls im *Nucleus accumbens* so oft herbeiführen, wie sie können, wenn man sie dazu in die Lage versetzt. Wissenschaftler verankerten einen dünnen Draht im Gehirn der Tiere. Per Knopfdruck konnten die Ratten einen leichten Stromschlag auslösen, der den Zellhaufen stimulierte. Sobald die Tiere diesen Zusammenhang verstanden hatten, wurden sie süchtig danach. Wäre das bei uns Menschen auch so einfach zu bewerkstelligen, wir würden wohl nicht mehr von dem Knopf lassen.

Nötig war ein starkes Lustzentrum im Gehirn, weil ein Steinzeitmensch in keiner Schule lernen konnte, dass er kalorienreiche Nahrung brauchte und das Überleben seiner Sippe von gesunden, munteren Nachkommen abhing. Und selbst wenn er das rational verstanden hätte, wäre das noch lange keine Garantie dafür gewesen, dass sich alle Exemplare auch tatsächlich daran gehalten hätten. Vernunft und Einsicht sind bis heute unsichere Kantonisten. Also ließ sich die Natur etwas einfallen – und erfand die Euphorie. Das hat den charmanten Vorteil, dass wir viele Dinge einfach um ihrer lustbringenden Effekte willen tun, nicht aus kluger Einsicht heraus. Wer würde sich noch verlieben und quälenden Liebeskummer in Kauf nehmen, wenn dieser Zustand kaum stärkere Gefühle auslöste als, sagen wir einmal, Fensterputzen? Wer hätte noch Sex, wenn der keine stärkeren Gefühle erweckte als Gartenarbeit? Und wer würde sich um ausreichende Nahrungszufuhr kümmern, wenn Essen so viel Lust bereitete wie das Vorlesen langer Zahlenreihen? Ohne Lust und Rausch keine Motivation, so ist das Leben. Hier eine kleine Liste der Dinge, die den *Nucleus accumbens* stimulieren:

Verliebtheit
Vertrauen
Sex und Zärtlichkeiten
Babylächeln
Schönheit
Abenteuer und neue Erlebnisse
fette oder süße Nahrung mit vielen Kalorien
Drogen
Shopping

Je besser die Funktion für euphorische Gefühle funktionierte, umso größer war der Selektionsvorteil gegenüber Artgenossen. Oder andersherum: Urmenschen, die weder am Jagdglück oder am Essen noch an Liebe, Geselligkeit oder dem Lächeln ihrer Babys Gefallen fanden, konnten ihr genetisches Repertoire weniger gut weitergeben. Sie verhungerten oder starben als kinderlose Singles. Dagegen vermehrten sich vor allem diejenigen munter, die eben diese Dinge mit Freude erfüllten. Die Folge: Mehr, nicht weniger hieß die Devise, und die grub sich tief ins menschliche Verhaltensrepertoire. Der *Nucleus accumbens* half dabei, indem er zuverlässig für Lustgefühle bei allem sorgte, was dem Arterhalt diente. So konzentrieren sich die Begierden der Menschheit bis heute auf Kulinarisches, Sinnliches und Schönes aller Art, auf Erfolge und den Status innerhalb der Sippe.

Der Lustkern feuert beispielsweise – wer hätte es gedacht – beim Orgasmus. Ein Forscherteam um Gert Holstege, Anatomieprofessor an der Universität Groningen, untersuchte Männer mit einem Hirnscan, während diese von ihren Partnerinnen per Handbetrieb zum Orgasmus gebracht wurden. (Super Experiment!) Dabei zeigte sich, dass die *Area tegmentalis*, die zum Belohnungszentrum des Gehirns gehört und in der das Glückshormon Dopamin produziert wird, besonders aktiv war. Auch im *Nucleus accumbens* zeigten sich rege Aktivitäten, wohingegen der Neokortex, also der Bereich des Gehirns, der uns zu einem unserer selbst bewussten, vernünftigen Wesen macht, auf Sparflamme lief. Das beweist, was die Praxis lehrt: Wir sind währenddessen nicht recht bei Verstand. Es sei durchaus vergleichbar mit der Wirkung von Drogen, erklärte der Forscher.

Das hirneigene Lustzentrum sorgte also während der Evolution dafür, dass Mütter ihre Kinder bedingungslos lieben, obwohl diese ihnen die Figur ruinieren und schlaflose Nächte bereiten. Und es sorgte dafür, dass Menschen auf Schönheit getrimmt sind, dass sie ebenso verrückt nach attraktiven Artgenossen sind wie nach Schmuck und dass Süßwaren- und Fastfood-Unternehmen zu weltweiten Großkonzernen anwachsen konnten. Ob wir uns Schokolade auf der Zunge zergehen lassen, ein neues Auto kaufen oder unseren Schatz nach langer Reise vom Bahnhof abholen (oder uns in der Zwischenzeit in den Nachbarn verliebt haben), ist diesen neuronalen Zellen eins. Sie belohnen all das mit Euphorie und Wohlbefinden, immer noch der Meinung, dass es schon irgendwie dem Fortbestand der Art dienen mag.

Noch ein Wort zur Lust: Wo Lust ist, ist auch der Schmerz nicht weit. Wenn Menschen etwa Geld verlieren, passiert im Gehirn genau das Gleiche wie bei Angst oder körperlichen Schmerzen. Das haben britische Forscher um

Ben Seymour vom Wellcome Trust Centre for Neuroimaging in London festgestellt. Sie beobachteten die Gehirnaktivitäten von Versuchspersonen beim Glücksspiel. Die Aufnahmen des Hirnscans zeigten, dass unser Gehirn bei einem drohenden finanziellen Verlust anders reagiert als bei einem möglichen Gewinn. Während bei winkenden Gewinnen Teile des Belohnungssystems aktiv sind, wird bei drohenden Verlusten ein Bereich aktiv, in dem normalerweise Schmerzen verarbeitet werden. »Ebenso wenig wie jemand Geld verlieren möchte, will jemand Schmerz erfahren. Daher ist es sinnvoll, den Abwehrmechanismus dieser Erfahrungen miteinander zu verbinden«, erklärte Seymour seine Beobachtungen. Kein Wunder also, dass es schmerzt, Geld zu verlieren, wenn man keinen Gegenwert dafür bekommt, der den Verlust lustvoll aufwiegen kann, wie ein Paar Schuhe.

Die Vorratskammer als Überlebenshilfe

Schauen Sie bitte mal kurz aus dem Fenster, sitzt dort vielleicht irgendwo eine Krähe auf der Astgabel? Ich mag diese Vögel nicht besonders, weil sie etwas Unheimliches haben, aus Sicht der Evolution aber sind sie hochinteressant. Sie geben ein gutes Beispiel dafür ab, welch raffinierte Tricks sich Lebewesen ausdenken, um Vorräte anzulegen und sie gegen Konkurrenten zu verteidigen. In den letzten Jahren haben Untersuchungen gezeigt, dass Rabenvögel ganz erstaunliche Fähigkeiten für die Herstellung von Werkzeugen und deren Gebrauch entwickelt haben, um an Nahrung heranzukommen und Vorräte anzulegen: Die Vögel legen Verstecke an, in denen sie Futter horten. Sie verstecken die Vorräte nicht nur vor ihren Artgenossen, sondern haben auch ein so gutes räumliches Gedächtnis, dass sie sie selbst nach langer Zeit wiederfinden. Und sie berücksichtigen beim Leeren ihrer Vorratskammern sogar das Verfallsdatum der Nahrung, wie Verhaltensforscher festgestellt haben: Was am längsten lagert, wird als Erstes ausgebuddelt.

Weiß ein Vogel, dass er beim Holen des Futters von einem Konkurrenten beobachtet wird, inszeniert er raffinierte Täuschungsmanöver, um seine Beobachter abzulenken, und gräbt zum Beispiel an einem falschen Ort, um dem Konkurrenten zu demonstrieren: Irgendwo hier muss doch das Leckerli vergraben sein. Hat der Konkurrent das Interesse an der ergebnislosen Suche verloren und das Weite gesucht, gräbt der schlaue Vogel an der richtigen Stelle, frisst und haut ab. Tarnen, täuschen, sich verpissen.

Diese eindrucksvolle Vorstellungskraft und die offensichtliche Fähigkeit, vorausschauend zu denken, hatte man lange Zeit nur bei Primaten vermutet. Das Beispiel der Krähe zeigt, dass Lebewesen, sobald sie Intelligenz entwickeln, beginnen, Reserven anzulegen. Wer denken kann, hört auf, von der Hand in den Mund zu leben, und fängt an, in Vorratskammern Dinge zu sammeln, die ihm das Überleben erleichtern, und Strategien zu ihrer Verteidigung zu entwickeln. Seit ich von diesen Fähigkeiten der Vögel weiß, sind sie mir nicht mehr ganz so unsympathisch. Ich schaue in unsere Vorratsschränke, sehe Unmengen an original italienischem Pesto und fühle mich diesen Tieren näher. Selbst ein Versandkatalog für Textilien und Schuhe, der normalerweise eher bodenständig daherkommt, wirbt in seiner Frühjahrs- und Sommerausgabe mit dem Überfluss: »Zum Verlieben: 1000 Schuhe bringen Ihren Schuhschrank zum Platzen!« Solche Aufforderungen hat die ehemalige Diktatorengattin Imelda Marcos wohl etwas zu ernst genommen – sie soll rund 3000 Paar Schuhe in ihren Schränken gehortet haben.

Dank dem *Nucleus accumbens* macht uns also Schlemmen euphorischer als Diäten, und Besitz fühlt sich für uns besser an als Mangel. Der Mensch war zu 99 Prozent seiner Entwicklungszeit Jäger und Sammler, er musste in guten Zeiten so viel essen wie möglich, Fettreserven aufbauen und Vorräte für harte Zeiten anlegen. Zu seinen Grundbedürfnissen, die beim Überleben halfen, gehörten neben ausreichend Nahrung auch Sex, Dominanz und Status, Sicherheit, Bindung und Fürsorge. Die Befriedigung all dieser Bedürfnisse empfinden wir bis heute als Belohnung. Und das funktioniert interessanterweise auch mit Materiellem. Evolutionsforscher wie Ulrich Kutschera von der Universität Kassel vertreten die These, dass dem modernen Kaufrausch letztlich der Jagd- und Sammeltrieb unserer Vorfahren als Muster dient. Die nämlich mussten Millionen Jahre lang spontan, schnell und gierig reagieren, um im Überlebenskampf erfolgreich zu sein. Alles, was an Nahrung, Feuer, Baumaterial oder Werkzeugen in den eigenen Besitz überging, diente dem Überleben und damit dem Arterhalt. Das beschränkt sich keinesfalls auf archaische Zeiten, da die Menschen als zottelige Höhlenbewohner auf der Suche nach Wild und Beeren durchs Land streiften, denn die Bedrohung durch Hunger und äußere Gefahren hörte mit dem Ende der Steinzeit nicht auf. Das alte Programm half weiterhin zuverlässig beim Überleben, und es erfüllt seine Aufgabe bis heute: Einer der bekanntesten deutschen Hirnforscher, Hans Markowitsch von der Universität Bielefeld, betont, dass wir in unserer Entwicklung nicht bei null anfangen, sondern in Wesen und Verhalten »auf einer Tradition aufbauen, die über Jahrmillionen gefestigt ist«.

Als ich bei den Recherchen für dieses Buch die ersten Studien durchforstete und die ersten Gespräche mit Forschern führte, begann ich mich zu fragen, wieso eigentlich etwas so Abstraktes wie »die Evolution« Einfluss auf mein heutiges Verhalten in einem Einkaufszentrum haben soll? Warum sollen vor Millionen von Jahren entstandene Hirnbereiche beeinflussen, ob ich mir einen Hut kaufe oder achtlos daran vorübergehe? Und warum sollen die gleichen Hirnzellen meinen Mann dazu bringen, sich für Computer und Werkzeug zu begeistern, oder meine Freundin in exzessive Kaufräusche stürzen?

Die Antwort ist: Die sehr komplexen Hirnareale, die sich lange vor unserer Zeit entwickelten, funktionieren auch im 21. Jahrhundert noch. Reagierte das Gehirn vor 100000 Jahren beglückt auf den Fund von süßen Beeren, werden dieselben Areale heute aktiv, wenn Sie eine Cola trinken, das neue iPhone oder ein langersehntes Schmuckstück ergattern. Belohnung ist Belohnung – es war für das Gehirn kein Problem, sich von Waldbeeren auf MP3-Player umzustellen. Und es ist unwahrscheinlich, dass sich ein so wichtiges Erbe der Evolution in den wenigen Jahrzehnten, seitdem wir uns einer guten Versorgung mit Nahrungsmitteln und anderen Waren erfreuen, tiefgreifend verändert haben könnte. Denn die Zeit davor, in der sich diese Verhaltensweisen ins Gehirn einbrannten, war weitaus länger und prägender. »Wir werden uns zwar meist nur in Extremsituationen bewusst, dass wir Instinkt-geleitet und emotional agieren, tatsächlich tun wir es aber mit erstaunlicher Regelmäßigkeit. Die Dominanz unseres limbischen Systems und, damit verknüpft, unsere Entwicklungsgeschichte bedingen, dass wir uns in vielem weiterhin so verhalten, als lebten wir noch in der Steinzeit«, fasst der Hirnforscher Hans Markowitsch zusammen.

Auch Gad Saad, Verhaltensforscher und Marketingprofessor im kanadischen Montreal, ist der festen Überzeugung, dass sich in vielen unserer Konsumgewohnheiten Prinzipien der Evolution widerspiegeln: Wir kaufen Produkte, die uns für Artgenossen attraktiver erscheinen lassen sollen, versorgen uns mit Nahrungsmitteln, die unseren evolutionär entwickelten Geschmackssinn befriedigen, beteiligen uns an Geschenkritualen, die Bindungen zum Umfeld festigen, und wir lassen uns in der Werbung von

Schlüsselreizen wie schönen Menschen locken, weil das Äußere in der längsten Zeit unserer Entwicklungsgeschichte eine relevante Information für die Fortpflanzung war. All das sei unser »biologisches Erbe«. Nach Saads Meinung ist es unmöglich, Konsumverhalten zu erforschen und dabei die Evolution auszublenden. Was wir beim Shopping tun, ist das Resultat eines Zusammenspiels unseres biologischen Erbes und unserer modernen Konsumwelt, die bestehende Reflexe bedient und sogar verstärkt. Beides geht Hand in Hand.

Natürlich haben wir diese Fähigkeiten nicht entwickelt, um irgendwann einmal Spaß in der Konsumwelt zu haben, um Unternehmen und Verkäufer glücklich zu machen, sondern um uns in der Umwelt zurechtzufinden, Neues zu entdecken, ein soziales Leben führen zu können und zu überleben. Die meisten dieser Programme laufen unbewusst in unserem Gehirn ab, und wir haben sie mit der Zeit einfach auf die Konsumwelt übertragen.

Der lange Arm der Evolution

Charles Darwin veröffentlichte vor gut 150 Jahren mit »Die Entstehung der Arten« einen Bestseller. Darin räumte er mit dem Aberglauben auf, die Natur sei das Ergebnis eines geplanten und rationalen Erschaffungsprozesses. Darwin sah keinen Schöpfer am Werk, der es mit seinen Kreaturen gut meinte und sie aus kluger Einsicht so und nicht anders geschaffen hatte. Stattdessen erkannte er Selektionsvorgänge, die Lebewesen zugrunde gehen lassen, die nicht optimal an ihren Lebensraum angepasst sind. Diejenigen hingegen, die sich in ihren Verhaltensweisen und Überlebensstrategien am besten auf ihre Umwelt eingestellt haben, überleben. Ein geschickter Werkzeugproduzent konnte dem Muskelprotz aus der Höhle nebenan überlegen sein, selbst wenn er hinkte und nur noch ein Auge hatte. In dem Moment, wo er eine Schleuder herstellen konnte, war er im Vorteil, wie schon die Geschichte von David und Goliath lehrt. Wer Sprache entwickelte, Werkzeuge bauen und sich Sammelplätze für Pilze merken konnte, war anderen überlegen. Je weiter diese Fähigkeiten von einer Generation entwickelt wurden, umso besser war es für sie.

Dabei muss man einen immens langen Zeitrahmen ins Auge fassen, angefangen bei der Frühform des Menschen, dem *Australopithecus*, der vor drei bis vier Millionen Jahren lebte und dessen Gehirn nicht größer war als das der heute lebenden Schimpansen. Aber bereits ihm dienten bestimmte Verhaltensweisen zum Überleben in einem feindlichen Umfeld. Er musste Angriffs- und Verteidigungsstrategien entwickeln, wissen, welche Pflanzen essbar waren und von welchen man besser die Finger ließ, wie man Vorräte anlegen und sie gegen Konkurrenten verteidigen konnte. Millionen Jahre lebten er und seine Nachfolger *Homo habilis* und *Homo erectus* so vor sich hin. Dann betrat vor rund 100000 Jahren der moderne *Homo sapiens* die Bühne, zu dem auch wir gehören.

Die Zahlen zeigen, wie unglaublich lang die Zeiträume sind, in denen die Evolution stattfindet. Die moderne Konsumwelt dagegen, wie wir sie heute kennen, gibt es seit knapp 200 Jahren, also nicht mehr als ein Wimpernschlag im Vergleich zu der Zeit davor. Und es macht deutlich, dass sich ein Wesen, das sich über extrem lange Zeit hinweg bestimmte Verhaltensweisen angewöhnt hat, sich diese kaum innerhalb von ein paar Jahren wieder abgewöhnen kann. Die Evolution brauchte lange, um den *Homo sapiens* zu dem werden zu lassen, was er heute ist. Biologisch gesehen ist es unmöglich, die entstandenen Hirnstrukturen und Verhaltensweisen in kürzester Zeit komplett umzukrempeln, nur weil man plötzlich die Schattenseiten des Konsums entdeckt hat.

In seinem 2006 auf Deutsch erschienenen Buch »Der Affe in uns« zeigt der Primatenforscher Frans de Waal im Vergleich von Affen und Menschen, wie sehr unser Verhalten immer noch diesen evolutionären, über Jahrhunderttausende ausgebildeten Schemata folgt. Die Parallelen im Verhalten lassen dem Leser bisweilen Schauer über den Rücken laufen, etwa was das Streben nach Macht und Anerkennung, Dominanz- und Unterwerfungsgehabe angeht. Das sollten Konsumkritiker im Auge haben, wenn sie versuchen, ihren Mitmenschen den Drang nach Mehr auszureden. Freiwilliger Verzicht und Askese hätten praktisch während der gesamten Entwicklungszeit des Menschen seinen Tod bedeutet. Ein solches Verhalten wäre kompletter Unsinn gewesen.

Natürlich wird nicht das gesamte Verhalten des modernen Menschen von diesem uralten Erbe gesteuert. Seit der Zeit, als Familie Feuerstein ihre Faustkeile schwang, haben wir uns weiterentwickelt und uns *auch* an die aktuellen Umweltbedingungen angepasst. In der Wissenschaft tobt seit Jahren eine Auseinandersetzung über die Frage, wie weit der Einfluss steinzeitlicher Lebensbedingungen heute letztlich noch reicht. Ein paar Jahre werden die Forscher wohl noch weiterstreiten. Werfen wir derweil einen Blick in das Belohnungszentrum unseres Gehirns.

Dopamin und das Glück der Warenwelt

Unser hirneigenes Belohnungszentrum kann uns weismachen, dass Süßes und Fettes wider alle Vernunft gut für uns sind und technische Innovationen begehrenswert, ganz gleich, wie viele man davon schon gehortet hat. Diese Zellen treiben uns in die Arme eines attraktiven Artgenossen und machen uns blind für die Vorzüge eines weniger schönen. Wie aber lässt dieses Hirnareal gute Gefühle entstehen? Ganz einfach: durch die Verarbeitung hirneigener Drogen. Der *Nucleus accumbens* ist eine Region des Gehirns, die sehr reich an Dopaminrezeptoren des Typs D2 ist. Hier dockt der Botenstoff Dopamin an. Je mehr Rezeptoren es gibt, umso besser kann der Stoff wirksam werden. Und er ist es vor allem, der die Momente der Ekstase auslöst.

Dopamin sorgt ähnlich wie Adrenalin für gesteigerte Energie, es verringert unser Schlafbedürfnis, macht euphorisch, motiviert uns und bündelt unsere Aufmerksamkeit. Dopamin sorgt für Neugierde und Lust auf Abenteuer – allesamt probate Überlebensstrategien. Weil es uns Genuss empfinden lässt, gilt es populärwissenschaftlich als »Glückshormon«. Ein Mangel daran lässt uns niedergeschlagen und antriebslos werden. Beim Drogenkonsum etwa steigt der Dopaminspiegel erst rapide an, um nach einiger Zeit wieder in den Keller zu rauschen, was unangenehme Entzugserscheinungen verursacht.

Eine wichtige Rolle spielen die Zellen des Belohnungszentrums auch für unsere Lernfähigkeit. Mit ihrer Hilfe nämlich lernten unsere Urahnen, welche Dinge gut für sie waren. Das verdeutlicht ein Experiment amerikanischer Verhaltensforscher aus den fünfziger Jahren: Sie belohnten Affen mit süßem Saft, wenn diese eine bestimmte Tätigkeit ausgeführt hatten. Die Affen erkannten diesen Zusammenhang schnell, und nach einer Weile quittierte ihr hirneigenes Belohnungszentrum die Ausübung der Handlung selbst mit Glücksgefühlen, obwohl die Forscher den Saft gar nicht mehr als Belohnung reichten. Das funktioniert auch beim Menschen: Haben wir erst einmal gelernt, dass bestimmte Dinge gut für uns sind, sind sie selbst uns Belohnung genug. Gönnen wir uns zum Beispiel bei einem Einkaufsbummel einen Kaffee zwischendurch, setzt wohlige Entspannung bereits ein, sobald der Kellner den Cappuccino vor uns auf den Tisch stellt. Noch bevor wir auch nur einen Schluck getrunken haben, also das Koffein wirklich auf die Hirnzellen wirken kann, tut das Getränk gut, einfach, weil wir gelernt haben, *dass* es uns damit gutgeht. Unser Gehirn ruft: »Belohnung!«, schüttet ein paar euphorisierende Transmitter aus – und wir fühlen uns großartig.

Was das mit dem modernen Konsum zu tun hat? Es erklärt beispielsweise, warum wir so gern schöne Menschen in Medien und Werbung betrachten und uns von ihnen zum Kauf unnötiger Dinge animieren lassen. Die Evolution hat uns gelehrt, dass schöne Artgenossen gesunde, vitale und gute Sexualpartner sind. Wir haben gelernt, dass Schönheit gut für uns und eine Belohnung ist. Das sichert attraktiven Menschen Werbeaufträge, auch wenn sie uns gar nicht als potentielle Partner für den Nachwuchs zur Verfügung stehen. Und es erklärt beispielsweise, warum es uns Lust bereitet, beim Blättern in einer Zeitschrift teure Markenprodukte anzuschauen, selbst dann, wenn wir sie uns niemals leisten könnten. Einmal gelernt, dass Teures guttut, stimuliert bereits der Blick darauf unser Belohnungszentrum. Dazu später mehr.

Unser Kontrollzentrum: der Feind aller Marketingstrategen

Wie immer gibt es auch hier einen Gegenspieler, der die Freude ein wenig trübt. Das Leben ist kein ununterbrochener Glückszustand – zum Glück. Für eine probate Überlebensstrategie hätte es wenig Sinn, uns allein dem Belohnungszentrum zu überlassen. Lust allein reicht nicht, um zu überleben. Wir haben durchaus Mittel und Möglichkeiten, sie zu kontrollieren und lustfeindliche Dinge zu tun wie Sparen, Vorräte anlegen oder sich Wünsche verkneifen und aufs nächste Jahr verschieben. Dafür gibt es die Großhirnrinde, den sogenannten Neokortex. Er bringt Autoren dazu, morgens um acht am Schreibtisch zu sitzen, anstatt lustvolle Dinge zu tun wie ausschlafen, Musik hören und anschließend shoppen gehen. Dieser wichtige große Teil des Gehirns hat den Menschen überhaupt erst zu dem gemacht, was er ist, nämlich ein (in weiten Teilen) vernunftgesteuertes Wesen.

In der Großhirnrinde befindet sich das Kontrollzentrum über all die irrationalen Vorlieben, über die rappelige Genusssucht und die überbordende Neugier des Menschen. Hier wird die Zukunft geplant, werden Probleme gelöst, hier wird dafür gesorgt, dass wir unsere Ziele im Auge behalten, und uns geholfen, wenn wir verschiedene Optionen gegeneinander abwägen müssen. Hier sitzt die innere Stimme, die uns vernünftigerweise sagt: »Nein, du brauchst kein neues Sofa. Das alte tut es noch ein paar Jahre. Spar das Geld für den Fall, dass die rumplige alte Waschmaschine kaputtgeht.« Für Liebhaber exotischer Wörter seien hier noch die beiden Gebiete des präfrontalen Kortex (PFC) genannt, die für rationale Wirtschaftsentscheidungen besonders wichtig sind: der ventromediale und der dorsolaterale präfrontale Kortex.

Utz Hellmuth von der Universität St. Gallen stellt fest: »Der PFC ermöglicht es Menschen im Gegensatz zu Tieren, sich zu Handlungen zu motivieren, für die sie die (affektiven) Belohnungen erst in der Zukunft erhalten. Erst so konnten sich menschliche Anomalien wie Geizkragen, die bestrebt sind, alles Geld für die Zukunft aufzubewahren, oder Workaholics, die sich keine Pause gönnen, etablieren.« Diese lustbegrenzenden Areale unseres Gehirns bewahren uns also vor allzu unvernünftigen Konsumattacken. Sie sind der Gegenspieler zu all den Euphorietransmittern, die jeder ökonomischen Vernunft spotten. Der präfrontale Kortex geht vor wie ein strenger Controller: Er reguliert die Emotionen und sorgt für eine situationsangemessene Handlungssteuerung. Er gibt mir die Möglichkeit, im Kopf nachzurechnen, ob ein angebotenes Schnäppchen tatsächlich eines ist, und zu überlegen, ob die angepriesene »Super-Innovation« nicht vielleicht doch ein alter Hut ist. Bei solchen Entscheidungen spielen zwar auch Gefühle eine Rolle, denn ohne sie wären wir kaum in der Lage, überhaupt eine Entscheidung zu treffen. Aber der Neokortex sorgt dafür, dass ich verschiedene Emotionen und Motive miteinander vergleichen und gegeneinander abwägen kann. Er trifft eine Entscheidung, wenn meine Schnäppchengier mit der Angst vor einem leeren Portemonnaie in Konflikt gerät, und ist bemüht, Ordnung in das Gefühlschaos zu bringen. Der Neokortex ist dafür verantwortlich, wenn ich mich von einem Kaufimpuls nicht hinreißen lasse, weil ich die Folgen einkalkuliere, und er gibt mir den entscheidenden Tipp bei der Frage, ob der neue Hut wichtiger ist oder der eheliche Frieden. Wenn ich am Tag nach der Landpartie vor einem Hutgeschäft stehe und schon wieder eines dieser hinreißenden Modelle sehe, kann ich die Zähne zusammenbeißen und weitergehen, weil ich weiß, dass es mein Mann diesmal wohl nicht bei einer hochgezogenen Augenbraue belassen wird.

Der präfrontale Kortex gilt unter Hirnforschern als Sitz der Persönlichkeit und der rationalen Handlungsplanung, also dessen, was wir im Allgemeinen als Vernunft bezeichnen. Damit wird schon klar: Er ist es, den viele Werbestrategen der Welt gern vorübergehend ausschalten oder zumindest beeinflussen würden. So bliebe das Feld dem lustorientierten Belohnungszentrum überlassen. Das wiederum reagiert bei vielen Menschen ganz besonders auf alles, was irgendwie neu und überraschend ist. Wenden wir uns nun also der menschlichen Neugierde zu.

2. Ich will Neues!

Wieso uns unsere Neugier in die Läden treibt

➤ Neues bereitet Lust

➤ Wie Speckschokolade mit unseren Neuronen spielt

➤ Staubsauger ohne Beutel und Affen als Kellner

➤ Der Reiz verbotener Früchte

➤ Überraschung um jeden Preis

➤ Immer neue Futterquellen: Selektionsvorteile für Neugierige

➤ Das »Neugierkabel« in unserem Kopf

➤ Raubkatzen mögen Chanel N° 5

➤ Der Rausch des Neuen

➤ »Obama-Tee« und andere Lockmittel

Neues bereitet Lust

Eine Frage vorweg: Stehen in Ihrem Badezimmer vielleicht zwei Zahnpasta-Tuben – eine rote und eine blaue? Und waren Sie ganz am Anfang, als Sie begannen, diese Marke regelmäßig zu kaufen, morgens oft verwirrt, welche der Tuben gerade dran war? Abends die rote oder morgens? Und welche nimmt man eigentlich, wenn man sich mittags die Zähne putzen will? Ist das praktisch? Eher nicht. Zwei Tuben beanspruchen mehr Platz als eine, und sie beschäftigen das Gehirn mit der Frage, welche Tube wann benutzt werden will. Überdies bekommt das Ganze auch noch einen medizinischen Touch: morgens die Pillen für den Magen, abends die fürs Herz. Das ist lästig. Eigentlich. Dennoch hat die Zahnpasta mittlerweile einen Marktanteil von etwa 20 Prozent. Sie zählt zu den erfolgreichen Produkten und hat ihren Hersteller zu einem der Marktführer gemacht. Warum aber mag unser Gehirn eine unpraktische, platzverschwenderische und verwirrungstiftende Zahnpasta mit dem unsinnigen Image eines Medikaments?

Die Antwort lautet: Das Prinzip »Morgens-die-eine-abends-die-andere« war neu auf dem Markt, bis dahin gab es nur Zahnpasten für jede Tageszeit, und unser Gehirn liebt eben auch – Neues. Es ist auf neue, einzigartige Dinge aus, die anders sind als das, was wir bis dahin kannten. Je mehr ein Produkt diese Neu-Gier befriedigt, umso leichter sitzt bei vielen Käufern der Euro. Alles, was in starkem Kontrast zu Altbekanntem steht, übersteigt die nötige Aufmerksamkeitsschwelle und erkämpft sich im Idealfall dauerhaft einen Platz im Konsumentenhirn.

Werbeagenturen, Marktforschungsinstitute und Unternehmen wissen um diese Vorliebe unseres Gehirns. Für sie ist es eine bekannte Tatsache, dass die meisten Neuerungen auf dem Markt floppen, nicht etwa weil die Käufer Neues verschmähten, sondern im Gegenteil, weil der Innovationsgrad zu gering ist. Es gibt nichts Schlimmeres für ein Produkt, als mit anderen verwechselt zu werden oder in den Konsumentenköpfen so wenig Eindruck geschunden zu haben, dass es schnell wieder vergessen wird. Wird ein neues Putzmittel mit dem Namen, sagen wir einmal, Nixe, mit derselben Bildersprache eingeführt, mit der seit 40 Jahren Meister Proper über unsere Bildschirme rauscht, dann sind die Chancen von Nixe relativ gering. Neue Bilder müssen her, neue Wendungen, neue Assoziationen, um Aufmerksamkeit zu binden, gerade dann, wenn der Inhalt nichts wirklich Neues bietet. Denn das menschliche Gehirn schenkt nicht allem einfach Aufmerksamkeit. Aber es funkt beherzt an die übrigen Schaltzentralen die Nachricht »zugreifen!«, wenn ein Produkt neu, überraschend und auf irgendeine Weise interessant wirkt.

Wie gut das funktioniert, beweisen Millionen von Kinozuschauern jeden Tag. Obwohl wir sicher sein können, dass fast jeder Film schon in ein paar Jahren oder sogar Monaten auf DVD zu bekommen oder gratis im Fernsehen zu sehen sein wird, zieht es uns immer in den neuesten Streifen. Das kostet Geld, aber für einen Film, von dem gerade jeder spricht, bezahlen wir gern und quetschen uns bereitwillig zwischen Menschen, die husten, sich auf unserer Armlehne breitmachen und mit Popcorntüten rascheln. Weil uns bei neuen Dingen Zurückhaltung schwerfällt, konnten Anfang 2009 die sechs großen Hollywoodstudios Paramount, Warner Brothers, Universal, 20th Century Fox, Sony und Disney wieder einmal stolz bekanntgeben, dass sie auch im Vorjahr alle bisherigen Einspielrekorde gebrochen hatten. Neuromarketingexperte Hans-Georg Häusel

56

von der Münchener Beratungsfirma Gruppe Nymphenburg sieht im »Stimulanzmotiv« eine wichtige Triebfeder beim Kaufverhalten des modernen Menschen und muntert seine Unternehmenskunden immer wieder auf, ihre Zielgruppen damit zu locken. Ob es nun das weltweit erste kreisrunde Handydisplay ist oder der erste Kaschmirpulli aus nachhaltiger Ökotierhaltung. Nur allzu sehr übertreiben sollte man es damit nicht, wie neulich mein Autohändler, der mich zu einer Neueröffnung mit dem folgenden Satz in dicken roten Lettern lockte: »Vier neue Modelle mit neuer Technologie und neuen Möglichkeiten erwarten Sie.« Viel neuer geht nicht. Aber viele Kunden lieben es eben, Unbekanntes zu entdecken, Abwechslung und Sensationen zu erleben. Motive dafür können sein: reine Neugier, Langeweile, das Gefühl der Übersättigung mit Altbekanntem oder das Bedürfnis, durch den Konsum innovativer Dinge die eigene Einzigartigkeit und Besonderheit zu unterstreichen, etwas zu haben, was andere noch nicht besitzen oder noch nicht einmal kennen. Das gilt zwar weniger für konservative Kauftypen, die lieber bei dem bleiben, was sie seit jeher kennen und schätzen. Doch ein großer Teil vor allem der jüngeren Kundschaft zählt zum Konsumtyp der Abenteuerlustigen und Innovationsfreudigen. Und die finden auf Schritt und Tritt Begehrenswertes in der bunten Warenwelt. Ein süßes Beispiel gefällig?

Wie Speckschokolade mit unseren Neuronen spielt

Haben Sie sich schon einmal Schokolade mit Bergkäse oder Speck auf der Zunge zergehen lassen? Seit den neunziger Jahren widmet sich der Österreicher Josef Zotter der Neuentwicklung von Schokoladen in außergewöhnlichen Geschmacksrichtungen. Exotische Sorten mit Tofu und Sake, Blüten und Pfeffer, Vogelbeeren, Hanf oder Bier,

Ketchup, Safranreis und Sellerie, Wein oder eben Bergkäse verlassen täglich seine Manufaktur in Riegersburg, ein paar Berge hinter Graz in der schönen Oststeiermark. Diese Schokoladen werden nicht nur handgeschöpft, was ihnen allein schon das Image des Noblen und Erlesenen verleiht. Der Meister hat sich noch einen anderen, viel wichtigeren Trick einfallen lassen, um uns zu Liebhabern seiner Kreationen zu machen: Er stattet sein Sortiment mit unerwarteten kulinarischen Raritäten aus – und trifft damit mitten ins Verbraucherherz aller Neugierigen. Neben diesen Exoten wirken bekannte Kreationen mit Mandeln, Rosinen oder Likörfüllung wie brave Klassenstreber in Rautenpullundern. Als vernaschte Konsumenten sind wir mittlerweile selbst an Pfeffer- und Chili-Schokoladen gewöhnt, aber Vogelbeeren und Bergkäse sind etwas wirklich Einmaliges in diesem heißumkämpften Marktsegment. Mit dieser cleveren Idee konchierte sich Zotter in die Herzen seiner Fans, die es ihm seit Jahren mit wachsenden Umsatzzahlen danken.

Einen zusätzlichen Anreiz schafft die Marke übrigens – apropos Rautenpullunder –, indem sie auch den Liebhabern schöner Dinge etwas bietet. Die Verpackung zieren eigens von Künstlern gestaltete Bilder, die sich auffällig von der Bildsprache anderer Marken absetzen. So schafft es das Produkt, auch den Schönheitssinn der Käufer anzusprechen, der für sich genommen schon eine starke Motivation zum Kaufen ist, wie wir gleich noch sehen werden.

Ich gestehe: Auch ein Teil meiner Autorenhonorare fließt nach kurzem Zwischenstopp auf meinem Girokonto in die Steiermark. Ich komme nur schwer an den Regalen mit den alphabetisch sortierten Täfelchen vorbei, ohne immer wieder neue Sorten zu probieren – und das, obwohl mir längst nicht alle schmecken. Viele Sorten habe ich enttäuscht an meinen Mann weitergereicht, der nicht zuletzt aus Gründen der Sparsamkeit alles isst, was sonst liegen bliebe. Trotzdem greife ich bei neuen Sorten aus purer Neugier immer wieder zu. Allein der Gedanke, eine völlig neue, noch nie dagewesene Schokoladenkreation probieren zu können, ist mir Belohnung genug, so dass ich den Betrag von etwa drei Euro für die 70-Gramm-Tafel, ohne zu zögern, auf den Tresen lege. Die Freude am Ungewöhnlichen, diese besondere Erwartung beim ersten Stück einer neuen Sorte ist es mir wert. Und das funktioniert nicht nur mit Schokolade.

Staubsauger ohne Beutel und Affen als Kellner

Es gibt keinen anderen Konsumbereich, in dem die Innovation so gefeiert wird wie in der Technik: immer schneller, immer leistungsfähiger, immer neu. Während in der Mode gern Anklänge an vergangene Zeiten und beliebte Klassiker inszeniert werden, bedeutet es in der Technik Rückschritt, wenn man nicht ständig Fortschritt bietet.

Dabei sollte man meinen, dass zum Beispiel auf einem Gebiet wie dem Staubsaugerwesen nur noch geringe Innovationen möglich sind und sich die Produkte mittlerweile kaum noch voneinander unterscheiden. Streift man durch die Haushaltsabteilung eines Elektronikmarktes, fällt vor allem die Gleichförmigkeit der Modelle ins Auge. Kaum eines ragt aus der Masse heraus. Ein Staubsauger ist eben ein Staubsauger, mal mit etwas mehr oder weniger Saugkraft, mal mit etwas besserem oder schlechterem Filter ausgestattet. Doch dem Briten James Dyson gelang eine Innovation der besonderen Art: der beutellose Staubsauger. Dyson wollte es der Konkurrenz zeigen und entwickelte ein Gerät, das völlig ohne auskommt.

Zwar halten sich der Preis der Beutel und der Aufwand, sie zu entsorgen, in Grenzen. Generationen von Hausfrauen kamen prima damit zurecht und fanden nichts dabei, zweimal im Jahr einen neuen Beutel einzusetzen. Doch das futuristisch anmutende Modell des Engländers findet Anklang, weil er es geschafft hat, sich von allem Dagewesenen zu unterscheiden. Sein Produkt sieht völlig anders aus als herkömmliche Staubsauger und bietet zudem eine neue Funktion. Die Folge: Kunden greifen beglückt zu, und zwar weltweit. Innerhalb kurzer Zeit hat der Designer über 20 Millionen Geräte in 47 Ländern verkauft. Hierzulande rangiert er inzwischen auf Rang drei der Staubsaugerproduzenten. Im Jahr erwirtschafteten seine 2200 Mitarbeiter einen Gewinn von rund 130 Millionen Euro. Die Idee, einfach den Beutel wegzulassen und die Maschine so zu bauen, dass der Dreck in einem separaten Behälter gesammelt wird, hat den Mann vom Garagentüftler zum Millionär gemacht. So sehr werden Innovationen goutiert.

Das funktioniert auch in der Gastronomie, wie ein Restaurant in Japan beweist: In einer kleinen Stadt etwa 100 Kilometer nördlich von Tokio werden die Gäste nicht nur von normalen Kellnern bedient, sondern – von Affen. Da diese ungewöhnliche Art von Kellnern im Land (und wahrscheinlich auf der ganzen Welt) einzigartig ist, laufen die Geschäfte plötzlich, trotz allgemeiner Krise, ausgesprochen gut. Man hat sich ja mittlerweile an alle möglichen Arten von exotischen Kellnern in allen möglichen Sorten von Lokalen gewöhnt. Doch einen dressierten Affen, der auf zwei Beinen läuft und uns das Bier an den Tisch bringt, hat man eben noch nie vorher gesehen.

Zur Freude der Restaurantbetreiber sind die Gäste bei den Trinkgeldern für die Affen außerordentlich spendabel, wie Frau Otsuka gern in Interviews erzählt. Zu dem Zeitpunkt, als sie begann, die Affen für sich arbeiten zu lassen, verirrten sich vor allem werktags kaum noch Gäste in das Lokal. Im Zeichen der Bankenkrise verkniffen sich die Leute immer öfter das Essen auswärts und kochten lieber zu Hause. Doch mit der Anstellung der tierischen Kellner hat sich die Situation grundlegend geändert, und plötzlich läuft das Geschäft wieder: »In den vergangenen Wochen und Monaten haben fast alle japanischen Fernsehsender über uns berichtet, und seitdem ist es nötig, fürs Wochenende Tische zu reservieren. Wenn die Affen nicht wären, würde das Restaurant wohl nicht lange überleben, denn mehr als die Hälfte der Gäste wollen die Affen sehen. Ohne sie wären wir nur ein normales Lokal«, berichtet die stolze Besitzerin. Ideen muss man haben.

Henry Ford, nicht ganz unbeteiligt am Konsumboom der zwanziger Jahre des letzten Jahrhunderts, verkündete eines Tages, dass Käufer seines Ford T den Wagen in jeder beliebigen Farbe haben könnten – solange es nur Schwarz sei. Das funktionierte zu Beginn gut, Fords Nachfolger aber erkannten nicht zuletzt angesichts der wachsenden Konkurrenz nach dem Zweiten Weltkrieg, dass man seinen Kunden mehr bieten musste, um sich am Markt zu halten. Sie änderten das Konzept und boten wechselnde Looks an, um die Käufer bei Laune zu halten. Denn sie hatten erkannt, dass Kunden gern mal ein »neues« Auto mit neuem Design, technischen Innovationen und neuen Funktionen für sich entdecken, und sie hatten Erfolg mit dem neuen Konzept.

Über einen ähnlichen Erfolg können sich auch die Erfinder der Bionade freuen. Das Kultgetränk der vergangenen Jahre wurde in einer damals praktisch bankrotten Bierbrauerei in der Rhön ersonnen. Der Familie, die das Geschäft betreibt, war klar, dass etwas ganz Neues hermusste, um die Kurve zu kriegen. Also erfand man eine nach Reinheitsgebot gebraute Limonade, die dank eines speziellen Herstellungsverfahrens mit wenig Zucker auskommt. Heute verkauft der Betrieb weltweit über 200 Millionen Flaschen im Jahr und schickt sich an, Marken wie Coca-Cola und Red Bull Konkurrenz zu machen. Neues zieht eben. Natürlich müssen Produkte auch sonst gut sein, um auf Dauer gekauft zu werden, aber Neuheiten aller Art sichern zunächst einmal wichtige Aufmerksamkeit.

So kommt es auch, dass in der Mode immer mal wieder eigenartige Experimente reißenden Absatz finden. In der zweiten Hälfte des 20. Jahrhunderts etwa eroberten Kleider aus Plastik, Aluminium, Zellophan oder Karton die Herzen der Käuferinnen. In der Popmode der sechziger Jahre waren vor allem »Papierkleider« gefragt, die man maximal fünfmal waschen konnte, bis sie sich auflösten. Änderungen konnte die Besitzerin mit Schere und Klebeband durchführen. Sogar in der DDR, üblicherweise der dekadenten westlichen Mode gänzlich abhold, wurde das »Vliesettkleid« propagiert – im tristen Alltag eine sexy Innovation und Futter für neugierige Hirnzellen.

Der Reiz verbotener Früchte

Erfolgsgeschichten dieser Art gibt es reichlich, und nicht erst seit der Moderne. Unsere Gier nach ständig Neuem ist kein Auswuchs des überreizten modernen Konsumenten, der schon alles hat und sich verzweifelt nach Abwechslung sehnt wie ein verwöhntes Kind, das erst ein neues Spielzeug bekommen muss, um noch Freude empfinden zu können. Diese Lust am Neuen ist alt, sogar sehr alt. Und sie beschäftigt den Menschen schon so lange, wie er sich überhaupt Gedanken über seine Mitmenschen macht.

Gehen wir einmal weit zurück in der Menschheitsgeschichte. Nein, nicht nur ins Mittelalter, auch nicht bloß in die Steinzeit. Weiter, viel weiter, ja genau: zum Urkonsumakt des Menschen, der gleichsam aus reiner Neugierde geschah. Wie war das damals im Paradies? Milch und Honig flossen, Gräser und Büsche wuchsen üppig. Es war so warm, dass Eva und Adam nicht einmal Kleider brauchten. Ähnlich wie der Großteil der westlichen Welt heute lebte man im Überfluss. Von allem war genügend vorhanden; man musste sich weder um Speis und Trank noch um ein Dach über dem Kopf kümmern, ein herrlicher lebenslanger All-inclusive-Urlaub, der bei guter Führung niemals enden würde. Was aber taten die beiden Protagonisten? Sie hatten keine bessere Idee, als ausgerechnet das einzige Obststück zu begehren, das ihnen untersagt war. Wie saftig dieser Apfel schien, wie rotbackig verführerisch er da so sacht in der Abendsonne schaukelte.

»Herrlich süß muss er schmecken, was meinst du?«, murmelte Eva, die Augen geschlossen, das Gesicht der untergehenden Sonne zugewandt.

»Süß? Nein, ich stelle ihn mir eher säuerlich und frisch vor«, entgegnete Adam.

»Es muss schon etwas Besonderes damit auf sich haben, wenn Gott so viel Aufhebens darum macht«, ließ Eva nicht locker. »Was wohl mit dieser Erkenntnis gemeint ist, von der die Schlange dauernd redet?«

»Keine Ahnung«, Adam trat einen Schritt näher an den Baum heran. »Um anderes Obst wird nicht so ein Tamtam gemacht.«

Und überhaupt, alle anderen Obstsorten waren ja sattsam bekannt, da waren keine Sensationen mehr zu erwarten. Tagaus, tagein die immer selben Mangos, Papayas und Feigen. Aber so ein Baum, von dem noch niemals ein Mensch hatte kosten dürfen, das war schon was. Eva öffnete die Augen und blinzelte in die Sonne: »Vielleicht sollten wir es herausfinden?«

»Meinst du wirklich?«, fragte Adam zögerlich. »Eigentlich haben wir doch genügend zu essen, und das gibt bestimmt Ärger.«

Eva setzte sich auf, ihre Augen zeigten wieder dieses Funkeln. »Schau mal, wenn wir es nicht versuchen, werden wir nie erfahren, was das Theater soll. Wir müssen doch wissen, was an diesem Apfel dran ist. Schau, Schatz, er muss es ja nicht merken. Wir kosten nur kurz und lassen den Apfel dann verschwinden.« Sie trat entschlossen auf den Baum zu. Nie hatte er geheimnisvoller gewirkt. Es war fast, als ginge eine magische Anziehungskraft von ihm aus. Nur mal fühlen, wie er sich anfühlt … mhhhm, dieser Geruch … ups.

Wir wissen, wie die Geschichte ausging. Selbst um den Preis schmerzvoller Geburten und mühevollen Tagewerks: Die Neugier siegte. Und das tut sie bis heute, selbst um den Preis totaler Kreditkartenüberschuldung. Ein neues Auto, das neue iPhone mit noch mehr Funktionen, die neueste Mode mit ganz neuen Schnitten und Farbkombinationen – die Geschichte wiederholt sich immer wieder. Würde das Urpaar, mit dem die Lust auf Neues in die Welt kam, heute leben, würde sich vermutlich auch in ihrem Haushalt eine Szene abspielen, wie sie viele Paare kennen: Im Kühlschrank liegt ein Rest der alten Salami. Sie hat bislang beiden gut geschmeckt. Seit ein paar Tagen liegt sie da schon. Nun hat Eva beim Einkaufen eine neue Salami entdeckt, mit Wildschweinfleisch und neuer Rezeptur, die Verkäuferin hatte sehr geschwärmt. Wie die neue Sorte wohl schmeckt? Die alte ist ja ein bisschen langweilig geworden und sieht auch nicht mehr so richtig gut aus. Vielleicht, denkt Eva, will Adam die ja noch essen? Ich probiere mal die neue, mhhhm.

Kommt dann nach einer Weile Adam dazu, setzt er sofort seinen Musste-das-sein-Blick auf. Er weiß nämlich genau, dass es nun seine Aufgabe sein wird, den Rest der alten Salami zu essen. Eva wird sie keines Blickes mehr würdigen. Auch diese Wurst wird in einem toten Winkel ihres Konsumsichtfeldes verschwinden. Wie so oft. Und wenn er sich nicht wieder einmal diszipliniert ans Resteessen machte, würde die Salami im Kühlschrank liegen, bis sie einen grünen knochenharten Zustand erreicht hätte.

Und nicht einmal dann würde Eva sie beseitigen, weil sie alte Dinge einfach überhaupt nicht mehr wahrnimmt, ganz egal, in welchem Zustand sie sich befinden.

»Du hättest die neue auch erst in ein paar Tagen aufmachen können, dann wäre die alte aufgebraucht«, sagt er vorwurfsvoll.

»Ich wollte aber *jetzt* wissen, wie sie schmeckt«, entgegnet Eva. »Wie die alte schmeckt, weiß ich doch. Und außerdem, wenn du sie so magst, dann freu dich doch, dass du sie jetzt für dich ganz allein hast.«

»Im Bad stehen dutzendweise halbleere Cremetöpfe, und hier«, Adam reißt eine Schranktür auf, »diese ganzen angebrochenen Tees! Wer soll die jemals trinken? Du ruinierst uns noch mit deiner ewigen Lust auf neue Sorten!«

Die Sache mit dem Sündenfall im Paradies ist natürlich nicht historisch dokumentiert. Aber sie ist vor unglaublich vielen Jahren erfunden worden. Und schon damals machten sich die Autoren des Alten Testaments keine Illusionen über die enorme Wirkungsmacht der menschlichen Neugier. Sie hatten ihre Mitmenschen gut genug beobachtet, um zu wissen, wie stark dieser Antrieb sein kann. Wie beglückend. Und wie zerstörerisch.

Zwar brachte die Neugier im Falle der Paradiesbewohner gravierende Nachteile mit sich, jedenfalls was die unmittelbaren Lebensumstände anging, aus Sicht der Evolution sieht die Sache jedoch anders aus. Hier gilt: Wer mit Neugier und Entdeckerlust auf seine Umwelt reagierte, schlug oft handfeste Vorteile für sich und seine Sippe heraus. Die Gier nach Neuem hat also alte Wurzeln und ihren Anteil zum Überleben in der Wildnis beigetragen. Ohne Neugier in den Neuronen hätten sich die Tierwelt und damit auch der Mensch niemals dahin entwickelt, wo wir heute stehen. Wie also schafft Neugier eigentlich Hochgefühle? Und warum lässt uns diese Euphorie beim Shopping bisweilen tiefer in die Tasche greifen, als es vernünftig wäre? Oder anders gefragt: Warum können Hersteller wie Zotter und Dyson so einfach mit den Neuronen der Konsumenten spielen?

Überraschung um jeden Preis

Das menschliche Gehirn reagiert auf überraschende Gaumenfreuden mit einem lustvollen Gefühl von Belohnung. Das fand ein amerikanisches Forscherteam um Gregory Berns von der Emory University heraus. Für die Studie maßen die Wissenschaftler die Hirnaktivität von Freiwilligen während eines Geschmackstests. Ein computergesteuerter Apparat spritzte dabei den Versuchspersonen Wasser und Fruchtsaft in einer bestimmten Reihenfolge in den Mund. Dabei war die Abfolge der Getränke vorhersehbar, die Versuchspersonen wussten also, was auf sie zukam. Im zweiten Versuch war die Abfolge völlig zufällig. Bislang waren Wissenschaftler davon ausgegangen, dass das Gehirn am stärksten auf den Geschmack reagieren müsste, der einer Person am besten gefällt, also zum Beispiel Saft, wenn man Saft mag. Doch bei dem Experiment reagierte das Lustzentrum des Gehirns vor allem bei einer unerwarteten Reihenfolge der Fruchtsaft- und Wasserspritzer. »Überrasche mich, biete mir Unerwartetes, dann belohne ich dich mit guten Gefühlen«, scheint das Gehirn zu fordern.

Unser Oberstübchen belohnt also unerwartete Genüsse stärker als erwartete, und das unabhängig davon, welchen Geschmack jemand vorzieht, schließt Berns. Er legte Freiwillige in verschiedenen Versuchsanordnungen in den Hirnscan, um die Verteilung von Botenstoffen und Stresshormonen zu messen. Die Ergebnisse stützen die Vermutung, dass es vor allem die Erwartung des Neuen ist, die uns motiviert. Das passt zur Erkenntnis, dass der Hirnbotenstoff Dopamin bereits ausgeschüttet wird, wenn eine Belohnung nur in Aussicht steht, sozusagen als Ansporn, die Anstrengung dann auch tatsächlich auf sich zu nehmen und die winkende Belohnung zu ergattern.

Auch der Psychologe Mihaly Csikszentmihalyi, dessen Buch »Flow« ein Bestseller wurde, ist überzeugt: »Wir sind eine Spezies, die mit dem Hunger nach Grenzerweiterung gesegnet ist.« Zum Glück, denn das ermögliche immer wieder neue Glückserlebnisse.

Wie sehr es unser Belohnungszentrum stimuliert, Neues zu entdecken, beobachtete auch ein Forscherteam um Bianca Wittmann am University College in London: Ihre Versuchspersonen konnten im Hirnscan liegend bekannte Bilder anklicken und dabei Geld gewinnen, nämlich ein Pfund pro Bild. Aber ihnen standen auch Bilder zur Auswahl, deren Gewinnsumme sie nicht kannten und die sie nie zuvor gesehen hatten. Warfen die Probanden nun einen Blick auf ein unbekanntes Bild, zeigten sich im Belohnungszentrum rege Aktivitäten. Unser Gehirn verspricht uns also quasi einen Bonus an Wohlbefinden, wenn wir die Aufmerksamkeit auf etwas Neues richten, folgern die Forscher daraus. »Ich mag meinen eigenen Lieblingsschokoriegel haben, aber wenn ich einen anderen in neuer Verpackung sehe, der mir als neu angeboten wird, mit verbessertem Geschmack, kann mich meine Suche nach neuen Erfahrungen ermutigen, von meiner sonstigen Wahl abzurücken. Das schließt die Gefahr mit ein, dass ich nur alten Wein in neuen Schläuchen kaufe«, räumt Wittmann ein. Doch die Neugier habe sich zu einem der Grundprinzipien des menschlichen Verhaltens entwickelt, das wir nicht zuletzt beim Konsum ausleben. »Es ergibt Sinn, neue Optionen auszuprobieren, weil sie sich auf längere Sicht als vorteilhaft erweisen können. Ein Affe, der in einem unbekannten Teil des Waldes neue Nahrung findet, kann seine Bananendiät bereichern«, erklärt die Forscherin.

So weit, so gut. Aber warum entwickeln sich manche Menschen zu besonders neugierigen Exemplaren? Diese Eigenschaft muss wie alles, was sich evolutionär herausgebildet hat, einen vernünftigen Grund haben, denn sie beeinflusst unser Verhalten bis in einzelne Konsumentscheidungen hinein und sorgte zum Beispiel dafür, dass Überraschungseier zu einem Verkaufsrenner werden konnten, den Generationen von Kindern begehrten. (Obwohl nach dem Öffnen von Überraschungseiern nicht selten eine Art postkoitaler Depression eintritt, denn das gewünschte Objekt ist wirklich verdammt selten drinnen. So bleibt nur die Hoffnung aufs nächste Mal.)

Immer neue Futterquellen: Selektionsvorteile für Neugierige

Das Leben ist oft unsicher und stellt uns vor Herausforderungen, Risiken und unerwartete Situationen. Die Realität verändert sich ständig, daher müssen Lebewesen imstande sein, Veränderungen zu verarbeiten, ihr Denken, Fühlen und Handeln an eine gewandelte Außenwelt anzupassen, um das eigene Überleben zu sichern. Und eben diese Anpassung hat die Natur durch die Neugier ermöglicht. Im Laufe der Evolution hat sich ein Verhaltenssystem herausgebildet, das Tiere veranlasst, sich neuen, unbekannten Reizen zuzuwenden und sie zu erkunden – und diesen Vorgang mit einem gewissen Lustgefühl zu erleben.

Der Tierforscher Konrad Lorenz beobachtete schon in den vierziger Jahren, wie grundlegend dieses Verhalten für die Anpassung von Organismen an neue Umweltbedingungen ist. Ohne Neugier kein Lernen, ohne Lernen kein Überleben. Lorenz entdeckte, dass gerade Tiere wie etwa Ratten, die kaum an eine feste ökologische Nische angepasst sind, besonders neugierig sind, da sie nur so Chancen und Gefahren entdecken können. Neue Futterquellen lassen sich nur auftun, wenn man danach sucht und eben auch mal etwas Neues ausprobiert, zum Beispiel als blinder Passagier auf einem Schiff mitzufahren und es sich dort in der Vorratskammer gemütlich zu machen. Wer nur da sucht, wo sich alle anderen schon satt gefressen haben, geht womöglich leer aus. Wer dort sucht, wo die anderen noch nicht nachgesehen haben, optimiert die eigenen Chancen.

Neugier macht kreativ, hilft, bekannte Dinge neu zu kombinieren und Grenzen zu überwinden. Das wirkt auch auf paarungswillige Artgenossen anziehend: So beobachten Ornithologen, dass Vogelweibchen häufig Kandidaten vorziehen, die neue, bislang ungehörte Melodien trällern. Darwin vermutete, dass sich buntes Gefieder und interessante Gesichtszeichnungen so weit verbreiten konnten, weil neue Muster Vorteile bei der Balz brachten, indem sie das Interesse der Weibchen weckten.

Interessanterweise sind Tiere auch dann noch neugierig, wenn ihre Grundbedürfnisse wie Hunger, Durst und Fortpflanzungswillen gestillt sind, es also gar nicht mehr ums nackte Überleben geht. Ratten beispielsweise kann man bestimmte Verhaltensweisen leichter beibringen, wenn sie zur Belohnung ein neues Labyrinth erkunden dürfen. Sie lieben es, ihre Neugier auszuleben, und lernen mit Hilfe dieser Belohnung bereitwilliger. Junge Hausschweine bevorzugen von zwei möglichen Auslaufställen denjenigen, in dem jedes Mal ein neues Objekt liegt, und betreten am Ende einen Stall, in dem sie immer dasselbe Objekt finden, gar nicht mehr. Die Befriedigung von Neugier selbst wird also als Belohnung erlebt, ohne dass am Ziel unbedingt ein fetter Braten liegen muss. Das erklärt auch, warum so viele Konsumenten so große Lust auf Shopping haben, selbst wenn es nur ums Schauen geht und sie am Ende gar nichts kaufen. Viele Frauen lieben es, Klamotten bloß anzuprobieren und sich darin von allen Seiten zu bestaunen, und nicht wenige Männer begeistern sich dafür, sich in Technikgeschäften über neue Geräte zu informieren, einfach nur um zu erfahren, was es Neues am Markt gibt.

Lebewesen entwickeln sich umso besser, je mehr sie ihre natürliche Neugier ausleben. Je komplexer das Gehirn, umso stärker ist meist auch seine Neugier ausgeprägt. Ratten, die in einer abwechslungsreichen Umwelt aufwachsen, weisen eine bessere Gehirnentwicklung auf als Tiere aus einer reizarmen Umgebung. Und bei Menschen ist das nicht anders: Kinder wie Erwachsene suchen nach Stimulierung, Unterhaltung und neuen Herausforderungen. Wir erleben das als lustvoll, und es bringt uns voran. Ein gewisses Maß davon ist notwendige »Nahrung« für die Psyche.

Schon Neugeborene betasten wenige Stunden nach der Geburt ihren Körper, vor allem das Gesicht und die Mundregion. Sie verfolgen mit den Augen sich langsam bewegende Gegenstände. Zeigt man wenige Wochen alten Babys mehrmals hintereinander dasselbe Bild, schwindet ihr Interesse allmählich. Ersetzt man das bekannte Bild dann aber durch ein neues Foto, schenken sie der Sache wieder ihre volle Aufmerksamkeit. Später beginnen sie, mit Gegenständen zu experimentieren, um herauszufinden, was sich mit ihnen anstellen lässt. Knöpfe und Schalter werden ausprobiert, Schubladen ausgeräumt und Käfer zerlegt. Je neugieriger ein Kind seine Umwelt erkundet, umso intelligenter entwickelt es sich in der Regel – sofern es die eingehende Untersuchung der Steckdosen überlebt hat.

Langeweile und Monotonie dagegen können die Persönlichkeit, das Denken, das gesamte psychische Gleichgewicht empfindlich stören, wie Psychologen in sogenannten Isolationsstudien herausgefunden haben. Dabei wurden Versuchspersonen in Kammern von der Außenwelt abgeschnitten, und man beobachtete, wie es ihnen dabei erging – ziemlich mies nämlich. Die meisten wurden unruhig bis aggressiv und lechzten geradezu nach Reizen, Informationen und Abwechslung. Alle Lebewesen brauchen für ihre Entwicklung ein bestimmtes Maß an neuen Erfahrungen und Herausforderungen, sonst verkümmern sie. Und Konsum stillt eben genau dieses tiefsitzende Bedürfnis, indem man uns immer wieder Neues anbietet, immer neue Sorten, neue Funktionen und so viele Dinge, auf die sich unsere Neugier stürzen kann.

Zwar geht es bei uns heute nicht mehr vordringlich um das Auffinden neuer Futterquellen, das Prinzip ist jedoch in der menschlichen Psyche so fest verwurzelt, dass die Lust an der Abwechslung vor der modernen Konsumwelt nicht haltmacht. Menschen, die öfter ein neues Handy kaufen, aus Langeweile den Beruf oder die Wohnung wechseln oder jedes Jahr ein neues Urlaubsziel ansteuern, bekommen mehr Anregungen als andere, die stets beim Alten bleiben. Dieser Käufertypus gehört, wie der Schweizer Marketingprofessor Rudolf Ergenzinger erklärt, zu den *variety seekers*, »die trotz Zufriedenheit aus Langeweile oder Neugier immer wieder nach Abwechslung im Konsum suchen«. Dabei wechseln sie ständig Marken und Anbieter, je nachdem, wer gerade das Allerneueste vom Neuen verspricht. Anders als bei Schnäppchenjägern oder Markenfetischisten kommt es bei diesem Konsummotiv weder auf den Preis noch auf die richtige Marke an. Allein der Innovationsgrad zählt. So regt man sich in der Warenwelt durch Neugier gegenseitig zu Innovationen an: Die einen entwickeln immer neue Produkte, und die anderen begehren und kaufen sie.

Die ständige Suche nach Neuem und die Lust daran hängen auch vom Charakter eines Konsumenten ab. Aus Sicht von Psychologen zählt sie zu den relativ stabilen Persönlichkeitseigenschaften. Nicht jeder braucht in gleichem

Maße den Kick der Innovation, es gibt sogar ausgesprochen konservative Konsumtypen: »Das sind Menschen, die Neuerungen zurückhaltend oder gar ablehnend gegenüberstehen. Sie sind schwerer für neue Produkte zu gewinnen als Leute, die auf der Offenheitsskala oben stehen«, weiß der Wirtschaftspsychologe Georg Felser. Und auch beim einzelnen Menschen verändert sich dieses Bedürfnis im Laufe der Jahre. So zählen jüngere Menschen häufiger zur Konsumentengruppe der *variety seekers*. Amerikanische Psychologen führten bereits in den siebziger Jahren eine Studie durch, bei der über 900 Personen zu ihrem Bedürfnis nach Neuem befragt wurden. Sie wollten vor allem herausfinden, ob sich diese Persönlichkeitseigenschaft im Laufe des Lebens, also abhängig vom Alter verändert.

Und tatsächlich stellte sich heraus, dass mit zunehmendem Alter das als optimal erlebte Erregungsniveau durch Innovationen sinkt. Jüngere brauchen stärkere und intensivere Reize, um in einen als angenehm erlebten Aktivierungszustand zu gelangen. In der Jugend kann ein Reiseziel nicht exotisch und abenteuerlich genug sein, während im Alter auch mal der Wanderurlaub im Mittelgebirge ausreicht. Daraus folgt, dass Anbieter bei vielen Produkten, die sich an ältere Generationen richten, seltener die Neuigkeitskarte ausspielen als bei Produkten, die vorwiegend von jungen Konsumenten gekauft werden sollen.

Das »Neugierkabel« in unserem Kopf

Wir machen von klein auf die Erfahrung, dass die Erkundung von Neuem zwar mit Gefahr verbunden sein kann (heiße Herdplatte), aber auch Chancen bietet (entdeckte Süßigkeitenvorräte). »Die Neugier ist die mächtigste Antriebskraft im Universum, weil sie die beiden größten Bremskräfte im Universum überwinden kann: die Vernunft und die Angst.« Das lässt Walter Moers seinen Helden Hildegunst von Mythenmetz in »Die Stadt der träumenden Bücher« sagen, der in einem unterirdischen Labyrinth von einer Gefahr in die nächste schlittert. Das Zitat ist für das Verständnis bestimmter Konsummarotten insofern erhellend, als es erklärt, warum wir beim Einkaufen gelegentlich alle Vernunft über Bord gehen lassen: Die Neugier auf ein Produkt, ein neues Urlaubsziel oder eine Modekollektion ist oft stärker als die rationale Überlegung, ob wir das Ding brauchen, oder die Angst davor, wieder einmal das Konto zu überziehen. Was ist ein bisschen Geld auf der Bank schon gegen aufregend Neues?

Wie sehr sich jemand für Neues begeistert, kann man an der Verbindungsstärke zweier Regionen im Gehirn erkennen, wie Michael Cohen und seine Kollegen von der Universität Bonn kürzlich herausfanden. Sie konnten belegen, dass bei neugierigen Menschen eine Nervenbahn zwischen einer Region des Gehirns namens *Hippocampus* und dem *Striatum* besonders gut entwickelt ist. Aus früheren Studien ist bekannt, dass das *Striatum* einen wichtigen Teil des Belohnungssystems darstellt. Cohen und seine Kollegen untersuchten 20 Probanden mit einer nichtinvasiven Technik, mit der sich die Stärke von Nervenfaserbündeln im Gehirn messen lässt. Danach mussten die Versuchspersonen Fragen zu ihrer Persönlichkeit beantworten. Diejenigen, die sich selbst als neugierig einschätzten, hatten deutlich stärkere Faserverbindungen, vor allem in der linken Hirnhälfte. Identifiziert der *Hippocampus* eine Erfahrung als neu, sendet er einen Impuls an das *Striatum,* wie die Forscher glauben. Bei Menschen, die sehr häufig neue Erfahrungen machen, also neugierig sind, sind diese Regionen dann offenbar besonders gut verkabelt. Man kann also am Gehirn tatsächlich ablesen, wie neugierig ein Mensch ist. Ausgelebte Neugier verändert die Neuronenarchitektur messbar.

Über einen so genauen Blick ins Gehirn hätte man sich im Mittelalter gefreut. Damals stand diese Charaktereigenschaft nämlich gar nicht hoch im Kurs; zwar zählte die Neugier nicht direkt zu den Todsünden, niemals aber hatte sie so wenig Konjunktur wie damals. Und mit dem Blick auf das Neugierkabel hätte man besonders neugierige Menschen einfach unter kirchliche Aufsicht stellen können. Während die Antike der Neugier noch recht aufgeschlossen gegenüberstand, erkannte das Mittelalter darin eine Gefahr, die die Kirche beschränken wollte, um die eigene Macht zu sichern. Die Zeit war geprägt von der Verteufelung menschlichen Wissensstrebens, was sich mit der Renaissance zwar änderte, doch galt die Neugier selbst im 19. Jahrhundert noch als (vorwiegend weibliches) Laster. Jeder kannte die Geschichte vom Paulinchen, das – allein zu Haus – dem Feuer allzu viel Neugier entgegenbrachte und ein tragisches Ende nahm.

Raubkatzen mögen Chanel N° 5

Ein kleiner Seitenblick in die Tierwelt zeigt, dass nicht nur wir Menschen von Neugier geleitet werden, sondern sie ein umfassendes evolutionäres Prinzip ist. Schauen wir uns zum Beispiel das Wiesel an. Diese possierlichen Tiere nutzen die Neugier von Mäusen eiskalt aus, indem sie ihre Lieblingsbeute nicht nur mit der traditionellen Methode Witterung aufnehmen-anpirschen-zuschlagen zur Strecke bringen. Die gewitzten Nager haben über Generationen gelernt, dass man seiner Beute auch wesentlich eleganter habhaft werden kann, indem man ihr einfach gelegentlich etwas Neues und Unerwartetes bietet. Die niedlichen Killer schleichen sich also nicht bloß an, sondern tänzeln leichtfüßig herum, als ob sie nicht alle Tassen im Schrank hätten, drehen sich um sich selbst und jagen dem eigenen

Schwanz nach. Das macht die perplexen Mäuse so neugierig, dass sie alle Vorsicht fahrenlassen und näher an das Spektakel herankommen. Sind sie dicht genug dran, schnappt das Wiesel zu – der blutige Höhepunkt der Vorstellung. Aus die Maus. Trotzdem vererbt sich das neugierige Verhaltensmuster auch bei den Mäusen von Generation zu Generation. Es stirbt nicht aus, obwohl es einzelne Exemplare in den Tod treibt.

Bei Kohlmeisen konnten Forscher des Max-Planck-Instituts für Ornithologie in Seewiesen sogar ein richtiges Neugier-Gen entdecken: das Dopamin-Rezeptor-D4-Gen. Es trägt den Bauplan für einen Dopaminrezeptor im Gehirn. Züchtet man über mehrere Generationen hinweg eine bestimmte Variante dieses Gens, so verhalten sich die Tiere deutlich neugieriger als ihre Artgenossen. Sie nehmen zum Beispiel unbekannte Objekte forscher unter die Lupe. Neugier ist also nicht nur erlernt, sondern zum Teil auch angeboren, und auch der Grad unterscheidet sich von Exemplar zu Exemplar, ganz wie bei uns Menschen.

Als besonders neugierig stellt sich immer wieder die Gattung der Säugetiere heraus. Menschenaffen, Bären, Ratten, alle, die sehr kreativ bei der Nahrungssuche sein müssen, lassen sich gern mal auf etwas Neues ein. Und um diese natürliche Gier nach Abwechslung zu fördern, müssen die Zoodirektoren mithalten und sich ebenfalls öfter mal eine Überraschung einfallen lassen. So berichtete Alex Rübel vom Zürcher Zoo im Interview mit der Zeitschrift *natur + kosmos*, dass die Tierpfleger im Gehege der Brillenbären 120 verschiedene Verstecke mit Futter bestücken, um die natürliche Neugier am Leben zu erhalten. Für die Raubkatzen wird gar ein ganzes Parfumsortiment bereitgehalten – von Baldrian bis Chanel N° 5. »Sie lieben es, sich darin zu wälzen.« Man gönnt sich ja sonst nichts. Wie aber konnte die natürliche Neugier zu einem der stärksten Motoren des Konsums werden?

Der Rausch des Neuen

Neugier macht regelrecht high, wie der amerikanische Neurowissenschaftler Irving Biederman von der Universität in Los Angeles herausfand: In bestimmten Bereichen des Sehzentrums, wo Bilder erkannt und verarbeitet werden, befinden sich ungewöhnlich viele Andockstellen für die Drogen, die unser Körper für uns bereithält. In dem Moment, wo wir etwas Neues als solches erkennen (also dann, wenn in Comics eine Glühbirne aufleuchtet), werden im Gehirn körpereigene Opiate freigesetzt. So entsteht ein Hochgefühl mit starkem Suchtpotential – und das motiviert uns, immer wieder nach Neuem zu suchen. Diese Hirnzellen werden beispielsweise aktiviert, wenn wir zum ersten Mal vor einem faszinierenden Bild stehen, wie Biederman herausfand. Je häufiger seine Versuchspersonen ein Bild ansahen, umso weniger aktiv waren die mit Opiatrezeptoren ausgestatteten Hirnregionen – und umso geringer wurde die Faszination. Bekanntes vermindert also die Wirkung hirneigener Rauschmittel, was eine plausible Erklärung dafür ist, dass es uns irgendwann langweilt.

Diese kurzen berauschenden Momente erleben wir auch beim Konsum. Das Hochgefühl, das wir beim Anblick eines neuen Produktes, beim Tragen eines neuen Kleidungsstücks empfinden, kann nur heraufbeschworen werden, wenn wir dem Gehirn neues Futter bieten. Daher finden die immer schneller wechselnden Kollektionen, Dekorationen und Angebote so guten Absatz. Man bietet uns Kunden stets etwas Neues und kann sich getrost auf die Wirkung unserer körpereignen Drogen verlassen. Das erklärt auch, warum viele Leute so gern in Secondhandläden herumstöbern. Man weiß nicht recht, was einen erwartet, und verlässt den Laden mal schaudernd, mal mit vollen Tüten.

Werbeleute tun also gut daran, auf die Lust unseres Gehirns am Neuen zu setzen. Denn sie können sich ganz sicher sein: Solange der Mensch lebt, wird er seine Neugier nicht los. Sie gilt es in der Hoffnung auf guten Umsatz anzustacheln. Nicht zuletzt die Medien leben von dieser beständigen Neugier: Presse, Fernsehen und Radio können sicher sein, dass Neuigkeiten aller Art den Menschen immer fesseln werden – Länder, Menschen, Abenteuer, Sensationen, Rekorde, Skandale und Entdeckungen. Und neu bedeutet manchmal einfach nur: anders als vorher. Eine Sache kann uns durchaus bekannt sein, es reicht, wenn sie in Kontrast zu dem bislang Erlebten steht. Dass der Genuss an gewohnten Dingen mit der Zeit erlahmt, bringt uns nach der ersten Euphorie immer wieder auf den Teppich. Nur das erste Stück Kuchen schmeckt wirklich gut, danach lässt die Lust nach, und es hilft nur noch etwas anderes Neues. So haben die meisten Menschen nach einem deftigen Braten Appetit auf einen süßen Nachtisch. Nach einer Tafel Schokolade reißen wir dann erwartungsvoll die Tüte mit scharfen Nachos auf. Permanente Abwechslung heißt das Zauberwort.

Solche Kontraste sind eine Quelle des Glücks, berichtet Glücksexperte Stefan Klein: »Das ist eine gute Nachricht, denn es bedeutet, dass wir zum Drang nach immer mehr eine Alternative haben. Zwar gewöhnt sich das Erwartungssystem schnell an alles, was schön und angenehm ist. Was eben noch eine erfreuliche Überraschung war, nimmt es nun als selbstverständlich hin und verlangt nach stärkeren Reizen, die es oft nicht bekommen kann. Doch wenn wir uns statt stärkeren Reizen anderen Reizen aussetzen, stellt sich die Lust wieder ein – wenn der Kontrast richtig gewählt ist, sogar noch intensiver als vorher.« Klein kommt zu dem Schluss, dass die Kunst letztlich darin bestehe, eine Rotation der Genüsse zu praktizieren. Und genau das bietet uns die Konsumwelt immer wieder an. Wir lieben es, wenn beim Durchstreifen von Läden, Märkten oder Katalogen die Szenerie wechselt und man uns überraschende

Perspektiven eröffnet. Oft muss man gar nicht unbedingt etwas kaufen, da reicht schon ein Nur-mal-gucken-Bummel. Warenkataloge spielen dabei keine geringe Rolle. Haben Sie sich schon einmal gefragt, warum die Flut von Katalogen und Prospekten in Ihrem Briefkasten immer mehr zunimmt?

»Obama-Tee« und andere Lockmittel

Früher gab es den Quelle-, den Otto- und den Neckermann-Katalog, zweimal im Jahr, einen im Frühjahr, einen im Herbst. Den Rest des Jahres herrschte Ruhe, man konnte sich um andere Dinge kümmern. In der DDR war das Angebot noch überschaubarer. Zwar gab es auch hier Versandkataloge wie den von »konsument«, vor allem um die Versorgung der Landbevölkerung zu gewährleisten, doch gerade bei sehr begehrten Waren wussten die Kunden, dass diese oft sowieso nicht auf Lager waren. Konsumpsychologe Rolf Haubl verrät: »Gelegentlich zeigte der Katalog sogar Artikel, die – trotz breiter Nachfrage – niemals serienmäßig produziert worden sind.«

Heute ist das – ob in Ost oder West – anders. Nicht nur ist die Zahl der Versandunternehmen sprunghaft angewachsen, auch die Frequenz der Katalogversendungen steigert sich von Jahr zu Jahr. Längst reicht es den Unternehmen nicht mehr, zur Frühjahrs- und Herbstsaison ein neues Heft zu schicken, viele gönnen ihren Kunden diese Freude bereits monatlich. Sie setzen dabei einfach auf die menschliche Erwartung. Darüber hinaus kommunizieren die Unternehmen, dem Internet sei Dank, regelmäßig mit den Kunden. Newsletter, Sonderaktionen, Sortimentswechsel, von allem erfährt der Kunde immer neu und brandaktuell. Ständig gibt es Neuigkeiten, die irgendeine Firma mir mitteilen muss. Selbst nur vermeintlich Neues wird auf diese Weise unters Volk gebracht. Unternehmen werfen ständig

Innovationen auf den Markt und kommunizieren das fleißig an ihre Kunden, um sie an sich zu binden. Jeder möchte unter allen Umständen als innovativer wahrgenommen werden als die Konkurrenz.

Hinzu kommt, dass in den modernen Überflussgesellschaften ein sogenannter Käufermarkt besteht, das Angebot also die Nachfrage bei weitem übersteigt. Wo nun jeder eigentlich alles hat, müssen Bedürfnisse künstlich geschaffen oder zumindest bestehende immer wieder stimuliert werden. Zudem ist der Konsum seit den neunziger Jahren extrem vom Hedonismus dominiert. Einkaufen soll nur noch am Rande Grundbedürfnisse wie Hunger, Durst und Sicherheit befriedigen. Es geht vor allem darum, nachgeordnete Bedürfnisse wie die Sensations- und Abwechslungslust zu bedienen.

Ein Reiseunternehmen, bei dem wir vor Jahren eine Silvesterreise gebucht haben, schickt bis heute (gefühlt) wöchentlich Newsletter, um uns über alle Neuerungen auf dem Laufenden zu halten. Wo ein neuer Ferienpark eröffnet wurde, welche Niederlassung ihr subtropisches Schwimmbad erweitert hat, wo die Bungalows modernisiert wurden. Manchmal stehen in der Betreffzeile alberne Aufmerksamkeitsanker wie: »Psst, das weiß noch keiner …!«, um die Neugier zusätzlich anzustacheln. Ein Technikhändler lädt mich mit »Werden Sie Zeuge einer unglaublichen Innovation!« zu einem Event ein, bei dem irgendein neues Gerät vorgestellt wird. Und ein Ökoversandunternehmen, bei dem ich gelegentlich Tee und Kosmetik bestelle, lockt mich im Februar 2009, kurz nach der Ernennung Barack Obamas zum amerikanischen Präsidenten, mit dem »Tea for Change«. Alles im Vertrauen darauf, dass das Neue immer zieht. Die Zutaten des Obama-Tees: »Rooibos mit afrikanischen Wurzeln, weiße Kokosraspeln, rote Hagebuttenschalen und blaue Kornblumenblüten. Wie die Farben der amerikanischen Flagge – genau richtig für Zeiten der Veränderung.« Ich bin fast versucht, ein Paket zu bestellen, und sei es nur, um ein witziges Geschenk auf Lager zu haben. Einen wirklich neuen Geschmack dagegen erwarte ich nicht.

Aber bei mir zieht diese Masche immer, denn ich bin nicht nur von Berufs wegen neugierig, sondern auch privat. Ich schaue dann tatsächlich im rundumerneuerten subtropischen Badeparadies vorbei oder will ein Klapp-Fotohandy haben, einfach weil es neu ist. Auch die neue Kaschmirkollektion musste ich unbedingt kennenlernen, ebenso wie wohl eine der absurdesten Innovationen des letzten Sommers – Wassernebel aus der Sprühdose zur Erfrischung, 150 ml für vier Euro. Aber es war so neu! Nur mal ausprobieren, wie es sich anfühlt …

Diese Gier nach Neuem kann in verrückten Dingen wie lebenden Broschen gipfeln, die gefüttert werden müssen. Die ließ sich der amerikanische Designer Jared Gold einfallen: Er beklebte lebende Kakerlaken mit Swarovski-Steinen und verkaufte das neuentstandene Schmuckstück für 60 Dollar. Man glaubt es kaum, auch das findet Käufer. Seit der Einführung der *living jewels* greifen laut Auskunft des Künstlers rund 25 Kunden pro Woche zu. Die außergewöhnlichen Broschen leben etwa ein Jahr und werden samt Pflegeanleitung geliefert. Es sei eben sein Job, ständig Neues zu erfinden, meinte der Maestro in der *Washington Post* lakonisch auf die Frage, was ihn zu dieser Kreation getrieben habe.

Was lehrt uns das? Seit ich weiß, wie sehr Unternehmen dieses Prinzip einfach als Masche nutzen und mit unseren Neugierneuronen spielen, bin ich vorsichtiger geworden. Vor allem lasse ich mich seltener von Pseudoinnovationen verführen, die eigentlich gar nichts Neues bieten, sondern einfach nur im neuen Mäntelchen daherkommen. Seit ich mir meiner natürlichen Lust am Neuen und der Tricks der Warenanbieter bewusst bin, versuche ich bei Angeboten gründlicher zu überlegen, inwieweit ein Produkt tatsächlich eine Innovation darstellt (Bergkäse-Schokolade) oder ich als Kundin nur mit entsprechender Rhetorik gelockt werde (Dosennebel). Vor allem bei Superlativen (»Megasensation«, »Ultrainnovation«) schaue ich sehr genau hin. Was ich neuerdings noch besser kann, seit mein Mann diese ultrainnovative Lupe mit stufenlos verstellbarer LED-Beleuchtung angeschleppt hat.

Und gelegentlich hilft auch die selbstkritische Überlegung, ob man ein Ding nur aus purer Lust am Neuen haben möchte oder weil man es tatsächlich braucht. Ich kaufe nie wieder ein Pfannenset nur wegen seiner sensationell neuen Nanobeschichtung aus dem Hightech-Labor, sondern nur noch, wenn ich eine neue Pfanne brauche. Jungschweine mögen wie ferngesteuert Auslaufställe mit täglichen Innovationen ansteuern und Mäuse sich vom ungewöhnlichen Tanz der Wiesel fesseln lassen. Als Kunden können wir nachdenken. Wer sich seiner Neugier bewusst ist und weiß, wie stark sie als Kaufmotor wirkt, kann einem tanzenden Wiesel auch mal gelassen den Rücken kehren, das Weite suchen und den Blick vielleicht auf etwas wirklich Schönes richten. Das wollen wir jetzt auch tun und herausfinden, warum wir so gern schöne Dinge kaufen.

3. Ich will Schönes!

Vögel würden Federn kaufen: Lagerfeld, Gucci & Co
als Evolutionsgewinnler

➤ Bluse Nr. 3–99

➤ Lachen Sie nicht zu früh, meine Herren!

➤ Unser Gehirn liebt Schönheit

➤ Sich mit fremden Federn schmücken

➤ Unsere Symmetriemarotte

➤ Vom Steinzeitamulett zum Edelklunker

➤ Schönes als Schutz gegen dunkle Mächte

➤ Gutes Handicap

➤ Schön gleich gut, gleich erfolgreich

➤ Ware Schönheit

➤ Schöner kaufen

»Mehr als Seife – ein Schönheitsmittel.«
»Ein frisches Hemd gibt Wohlbehagen,
nicht nur an Sonn- und Feiertagen.«
»Alte Schuhe machen alt!«

Bluse Nr. 3–99

Eine Bluse braucht jeder, keine Frage. Bluse Nr. 2 ist auch vonnöten, für den Fall, dass Nr. 1 nass an der Leine hängt. Aber dann wird's eng. Brauchen wir eine dritte? Eine dritte Jacke, den dritten Mantel, Pullover oder Hut? Das dritte Paar Schuhe, die dritte Hautcreme, den dritten Lippenstift und was noch alles unsere Schränke bevölkert? Nicht wirklich. Eigentlich. Ganz zu schweigen von weiteren Exemplaren – je nach Konsumtemperament – bis zur laufenden Nummer 99. Wenn da nur nicht dieser bange Blick in den Schrank wäre. Viele Frauen kennen ihn: Er scheint immer wieder nur dasselbe herzugeben: »Du hast nichts anzuziehen! Nichts, gar nichts. Okay, vielleicht 99 Blusen und 99 Hosen, geschenkt. Ja, auch die 99 Pullis da und etwa so viele Paar Schuhe, aber sonst – nichts!« Ein Jammer, ganz egal, wie viel auch immer dort hängt. Und es ist die immerselbe Aufforderung an unseren internen Shoppingassistenten: »Nur noch diese eine Bluse, dann endlich ist die Garderobe komplett, dann endlich hast du wirklich für alle Gelegenheiten ein passendes Outfit und siehst *immer* gut aus. Nur noch dieses eine Paar Schuhe, denn alte Schuhe machen …«

Ähnelt auch Ihr Kleiderschrank dem Scheinriesen aus Lummerland? Je mehr man sich ihm nähert, umso kleiner wird er. Je mehr Sie kaufen, umso weniger haben Sie anzuziehen. Je mehr Sachen darin hängen, umso mehr fehlen noch. Von diesem Scheinriesenparadox profitiert ein ganzer Wirtschaftszweig: Rund elf Milliarden Euro setzen allein die deutschen Modefirmen jedes Jahr um. Dazu kommen drei Milliarden aus der Schmuckbranche und viele Milliarden Umsatz mit Kosmetik sowie Dienstleistungen der Schönheitspflege. Und weil wir nicht nur selbst gern schön sind, sondern bitte sehr auch Haus, Wohnung und Garten, kaufen wir Möbel, Wohnaccessoires, Kunst und Designobjekte. Und seit die Schönheitsindustrie einen entfernten Verwandten – die Chirurgie – mit ins Boot geholt hat, kommen noch einmal Milliarden an OP-Kosten zusammen, die wiederum einzig der äußerlichen Optimierung dienen. Allein in den USA wurden im Jahr 2007 über elf Millionen Eingriffe vorgenommen, verkündete die dortige Gesellschaft für Ästhetisch-Plastische Chirurgie. Das Nerven- und Faltengift Botox wurde fast drei Millionen Mal gespritzt – eine Behandlung, die regelmäßig wiederholt werden muss und damit kontinuierliche Einnahmen sichert. Auch in Deutschland soll man schon Botox-Jahresabos (»Spritzen, sooft Sie möchten«) abschließen können. Wer nicht mitmacht, ist selbst schuld. Alles in allem kommt da im Dienst der Schönheit das Bruttosozialprodukt ganzer Staaten zusammen.

Alles, was schön ist, schön macht oder schön wirken lässt, spielt im Konsum eine besondere Rolle. Je besser die finanziellen Ressourcen, umso exklusiver durften schon immer die Produkte sein. Was der ägyptischen Königin Kleopatra das Bad in Eselsmilch und perlenbestickte Gewänder waren, sind heutigen Konsumentinnen Anti-Aging-Cremes und Haute Couture von angesagten Designern. Ein Vertreter dieser Spezies, der Stardesigner für Schuhwerk der besonderen Art, Manolo Blahnik, gab in einem Interview mit dem *Stern* auf die Frage nach der Wirkung seiner hochhackigen Kreationen zu Protokoll: »Wenn wir von Unterdrückung sprechen, fallen mir die amerikanischen Männer ein, die auf mich zustürmen und sagen: ›Ich hasse Sie für Ihre Schuhe. Meine Frau ruiniert mich mit ihrer Manolo-Sucht!‹«

Ja, so sind sie, die Frauen, immer nur an Schönheit interessiert, ständig geht es um neue Schuhe, Cremes und Schmuckstücke. Immer ist zu wenig Geld da, und es gibt einfach zu viele schöne Dinge, die man haben wollte, wenn man endlich einmal einkaufen könnte, wie man gern würde. Das stürzt uns bisweilen in Verzweiflung und nervt die meisten Männer. Ich brauche vor dem Ausgehen kaum länger als 20 Sekunden vor meinem Schrank zu stehen, kommt dann zufällig mein Mann vorbei, folgt immer derselbe Satz: »Ich weiß, du hast nichts anzuziehen, aber jetzt ist es zu spät, um noch etwas zu kaufen. Wir müssen los!« Er grinst dabei, wirft sich eine x-beliebige Jacke über und hat demonstrativ schon die Türklinke in der Hand. »Wird's bald, wird's bald!«, klopft sein Fuß nervös auf den Teppich, wenn ich gerade erst damit anfange, darüber nachzudenken, was ich anziehen möchte. Hätte ich doch am Montag nur diesen wundervollen dunkelroten Samtblazer gekauft, dann wüsste ich jetzt, was ich dazu tragen könnte, denke ich und werfe wütend die Schranktür zu. Und dahinter fällt noch nicht mal ein Paar Manolos um. Die besitze ich nämlich gar nicht. Nicht einmal das. Wie soll man da auch wissen, was anziehen. Wir haben es wirklich nicht leicht mit unserer ewigen Sehnsucht nach schönen Dingen. Aber:

Lachen Sie nicht zu früh, meine Herren!

Konsumenten in Sachen Schönheit sind zwar vorwiegend, aber nicht ausschließlich Frauen. Auch Männer achten zunehmend auf ihr Äußeres, seit sich herumgesprochen hat, dass nicht nur der Balzerfolg, sondern auch die Karriereaussichten immer stärker von einem attraktiven Erscheinungsbild abhängen. Eine ansprechende Optik hilft Männerkarrieren ebenso auf die Sprünge wie denen der Frauen. Männerkosmetik beispielsweise gilt als Wachstumsmarkt, allen düsteren Krisenprophezeiungen zum Trotz. Während der Verkauf von Damendüften stagniert, sorgen Herrendüfte für stabile Zuwächse. »Für Männer, die auch in ihr Gesicht investieren. Eine vitale Ausstrahlung jetzt und in Zukunft«, so wird eine Anti-Aging-Creme speziell für den Mann angepriesen. Und ein »Turbo-Booster« ist nicht etwa ein Autozubehörteil, sondern ein von Pierce Brosnan beworbenes Feuchtigkeitsfluid für Herren. Mit dem Versprechen »sichtbar längerer Ausdauer« soll man es sich wohl als eine Art Viagra fürs Gesicht vorstellen. Man packt den Kunden bei seinen ureigenen Interessen – in diesem Fall bei seiner Liebe zur Technik. Da viele Männer ein eher technisches Verhältnis zum eigenen Körper haben, der mehr gewartet als gepflegt werden muss, ist die Technikrhetorik absolut sinnvoll. Eigene Schmuckkollektionen für Männer und schicke Klamotten kommen hinzu, ebenso wie Uhren, die als luxuriöse Variante leicht einmal so viel kosten können wie ein Kleinwagen – okay, auch zwei.

Bei einer repräsentativen Allensbach-Umfrage aus dem Jahr 2008 unter Deutschen über 16 Jahren gaben 42 Prozent der Befragten an, »sehr« oder »ziemlich« an der neuesten Mode interessiert zu sein, 57 Prozent der Frauen und 26 Prozent der Männer. Im Gegensatz zu früheren Umfragen begeistern sich heute vor allem immer mehr junge Männer für die aktuelle Mode. Schon jeder Zweite unter 30 kann sich für den neuesten Schick erwärmen. (Bei den jungen Frauen beträgt dieser Anteil um die 80 Prozent, zugegeben, aber der Trend ist entscheidend: Die Herren schließen auf.)

Hersteller reagieren auf das gewachsene Interesse mit einer immer größeren Angebotspalette. Modebewusste Männer sind eine zunehmend umkämpfte Zielgruppe. Sie sollen eine Parfümerie nicht nur betreten, um ihrer Liebsten einen neuen Duft mitzubringen, sondern gleich noch einen für sich selbst auszusuchen. Kauft Er einen Duft für

Sie, bekommt Er heutzutage ein Pröbchen Herrenduft dazugepackt. Designer wie Gucci, Armani oder Prada bieten längst eigene Duftserien für den Herrn an. Maskuline, am besten sinnlich-technisch wirkende Flakons helfen der Kauflust auf die Sprünge. Modemacher Tom Ford verriet in Interviews, mit Herrenparfums allein in seinem New Yorker Geschäft einen jährlichen Umsatz von einer Million Dollar zu erzielen. Eine Umfrage des *Playboy* will im Sommer 2008 gar ermittelt haben, dass der deutsche Durchschnittskonsument Martin Mustermann bereits 40 Euro im Monat für Körperpflege ausgibt und vier verschiedene Düfte im Bad stehen hat.

Mein Mann schüttelte ungläubig den Kopf, als ich ihm davon erzählte. Hätte der *Playboy* ihn gefragt, wäre das Umfrageergebnis anders ausgefallen. Nicht, dass er schlecht riechen würde, er weigert sich einfach nur, ein zweites Parfum zu kaufen, solange der erste Flakon (von 1994) noch nicht aufgebraucht ist. Das wird schätzungsweise im Jahr 2025 der Fall sein.

Karl Lagerfeld hungerte sich bekanntlich 40 Kilo ab, um in die schmalen Anzüge des ehemaligen Chefdesigners von Dior Homme, Hedi Slimane, hineinzupassen. Derartige Eitelkeit kennen nicht nur Modeschöpfer, wie das Beispiel Neil Tennant von den Pet Shop Boys beweist: Der Musiker räumte in einem Interview ein, aus demselben Grund wie Lagerfeld ein paar Kilos abgenommen zu haben. Die Herrenwelt muss eben immer häufiger die Erfahrung machen, dass Designerklamotten eher für Models als für normale Menschen gemacht sind. Warum sollten sie unter dieser Erkenntnis weniger leiden als wir?

Wo Kosmetik und Couture nicht helfen, leisten sich Männer immer öfter teure Schönheitsoperationen. Die Gesellschaft für Ästhetische Chirurgie Deutschland teilte Ende 2008 mit, dass sich etwa die Korrekturen männlicher Augenfältchen 2007 im Vergleich zum Vorjahr verdoppelt haben. An der Spitze der Beliebtheitsskala stehen: Entfernung von Tränensäcken und Straffung erschlaffter Augenlider, die selbst den Mann von Welt müde und irgendwie erfolglos aussehen lassen, außerdem das Ausbügeln von Falten, Fettabsaugen und Nasenkorrekturen. Und so mancher träumt gleich vom implantierten Sixpack-Bauch, auch »Silicon-Belly« genannt.

Ein großer Teil des Einkaufens dreht sich also um die Schönheit. Das ist nicht neu und war immer schon so. Die Vorliebe für Schönes aller Art ist seit jeher einer der konsumrelevantesten Faktoren überhaupt. Sie ist neben Technik längst zum Inbegriff des Konsums geworden, was nicht nur für *Fashion Victims* gilt. Das scheint auf den ersten Blick keinen Sinn zu ergeben, da Schönheit im Grunde etwas Nebensächliches und das Feilen daran überflüssig zu sein scheint. Aber Millionen von Frauen und Männern grübeln über immer neue Wege, ihr Äußeres zu verschönern. Sie investieren Zeit und enorm viel Geld in diese Optimierungsversuche. Die Ressourcen fehlen an anderer Stelle, wo Zeit und Geld besser aufgehoben wären. Der Hunger in der Welt, internationale Sicherheit oder die Rettung der Umwelt – es gibt viele Dinge, die so viel wichtiger sind und über die man sich den Kopf zerbrechen sollte als ausgerechnet über das eigene Spiegelbild. Trotzdem schaffen es Hersteller, einen Bedarf für 100-Euro-Cremes und 1000-Euro-Schuhe zu schaffen. Wie machen die das nur?

Noch rätselhafter wird die Sache, wenn man weiß, dass die gewaltigen finanziellen Transfers im Dienste der Schönheit, die tägliche logistische Herausforderung zur Lenkung der immensen Warenströme und der dafür erforderliche Raubbau an der Natur nur das eine Ziel haben: einen kleinen grauen Zellhaufen, dessen Namen die meisten Menschen noch nie gehört haben, dazu zu bringen, elektrische Signale abzufeuern. Sie kennen ihn bereits – es ist der *Nu-*

cleus accumbens, unser Belohnungszentrum. Diese Neuronenansammlung hat eine Menge mit dem Inhalt Ihrer Garderobe zu tun und ist der Schlüssel zum Scheinriesenparadox unserer Kleiderschränke.

Unser Gehirn liebt Schönheit

Die lustorientierte Steuerungszentrale unseres Gehirns kommt wieder ins Spiel, denn wir nehmen Schönheit in unserer Umwelt und vor allem an unseren Mitmenschen tatsächlich als eine Art der Belohnung wahr. »Ästhetik ist ein genereller Modus der Wahrnehmung, der mit Lust verbunden ist. Dieser Mechanismus diente ursprünglich der Fortpflanzung, und er kann heute bei jeder Art von ästhetischem Erleben wie Musik, Kunst oder Design aktiviert werden«, erklärt Helmut Leder. Er ist Psychologieprofessor an der Universität Wien und beschäftigt sich seit längerem mit dem Schönheitssinn des Menschen.

Aber warum konnte Schönheit überhaupt so wichtig werden, dass unser Gehirn eine ganze Abteilung damit beschäftigt, die ja nebenbei noch eine Unmenge anderer Reize zu verarbeiten hat? Evolutionsbiologen vertreten die These, dass sich unsere Sensibilität für Schönheit aus einem einzigen Grund herausgebildet hat: weil sie die Partnerwahl und somit das Überleben beeinflusste. Der Mensch hatte viel Zeit, um diesen besonderen Sinn zu entwickeln und damit vor allem einen Zweck zu verfolgen: Je schöner unser Gegenüber, desto überzeugter sind wir, mit ihm wunderbare Nachkommen in die Welt setzen zu können. Im Sinne Charles Darwins verbessert ein ansprechendes Äußeres nämlich ebenso wie Körperkraft, Geschicklichkeit oder Cleverness die Aussichten auf den erfolgreichen Arterhalt. Attraktive Kandidaten haben quer durch alle Arten Vorteile bei der Partnerwahl und erhöhen damit ihre Chance, die eigenen Gene weiterzugeben. Je größer die Pracht, umso besser die Aussichten, so lautet die einfache Formel, die, wie Hirnforscher herausgefunden haben, genauso für den Menschen des 21. Jahrhunderts gilt. Arthur Schopenhauer brachte es auf den Punkt: »Schönheit ist ein offener Empfehlungsbrief, der die Herzen im voraus für uns gewinnt.« Wo wir gerade bei der Sicht berühmter Männer auf das Thema sind, hier noch ein paar Stellungnahmen:

»Das Flüstern einer schönen Frau hört man weiter als den lautesten Ruf der Pflicht.« *Pablo Picasso*

»Schönheit beglückt nicht den, der sie besitzt, sondern den, der sie lieben und anbeten kann.« *Hermann Hesse*

»Schönheit ist überall ein gar willkommener Gast.«
Johann Wolfgang von Goethe

Schönheit zieht uns magisch an, wollen uns die Herren sagen. Da kommt rasch der Konsum ins Spiel, denn der Ästhetik-Trick funktioniert nicht nur auf natürlichem Wege, also mit der Ausstattung, die die Natur uns zugeteilt hat. Konsum hat uns schon immer dabei geholfen, uns derart in Szene zu setzen, dass wir von unserem Gegenüber als attraktiv wahrgenommen werden oder zumindest als *attraktiver*, als wir eigentlich sind. Wir können unserem Äußeren mit Hilfsmaßnahmen auf die Sprünge helfen, wenn die Natur nachlässig war und das eine oder andere vergessen hat. Das Lustzentrum in unserem Gehirn ist allzu gern bereit, sich auch künstlich stimulieren zu lassen. Was heute Highheels und Kosmetik bewirken, schafften früher Gesichts- und Körperbemalung, dekorative Tierfelle oder imposante Hörner. So wurde die Mode zu einem der Hauptschlachtfelder des Konsums. Die Schönheitswaren der glitzernden Warenwelt regen vermutlich die gleichen Zentren im Gehirn an wie das natürlich Schöne. Kaum jemand verzichtet deshalb auf schmückendes Beiwerk. Und weil unser Gehirn so zuverlässig auf Attraktivität anspricht, gilt das längst nicht mehr nur für die Phase der Partnersuche – wir wollen immer schön sein.

Dass dies ein sehr natürliches Phänomen ist und uns keinesfalls von geldgierigen Konsumgurus aufgezwungen wird, zeigt der Schönheitsfimmel der Java-Bronzemännchen, einer Vogelart, deren Beispiel zugleich deutlich macht, dass die Evolution nicht nur im Menschen Anlagen zum Konsumenten ausgebildet hat.

Sich mit fremden Federn schmücken

Unsere pelzigen und gefiederten Mitgeschöpfe reagieren auf attraktive Artgenossen (bunte Federn, große Flossen, grelle Farben) mit einer erhöhten Balzbereitschaft. Um herauszufinden, wie weit die tierische Vorliebe für Schönes gehen kann, schmückten Verhaltensforscher der Universität Bochum Java-Bronzemännchen aus der Familie der Prachtfinken mit einer bunten Feder. Normalerweise hat diese Vogelart nur braune, weiße und schwarze Federn, wobei beide Geschlechter gleich aussehen. Das natürliche Gefieder bietet also einen reizarmen Hintergrund für künstlichen Schmuck in Form einer roten Scheitelfeder, die die Forscher den Vögeln aufklebten. Egal, ob Männchen oder Weibchen auf diese Weise optimiert wurden – sie machten bei der Partnerwahl eher das Rennen als die naturbelassenen Artgenossen.

Das Beispiel zeigt: Schönheit, auch wenn sie nicht von innen kommt, bringt Selektionsvorteile. So wundert es nicht, dass unsere Aufmerksamkeit ständig auf entsprechende Waren gerichtet ist. Könnten Java-Bronzemännchen künstliche Federn kaufen, sie würden es wohl tun. Und irgendwann die Haute-Feder-Couture erfinden, um den Vorsprung zur Konkurrenz weiter zu vergrößern. Diese frappante Parallelität bei unseren tierischen Mitbewohnern führt uns vor Augen, wie alt und fest verankert dieses Programm in der Evolution ist. Attraktivität wird in einem entwicklungsgeschichtlich sehr alten Teil des Gehirns verarbeitet. Dass sich nun nach vielen Jahrtausenden die Verhältnisse draußen etwas geändert haben und wir *wissen*, dass schöne Menschen nicht *unbedingt* gesünder, netter und fortpflanzungsfreudiger sind als unattraktive und auch nicht zwangsläufig die besseren Partner und Kindesversorger abgeben, hat das Belohnungszentrum unseres Gehirns noch nicht mitbekommen. Es feuert in der Hoffnung auf gute Balzaussichten einfach weiter seine Signale ab, sobald wir diese Brad-Pitt- oder Scarlett-Johansson-Typen sehen. Eine wichtige Rolle spielt hier vor allem die Symmetrie, und auch sie lässt sich mit Hilfe von Konsumartikeln leichter herstellen.

Unsere Symmetriemarotte

Zur Schönheit gehören nicht nur bunte Farben und prächtige Federn, sondern auch die tiefverankerte menschliche Vorliebe für Symmetrie. Schön finden wir nämlich, bei allen individuellen Vorlieben, vor allem Gesichter und Körper, die symmetrisch sind. Das ergibt wiederum erst dann einen Sinn, wenn wir ein paar Schritte in unserer evolutionären Entwicklung zurückgehen: Für unsere Vorfahren, denen bei der Partnerwahl weder Röntgengeräte noch Blutwertanalysen zur Verfügung standen, war Symmetrie in Gesicht und Körperbau ein wichtiger Hinweis auf Gesundheit. Wer nicht hinkte, keinen Buckel oder ein hängendes Augenlid hatte, wessen Arme gleich lang und dick, wessen Augen gleich groß waren, war mit größerer Wahrscheinlichkeit gesund als unsymmetrische Rivalen.

Viele Arten von Asymmetrie entstanden durch Unfälle, Krankheiten, Behinderungen oder genetische Defekte. Symmetrie dagegen versprach Vitalität und Fitness. Sie war auf den ersten Blick zu erkennen, ohne dass man erst in der Familienkrankengeschichte eines Kandidaten nachforschen musste. Also gewöhnte sich das Gehirn an, sich auf solche Äußerlichkeiten zu konzentrieren. Es lernte, Symmetrie mit lustvollen Gefühlen zu quittieren. So entstand das symmetrische Schönheitsideal, das bis heute Lust auslöst. Selbst wenn Lästerer behaupten, Symmetrie sei die Ästhetik der Einfältigen – sie hat ihre Wurzeln in der Natur.

Der bekannte Hirnforscher Vilayanur Ramachandran schreibt dazu: »Sicherlich war die Evolution daran beteiligt, dass wir eine besondere Affinität für Symmetrie entwickelten. In der Natur sind die meisten fürs Überleben relevanten Objekte wie Beute, Räuber oder Sexualpartner symmetrisch. Es zahlt sich also aus, ein Frühwarnsystem zu besitzen, das einen auf Symmetrie aufmerksam macht und schnell die passende Reaktion auslöst. Die Anziehungskraft der Symmetrie ist universell.«

Wir lieben Symmetrie sogar so sehr, dass unsere Intuition uns einflüstert, eine Sache sei wahr, nur weil sie symmetrisch ist. Das fand ein Forscherteam der Universität Bergen mit einem simplen Test heraus. Sie legten Studenten einfache Rechenaufgaben vor, bei denen nichtabstrakte Zahlen addiert wurden, sondern einzelne Punkte, zum Beispiel 12 Punkte plus 14 Punkte gleich 23 Punkte. Zeit zum Nachzählen der Punkte blieb nicht, die Studenten mussten in Sekundenschnelle abschätzen, ob die Rechnung hinkam oder nicht. Und auch sie ließen sich von der Schönheit der Punktmuster blenden. Meist hielten sie intuitiv diejenigen Rechnungen für richtig, die ein symmetrisches Punktmuster ergaben. Elegant gleich richtig, schön gleich wahr, symmetrisch gleich begehrenswert, so der gedankliche Kurzschluss, der für die Konsumvorlieben unseres Gehirns

Folgen hat. Eine Unmenge von Waren der Konsumgüterindustrie verspricht uns Unterstützung beim Streben nach Symmetrie, vor allem Kleidung: betonte Schulterpartien, Hosen- und Hemdtaschen oder Manschetten sowie alles Uniformartige bei den Herren, Spaghettiträger oder ausladende Ärmel bei den Damen. Zwar flackert in der Mode immer mal wieder die Lust an der Asymmetrie auf, das Idealmaß aber, zu dem die Designer letztlich immer wieder zurückkehren, weil es schlicht und einfach das Auge des Betrachters erfreut, lautet: gehirnschmeichelnde Symmetrie.

Auch Schmuck erfüllt diese Aufgabe. Geschmückte Artgenossen sind nicht nur auffälliger, »mit Schmuck lässt sich zusätzlich die Körpersymmetrie erhöhen«, wie der Anthropologe Karl Grammer, Direktor des Wiener Ludwig Boltzmann Instituts für Stadtethologie, herausfand. Ohrringe an beiden Ohren, Armreifen an beiden Armen, Diademe, ein mittiger Kettenanhänger als Spiegelachse, sie alle unterstreichen die Symmetrie des Gesichts. Und dieses Faible kennt nicht nur der reiche Teil der Welt, auch die Lippenpflöcke der Yanomami-Indianer, die links und rechts der Lippen durch die Haut gesteckt werden, verstärken den Eindruck von Symmetrie, wie Grammer erzählt.

Schminke wiederum, die beide Augen umrandet, kann Größenunterschiede ausgleichen, Lippenkontur- und Lippenstifte gleichen Missverhältnisse des Mundes aus, Make-up überdeckt Hautunregelmäßigkeiten. Perfekt geschminkt sieht ein Gesicht symmetrischer aus, während künstliche, gleichmäßige Nägel die Symmetrie unserer Hände verstärken. Schminke verhilft uns übrigens auch zu großen Lippen, großen Augen, makelloser Haut, was das beliebte Kindchenschema verstärkt, das bei Frauen als besonders attraktiv gilt. Der Schönheitsforscher Ulrich Renz berichtet von einer Studie des Wiener Psychologen Andreas Hergovich, wonach der Einsatz von Schminke das Schönheitsurteil von Testpersonen um durchschnittlich fast zwei Punkte auf einer Skala von eins bis zehn verbesserte. Die Investition lohnt sich also.

Bleiben wir noch beim Schmuck, denn an seinem Beispiel lässt sich gut erkennen, dass Schönheit beim Konsum auch eine andere Rolle spielt, als nur der schnöden Balz zu dienen. Der Mensch ist schließlich mehr als das Produkt seiner Hormone.

Vom Steinzeitamulett zum Edelklunker

Schmuck wärmt nicht, man kann ihn nicht essen, er löscht keinen Durst und erfüllt auch sonst keine lebenswichtigen Funktionen. Dennoch wurden dafür Güter verkauft, Städte geplündert und Menschen ermordet. Wie aber konnte etwas im Grunde völlig Überflüssiges eine so überragende Bedeutung im modernen Konsum erlangen, dass mancher ein Schmuckstück stärker begehrt als überlebensnotwendige oder »vernünftige« Dinge?

Schmuck ist vor allem Frauensache, wie schon Marilyn Monroe in der Glitzerhymne »Diamonds Are a Girl's Best Friend« feststellte. Weiblicher Besitz bemisst sich traditionell in Goldringen und Edelsteinen, sie sind in vielen Kulturen die einzige finanzielle Absicherung bei Verwitwung oder Scheidung. Für Männer dagegen spielte Schmuck nie eine vergleichbare Rolle. In traditionellen Stammesgesellschaften definiert sich männlicher Reichtum nach Waffen, Land- und Viehbesitz. Auch moderne Männer sind zurückhaltend, begnügen sich mit Uhr, Siegelring, Krawattennadel oder Manschettenknöpfen. Zu viel Schmuck an Männerkörpern gilt, zumindest in westlichen Industriestaaten, als ordinär.

Das ist die eine Seite der Medaille, doch wieder gilt: Freuen Sie sich nicht zu früh, meine Herren! Die andere sieht nämlich so aus: Die größten, teuersten und berühm-

testen Edelsteine der Welt trugen – Männer. Kronen, Zep-
ter, Paradeschwerter, Bischofsringe und andere Insignien
der Macht, für die konsumtechnisch seit Tausenden von
Jahren ein unglaublicher Aufwand betrieben wird, wurden
immer schon mit Gold und funkelnden Edelsteinen ge-
schmückt. Auch die männliche Rationalität versagt angesichts besonderer Schmuckstücke. Friedrich August II.
von Sachsen gab für den größten grünen Diamanten der
Welt, den »Grünen Dresden«, 400000 Taler aus – eine un-
geheuerliche Summe, wenn man bedenkt, dass der Bau der
Frauenkirche zur selben Zeit weniger als 300000 Taler kostete. Die meisten Hersteller führen eigene Herrenkollek-
tionen aus »männlichen« Materialien wie Titan, Stahl, Me-
teoritengestein, Karbon oder schwarzen Edelsteinen und
stacheln damit die männliche Konsumlust an.

Dass sich dieser Konsum nicht auf luxusversessene
Frauen und alte Fürsten beschränkt, beweisen Hiphopper,
die zwar gern die harten Jungs geben, gegen die Liebe zum
Schmuck aber in der Regel nicht gefeit sind. Oft sind gerade sie, aufgewachsen in ärmlichen Verhältnissen, für
protzige Klunker bekannt. So trug der Rapper Lil Jon eine
diamantenbesetzte Kette, die auf 250000 Dollar geschätzt
wurde. Sein Kollege Christopher Wallace, besser bekannt
als The Notorious B.I.G., sammelte teure Uhren, und die
Raplegende Tupac Shakur besaß einen mit Rubinen und
Diamanten besetzten Ring in Form einer Krone, der allein
gut 20000 Dollar wert sein soll. Und das war nur eines von
vielen Objekten in der Schatulle des Musikers.

Die besondere Hingabe, der zeitliche und finanzielle
Aufwand, die zur Herstellung und für den Erwerb von
Schmuckstücken nötig sind, all das muss psychologisch
stark motiviert sein, denn auch Menschen, die das fort-
pflanzungsfähige Alter längst hinter sich gelassen haben,
behängen sich mit Gold und Diamanten. Zumal sie oft diejenigen sind, die sich das finanziell leisten können. Auf die

Spur dieser Faszination kommt man, wenn man noch einmal sehr weit zurückgeht, diesmal nur bis zu den Steinzeitmenschen: Sobald sie Werkzeuge benutzen konnten, stellten sie auch Schmuckstücke her. Ein Team der Universität von Oxford fand vor ein paar Jahren zwölf Perlen in einer marokkanischen Grotte. Sie sind 82 000 Jahre alt und gelten als ältester bekannter Perlenschmuck der Welt. Noch früher schmückten sich Menschen mit Muscheln, wie ein Fund in Algerien beweist. Die Altersbestimmung ergab ein Alter von 100 000 Jahren. Und die Tatsache, dass die Muscheln über die – für diese Zeit enorme – Distanz von 200 Kilometern vom Meer bis zum Fundort transportiert worden waren, beweist ihre besondere Bedeutung. Schon in Zeiten primitivster Logistik wurden solche Waren über weite Strecken bewegt, einfach weil es eine Nachfrage danach gab.

Schmuck fasziniert den Menschen also von Beginn an. Er verzaubert Frauen und lässt Männer tief in die Tasche greifen. Für Schmuck werden gewaltige Summen ausgegeben. Unsere Welt wandelt sich immer schneller, die Liebe des Menschen zum Schmuck aber ist eine verlässliche Konstante. Alle Gesellschaften kennen die Lust am Schmücken, egal ob alt oder modern, westlich, urban und aufgeklärt oder traditionell. Selbst Mitglieder afrikanischer Stämme, die weitgehend unbekleidet durchs Leben gehen und fern aller Verführung durch die Werbebranche leben, treiben einen immensen Aufwand um Hals- und Armreifen, Ohr- und Nasenringe.

Die Herstellung von Schmuck gilt Anthropologen als ein wichtiges Kennzeichen für die Modernität einer Kultur. Denn sie zeigt, dass Menschen sich ihrer eigenen Identität bewusst werden – ein wichtiger Schritt in der Entwicklung des *Homo sapiens*. Schmuck setzt das Bewusstsein eines Selbst voraus. Ich muss wissen, dass ich existiere und ein von meinen Mitmenschen unterscheidbares Wesen bin, dann erst hat es Sinn, mich zu schmücken. So sind die Entstehung von Selbst-Bewusstsein und der Besitz von Schmuck eng verwoben.

Schönes als Schutz gegen dunkle Mächte

Verhaltensforscher fanden außerdem heraus, dass Ketten und Anhänger zuallererst Schutzamulette gegen böse Geister, Krankheiten und Unglücke aller Art waren. Als Talisman dienten umgehängte Tierkrallen, Hörner, Zähne und Federn, Perlen, Korallen und Muscheln. Später kamen magische Knoten, Kreuze, Sonnensymbole, Abbildungen von Tieren oder menschlichen Körperteilen wie Auge, Hand oder Herz dazu. Sie sollten ihre Besitzer beschützen, ihnen Kraft und Geschicklichkeit schenken, für Liebe und Fruchtbarkeit sorgen. Und genau darin könnte eine weitere Bedeutung dieser Frühform des Konsums für die Evolution liegen, denn psychologisch gesehen bewirkten Amulette, dass sich Menschen angesichts einer übermächtigen Natur sicherer und wehrhafter fühlten. Wer auf seine eigenen Kräfte *und* die Unterstützung eines Amuletts vertrauen konnte und dieses gestärkte Selbstwertgefühl geschickt auszunutzen verstand, war gegenüber Artgenossen, die über diese Unterstützung nicht verfügten, im Vorteil. Das schuf schon früh Begehrlichkeiten und erklärt, warum jeder so ein Amulett besitzen wollte, am besten gleich mehrere. Es brauchte keine ausgeklügelte Werbung oder »geheimen Verführer«, um dieses Bedürfnis entstehen zu lassen. Das Leben selbst schuf den Konsumimpuls.

Übersinnliche Kräfte werden vor allem Edelsteinen zugeschrieben. Diese Vorstellung ist in der sogenannten Lithotherapie bis heute erhalten, deren Vertreter kaum stört, dass die Heilwirkung wissenschaftlich nie nachgewiesen wurde. Das Internet ist voller Angebote für »Heilsteine«

und entsprechende Therapien. Der Glaube an ihre Kräfte geht vor allem auf Hildegard von Bingen zurück, die überzeugt war, dass Edelsteine Harmonie herstellen und seelische und körperliche Krankheiten heilen können. In der Antike glaubte man, dass ein Amethyst vor Trunkenheit schützt und ein Diamant den bösen Blick bannt, Feinde und den Wahnsinn abwehrt. Das Volk der Sakuddei in Indonesien schmückt sich, damit sich die Seele wohl fühlt und den Körper nicht verlässt. Und einige Stämme in Neuguinea glaubten, dass ihren Verstorbenen der Eintritt ins Reich der Ahnen verwehrt bliebe, wenn ihre Nasenscheidewand nicht mit einem Stäbchen durchbohrt war. Yanomami-Indianer halten mit Lippen- und Nasenpflöcken böse Geister davon ab, in Mund und Nase einzudringen.

Nun kann man zu Recht fragen, was der milliardenstarke Schmuckumsatz von heute mit solchem Steinzeitaberglauben zu tun haben soll. Aber selbst im aufgeklärten 21. Jahrhundert kaufen und tragen viele Menschen persönliche Glücksbringer in Form von Kettchen, Ringen oder Steinen. Ein Bekannter von uns trägt seinen Ehering an einer Kette um den Hals als Glücksbringer. Seit acht Jahren hat er die Kette nicht für eine Minute abgelegt. Die Moderatorin Sandra Maischberger erzählte in der *Vanity Fair*: »Ich habe 15 Jahre lang jeden Tag eine Bernsteinkette getragen, die mir mein Mann geschenkt hat. Leider ist sie in diesem Jahr zerbrochen, und jetzt suche ich nach einem Juwelier, der Bernstein kleben kann.« Ich habe einen schönen Glücksring mit einem eingefassten Labradorit, ohne den ich selten aus dem Haus gehe. Als ich auf dem Weg zu einer Lesung bemerkte, dass ich den Ring nicht trug, rannte ich zurück ins Hotel und holte ihn. Wer weiß, wie die Veranstaltung sonst verlaufen wäre. Nicht auszudenken.

Schöne Dinge halten nicht nur die dunklen Mächte in Schach: Je mehr wir davon haben, umso größer ist unser

Handicap-Vorteil. Und das hat jetzt nichts mit Golfen zu tun.

Gutes Handicap

In allen Kulturen der Welt demonstriert der Besitz von Schmuck und Design Reichtum und sozialen Status – er bringt den sogenannten »Handicap-Vorteil«, wie der Anthropologe Karl Grammer feststellt: »Wer sich schmücken kann, also Zeit und Mittel für Schmuckaufgaben aufbringen kann, muss körperliche Vorteile besitzen, da er offensichtlich überflüssige Energie investieren kann.« Und genau dieser Vorsprung vor anderen, die den lieben langen Tag damit zubringen müssen, Grundbedürfnisse wie Ernährung zu stillen, bringt soziales Ansehen. Menschen aller Kulturen versuchen, andere zu beeindrucken, und benutzen dafür Manipulationstechniken, wie aufwendige Kleidung, Parfum oder Geschmeide. Grammer nennt das »Eindrucksmanagement«. Wer Kapazitäten frei hat, hinterlässt Eindruck. Darum greifen auch Rapper gern zum Klunker.

Der Handicap-Trick funktioniert übrigens ebenso bei Tieren. Haben Sie sich schon einmal gefragt, warum Pfauenmännchen diese wunderschöne, aber beim Schlendern durch Wald und Wiese doch eher hinderliche Federpracht tragen, warum Hirsche dieses mächtige Geweih ausbilden, mit dem man im Geäst hängenbleibt? Warum finden Weibchen Gefallen an dieser bizarren Pracht, so dass es sogar ihre Partnerwahl beeinflusst? Diese Frage stellte sich auch der Münchener Evolutionsbiologe Josef Reichholf. Und er kam zu dem Schluss, dass die Herren damit demonstrieren, was in ihnen steckt: »Prachtgefieder oder Hirschgeweih sind keine Behinderung, sondern eine Alternative zu den Leistungen der Weibchen. Das Protein, das in die Ausbildung des so großartigen Prachtgefieders gesteckt werden muss, entspricht dem Proteingehalt des Geleges der Hennen. Und das Kalziumphosphat des Hirschgeweihs entspricht dem Inhalt des Knochenskeletts der neugeborenen Hirschkälber.«

Das bedeutet, dass die Männchen so viel Energie in ihre äußere Pracht investieren wie die Weibchen in den Nachwuchs – Brunftgehabe gleich Schwangerschaftsleistung. Je prächtiger das Äußere, umso mehr Vitalität steckt im Kerl. Die Weibchen wählen einfach denjenigen aus, dessen Stoffwechsel am meisten für die Schönheit tun kann, er verfügt offensichtlich über die besten Reserven. Erinnert Sie das vielleicht an Angeber in Sportwagen mit dicken Goldarmbändern, denen die Herzen der Damen zufliegen? Ganz so abwegig ist das gar nicht, denn wer Ressourcen übrig hat für die bizarre Zurschaustellung seiner Attraktivität, scheint immer eine gute Partie zu sein.

Schön gleich gut, gleich erfolgreich

»Wenn wir den sozialen Rang von Menschen beurteilen sollen, messen wir den Schönen automatisch einen höheren Status zu. Und als ob das nicht genug wäre: Wir halten sie auch noch in jeder Hinsicht für überlegen.« Zu diesem Fazit kommt der Autor Ulrich Renz in seinem Buch »Schönheit. Eine Wissenschaft für sich«. Er führt mehrere Untersuchungen an, die gezeigt haben, dass attraktiven Zeitgenossen größere Fähigkeiten und bessere Charaktereigenschaften angedichtet werden, und zwar unabhängig vom Geschlecht sowohl der Bewerteten als auch der Bewerter. »Wir halten sie für körperlich und psychisch gesünder, für glücklicher, selbstsicherer, liebenswürdiger, durchsetzungsfähiger und in jeder Hinsicht kompetenter.« Bereits schöne Kinder bekommen mehr Aufmerksamkeit von ihren Eltern, schöne Menschen haben es in der Schule, in der Ausbildung und sogar vor Gericht leichter.

Und wir legen uns offensichtlich gern ins Zeug, wenn es darum geht, schöne Mitmenschen zu beeindrucken. Renz erzählt beispielsweise von einem Experiment, bei dem Wissenschaftler Männer baten, eine Hand in einen Bottich mit kaltem Wasser zu halten, und zwar so lange, bis sie es nicht mehr aushalten konnten. Ergebnis: Die Herren quälten sich fast doppelt so lange, wenn die »Versuchsleiterin« eine attraktive Frau war. In einigen Fällen habe das Experiment abgebrochen werden müssen, um die Angeber vor körperlichen Schäden zu bewahren. So richtig zur Höchstform scheinen Männer also erst aufzulaufen, wenn sich ein attraktives Balzobjekt in der Nähe befindet.

Laut einer Studie der Arizona State University seien attraktive Zeitgenossen, so Renz, auch als Verkäufer erfolgreicher. Gutaussehende Vertreter erzielen höhere Umsätze als hässliche. Schönheit wickelt uns um den Finger: »Kein Wunder, dass in Werbespots, Anzeigen und auf Plakaten ausschließlich schöne Menschen auftauchen. Kein Argument ist konsumanregender als Schönheit.« Der Wirtschaftspsychologe Georg Felser fasst die Ergebnisse vieler Studien so zusammen: »Folgende Eigenschaften haben physisch attraktivere Personen in den Augen anderer in besonderem Ausmaß: Sie sind wärmer, sensibler, freundlicher, entgegenkommender, interessanter, stärker, ausgeglichener, bescheidener, geselliger, fähiger, haben einen besseren Charakter, verfügen über mehr Prestige, bekommen voraussichtlich bessere Arbeitsstellen, führen eine bessere Ehe und führen überhaupt voraussichtlich ein erfüllteres Leben.«

Als ich das las, beschloss ich, mir beim Autorenfoto für dieses Buch besonders viel Mühe zu geben, denn ich wollte keinesfalls als kalt, unsensibel, unfreundlich, ungesellig, unfähig oder charakterlos wahrgenommen werden. Auch den Zustand meiner Ehe sollte man nicht am Attraktivitätsgrad des Fotos ablesen können. Rund 30 Versuche in wechselnden Outfits waren am Ende nötig, um das erwünschte Foto zu erzielen.

Ware Schönheit

Von dieser tiefverwurzelten Hingabe an die Schönheit profitieren Designer aller Art. Zwar sehen viele von ihnen wie Karl Lagerfeld die Aufgabe der Mode darin, die Wirklichkeit zu transzendieren, doch stecken sie dabei viel tiefer in der natürlichen Kreatürlichkeit, als ihnen vielleicht lieb ist. Selbst der Umsatz mit extrem begehrenswerten und teuren Produkten dient zu einem großen Teil dieser einfachen, im Laufe der Evolution herausgebildeten Lust am Schönen. Sie hat dazu geführt, dass Modehäuser zu den umsatzstärksten Unternehmen in der Luxusbranche werden konnten. Design jeder Art, also die bildende Kunst genauso wie Möbel, Autos oder technisches Gerät, wird immer auch gekauft, weil sie das ästhetische Lustempfinden unseres Gehirns stimulieren. Und selbst in Zeiten der Krise, oder gerade dann, wird am eigenen Äußeren gefeilt, so dass die Deutschen 2008 über zwölf Milliarden Euro nur für Körperpflege- und Waschmittel ausgaben.

Allein die bekannte flache blaue Cremedose, die seit Generationen in deutschen Badezimmern herumliegt, erfreute ihren Hersteller in diesem Jahr mit zweistelligen Zuwachsraten weltweit. Vor allem über das wachsende Interesse der Asiaten an seinen Pasten freut sich der Finanzvorstand der Firma, Bernhard Düttmann: »Besonders gefragt sind unsere Cremes mit Whitening-Effekt, weil die Menschen, auch die Männer, dort ihre helle Gesichtsfarbe behalten wollen«, berichtete er in einem Interview mit der *Frankfurter Allgemeinen Sonntagszeitung*. In die Zukunft blicken Mitglieder seiner Branche gefasst bis optimistisch, denn Schönheit gilt weiterhin als Wachstumsmarkt, selbst wenn schon mal Rabattschlachten geschlagen werden müssen, weil Krisenzeiten die Konsumenten zögern lassen. Das Interesse an Schönheitsprodukten wird nie zum Erliegen kommen, was keine sehr gewagte These ist, wenn man die wichtigen biologischen und sozialen Funktionen bedenkt, die ihr Konsum erfüllt.

Was für uns alle das Shoppen im Dienste der Schönheit künftig noch einfacher machen wird, ist der virtuelle Spiegel, an dem Forscher des Fraunhofer-Instituts für Nachrichtentechnik in Berlin basteln. Vorstellen müssen Sie sich ihn etwa so: Der Hightech-Spiegel nimmt Sie mit einer Kamera auf, während Sie ein blaues Kleid anprobieren. Aber sähe das rote nicht viel besser aus? Oder vielleicht doch das gelbe oder das grüne? Viele Leute mögen es nicht, sich stundenlang in engen Umkleidekabinen zu bewegen. Deshalb nimmt die Kamera des Zauberspiegels die Kundin im Abstand von Millisekunden bei der Anprobe auf, so dass sie anschließend an einem Touchscreen verschiedene Farben und Muster durchprobieren kann, die realistisch wiedergegeben werden, Faltenwurf und Schatten inklusive. Man spart Energie und zerstört sich beim ständigen Aus- und Anziehen nicht die Frisur. Millionen von Männern, die dann nicht mehr stundenlang vor Umkleidekabinen herumhängen müssen, werden es den Forschern danken.

Wie hoch der Wert ist, den wir Konsumenten der Schönheit beimessen, zeigt sich übrigens nicht zuletzt daran, was wir uns selbst gönnen. Was Menschen sich *wirklich* wünschen, erkennt man am besten an den Geschenken, die sie sich selbst machen. Da steht die reine Freude im Vordergrund und nicht, wie sonst beim Schenken, auch Kalkül und Berechnung. Thomas Foscht vom Institut für Marketing an der Universität Graz untersucht seit Jahren das oft rätselhafte Verhalten von Konsumenten. Und er wollte herausfinden, womit sich seine Landsleute selbst beschenken, wenn sie die freie Wahl haben. Dafür befragte er 250 Erwachsene und fand heraus, dass beim sogenannten *Self-Gift-Giving* gerade Dinge eine herausragende Rolle spielen, die der Schönheit zuträglich sind. Frauen wählen an erster Stelle Kleidung, an zweiter Stelle Schmuck, dann Schuhe, erst dann Elektronik oder Bücher. (Männer nannten an erster Stelle Elektronik.) Folgende Motive wurden für die Entscheidungen zum Eigengeschenk genannt: Stressabbau, gute Gefühle, sich selbst aufheitern und – der *Nucleus accumbens* lässt grüßen – sich belohnen. Dieses Motiv stand für 74 Prozent der Befragten im Mittelpunkt der Schenklaune.

Schöner kaufen

Das Neuromarketing hat auch Tipps für die verkaufsfördernde ästhetische Gestaltung von Verkaufsräumen parat. Viele Studien zeigen: Je wohler sich ein Kunde in einem Laden fühlt, je besser und ansprechender das Ambiente gestaltet ist, umso eher ist er geneigt, dort mehr Zeit zu verbringen und mehr Geld auszugeben. »Das empfundene Vergnügen bestimmt am stärksten, wie sich Kunden im Laden verhalten. Es schlägt sich in der Absicht nieder, länger im Laden zu bleiben und mehr Geld auszugeben als ursprünglich geplant«, berichtet der Wirtschaftspsychologe Gerhard Raab. Wir lieben es zum Beispiel, wenn wir uns leicht orientieren können, wenn die Einrichtung hübsch und die Hintergrundmusik angenehm ist – und wenn der Laden dann auch noch gut riecht, wollen wir gar nicht mehr gehen. Denn auch der Weg über die Nase bahnt Produkten den Weg ins Gehirn des Konsumenten. »So können Aromen von frisch gewaschenem Leinen in einem T-Shirt-Geschäft oder der Geruch von frischem Leder in einem Autohaus die Verkaufszahlen in die Höhe treiben. Pheromone, die in dem Untergeschoss eines großen Kaufhauses in London zum Weihnachtsgeschäft versprüht wurden, erhöhten die Verweildauer und die Kauffreudigkeit der Kunden«, erzählt Raab.

Viele Läden nutzen Düfte, um das Kaufverhalten ihrer Kunden anzukurbeln, da sie direkt auf das Gehirn wirken. Wunderbar, wenn wir mit einem Laden einen besonderen Geruch verbinden. Diese Art des multisensorischen Marketings ist heute allgegenwärtig: Zitronen- und Mandarinenduft stimmen den Kunden optimistisch; Rosenduft verleiht einem Raum eine verführerisch sinnliche Note; frischer Brötchenduft in Bäckereien lässt uns das Wasser im Mund zusammenlaufen. Solche Mittel setzte auch der Waschmittelhersteller Henkel zur 100-Jahr-Feier seiner Marke Persil ein und ließ Bushaltestellen in Berlin und Düsseldorf zu »multisensorischen Erlebnishaltestellen« ausbauen. Plakatwerbung, Werbelieder aus Lautsprechern und spezielle Beduftungssysteme, die den Geruch des Waschmittels verströmten, hüllten Passanten in eine umfassende Werbewolke. Marketingleiter Thomas Tönnesmann meinte dazu: »Zu Beginn des Jubiläumsjahres haben wir erstmals auf multisensorische Kommunikation gesetzt. So konnten Passanten Persil sehen, hören und riechen.«

Das österreichische Unternehmen Neuroconsult entwickelt für Firmen spezielle »corporate scents«. Die Stewardessen von Singapore Airlines etwa müssen nach einem Bericht im *Handelsblatt* den Firmenduft als Parfum tragen und den Gästen entsprechend parfümierte Handtücher reichen. Die Hotelkette Westin Hotels legte Werbeanzeigen einen Duftstreifen bei – wie in der Parfumwerbung. So konnte sich der Kunde schon einmal an die olfaktorische Corporate Identity gewöhnen. Wenn er so vorbereitet das Hotel betritt, hat er das unbestimmte Gefühl, nach Hause zu kommen, den Duft kennt er ja bereits.

Und auch das Gehör arbeitet nach Kräften mit und beeinflusst unsere unbewussten Kaufimpulse. Psychologen der Universität in Leicester berieselten im Jahr 2004 die Kunden eines Supermarktes mit französischer Akkordeonmusik, woraufhin der Absatz von französischem Wein nach oben schnellte. Kein Wunder, denkt man doch bei dieser Musik gleich an Urlaub und laue Sommernächte am Ufer der Seine. Am folgenden Tag wiederholten sie das Experiment mit bayerischer Marschmusik – und selbst davon ließen sich die Kunden beeinflussen. Nein, sie verließen nicht fluchtartig den Laden, sondern luden vermehrt deutsche Weine in die Einkaufswagen.

Spezialisten wie der britische Musikproduzent Mark Barrott oder Michael Wildemann von der Hamburger Agentur agimma haben sich auf die hohe Kunst der Hotelbeschallung spezialisiert. Sie suchen passend zum Charakter eines Hotels Musikstücke aus, die die Räume des Hauses angenehmer erscheinen lassen: Mozärtlich geht es im edlen Fünfsternehaus zu, während nostalgische Filmmusiken alte Plüschhotels zur Geltung bringen. Fühlt sich der Kunde wohl, kommt er gern wieder, so das Kalkül dahinter. Automobilhersteller beschäftigen indes schon längst ganze Abteilungen mit dem Sounddesign ihrer Karossen. Sie sollen nicht nur schön aussehen, sondern auch schön klingen. Das zeigt: Neuromarketing macht es uns immer schwerer, rationale Selbstkontrolle über unser Kaufverhalten auszuüben.

Vielen Konsumenten kommt es freilich nicht in erster Linie auf die Schönheit an, sondern auf drei viel wichtigere Dinge: den Preis, den Preis und – den Preis. Schön ist für sie vor allem, was billig ist. Kennen Sie es, das Jagdglück des Schnäppchenjägers?

4. Ich will Schnäppchen!

Das Jagdglück der Schnäppchenjäger und die Vorliebe
unseres Gehirns für schnelle Entscheidungen

➢ Helden des Rabatts

➢ Das Schnäppchenzeitalter

➢ Für Schnäppchen über Leichen gehen

➢ Unser Gehirn mag's einfach

➢ 4,99 ist nicht gleich 4,99

➢ Schnäppchen machen glücklich

➢ Das Euro-Virus

➢ Wir Preismimosen

➢ Wie eBay das Jagdfieber neu erfand

➢ Mangel als Versuchung

➢ Schnäppchenjägertypen vom Knauserer bis zum Smartshopper

➢ Warum Geiz nicht unbedingt geil ist

»Nur nackt ist billiger.«
»Wir hassen teuer!«
»Billig will ich!«
»Geiz ist geil.«

Helden des Rabatts

Als Bekannte von uns ein neues Haus auf dem Land bezogen, führten sie beim ersten Besuch ihre Besucher immer erst einmal durch die neuen Räume. Das war so weit ganz interessant, doch leider blieb es nicht dabei. Praktisch zu jedem neuerstandenen Möbelstück erzählten sie seine persönliche »Schnapp-Geschichte«: »Diesen Esstisch aus massivem Kirschholz haben wir irrsinnig günstig bei eBay ersteigert. Das war der reinste Krimi, weil uns so ein hartnäckiger Bieter auf den Fersen war. Aber am Ende hat es dann doch geklappt. Im Laden hätten wir das Doppelte hinlegen müssen«, erzählt die Hausherrin stolz. Dann die Jugendstilanrichte im Esszimmer – ein Sonderangebot beim Antiquitätenhändler, der seinen Laden aufgab, gerade noch im letzten Moment zugeschlagen. Und dort der Holzkamin, der so preiswert direkt beim Hersteller zu haben war. »Ihr glaubt ja nicht, was die sonst so kosten.« Eingemauert hat ihn ein polnischer Schwarzarbeiter (»sehr günstig«). Am Ende kannten wir die Geschichten fast aller Einrichtungsgegenstände. Und da hatten wir den Garten noch vor uns. Genervt von den »Schnäppchen-Storys«, beschlossen wir, die Familie erst wieder zu besuchen, wenn sich der Staub der Zeit über die Erinnerung an die ruhmreichen Rabattaktionen gelegt haben würde.

Wer ein gutes Schnäppchen gemacht hat, kann sich heutzutage der sozialen Anerkennung sicher sein. Selbstbewusst erzählt man in geselliger Runde von seinen Leistungen. Das Schnäppchen belohnt den eifrigen, den cleveren, ausgebufften und informierten Konsumenten. Denn um ein wirklich gutes Schnäppchen zu machen, bedarf es heute, in Zeiten des Internets und Warenüberangebots, besonderer Fähigkeiten und eines guten Informationsstandes, wie der erfolgreiche Werbeslogan »Ich bin doch nicht blöd!« verdeutlicht. Wir müssen das Angebot der Konkurrenz kennen, die Beute umkreisen und im rechten Moment zuschlagen oder einfach am rechten Ort sein. Vor allem hochwertige Waren zu Schnäppchenpreisen werden immer beliebter, denn ein Schnäppchen muss nicht automatisch Billigware sein. So locken auch Marken-Outlets und Hersteller von Designerwaren mit Rabatten, um der betuchten Kundschaft Jagdtrophäen anzubieten, mit der man sich dann im Golfclub brüsten kann. Ein italienischer Hersteller edler Bauhausmöbel winkt mit einem Mies-van-der-Rohe-Sessel für 1000 statt 5000 Euro. Das wird sich Gästen, die darauf Platz nehmen, einmal schön erzählen lassen. Ebenso wie die Erlebnisse einer Shoppingtour durch eines der Designer-Outlet-Villages, die es inzwischen in vielen europäischen Ländern gibt, künstliche Dörfer im Zuckerbäcker- oder Fachwerkstil, die nur eines anbieten: Designerklamotten zu Schnäppchenpreisen.

Für viele ist die Schnäppchenjagd zu einem unterhaltsamen Abenteuer geworden, einem Erlebnis, das man zum Besten geben kann. Eine meiner Bekannten erzählte neulich von einem Shoppingtrip nach New York. Sie ist dort ausschließlich zum Einkaufen hingeflogen, für gute Marken- und Designerware. Vor allem im Zuge der Wirtschaftskrise gibt es dort viele Sachen wesentlich günstiger als noch im Vorjahr und in Europa. Erzählten New-York-Touristen früher von Wolkenkratzern, Museen und guten Restaurants, von Theatern und dem bunten Straßenbild, geht es heute oft darum, wie günstig sie das neue iPhone oder Luxuspumps ergattert haben. Diese Jagd nach dem ultimativen Rabatt bietet Abwechslung vom Alltag und birgt den Reiz des ungewissen Ausgangs. Wenn wir zu einem Streifzug auf der Suche nach einem Schnäppchen losziehen, wissen wir nicht, wie es am Ende ausgehen wird. Und auch das liebt unser Gehirn. Dieser Nervenkitzel mag wesentlich dazu beitragen, dass in den USA bereits 93 Prozent der Mädchen im Teenageralter Einkaufen als Lieblingsbeschäftigung angeben, wie der Konsumkritiker John de Graaf berichtet.

Bernd Weber ist Leiter der Abteilung NeuroCognition/Imaging und Begründer des Labors für Neuroökonomie an der Universitätsklinik in Bonn. Er leitete viele Neuromarketingstudien mit bildgebenden Verfahren, und nach seiner Meinung kommt für die Rabatthelden ein weiterer Aspekt hinzu: Schnäppchen helfen »dank ihres unerwartet günstigen Preises bei der Rechtfertigung, in wirtschaftlich schwierigen Zeiten auch einmal der Konsumlust nachzugeben«. Das heißt, auch in Krisenzeiten kommt die Konsumlust nicht zum Erliegen, sie sucht sich einfach andere Bahnen und landet bei günstigen Angeboten. Was aber macht eigentlich ein richtiges Schnäppchen aus?

Das Schnäppchenzeitalter

Es ist kurz vor Weihnachten. Überall wird zum großen Halali geblasen. Stapelweise flattern die Prospekte und Weihnachtssonderkataloge ins Haus, der Einkaufsbummel gerät zum Slalom durch Super-Extra-Angebote, und das E-Mail-Postfach quillt über vor Weihnachtsschnäppchen-Newslettern. Jedes Unternehmen, mit dem wir im Laufe des Jahres zu tun hatten, bringt sich mit exklusiven Weihnachtsangeboten in Erinnerung. Wir können einen Last-Minute-Weihnachtsurlaub buchen, auf die Schnelle noch Büromöbel zum Sonderpreis nachordern und Kerzen günstig bestellen. Parallel meldet die Nürnberger Gesellschaft für Konsumforschung (GfK), dass sich die Deutschen trotz

115

anstehender Weltwirtschaftskrise die Kauflaune nicht verderben lassen. Das Weihnachtsgeschäft verspricht so erfreulich zu werden wie in den Jahren davor. Allgemeines Aufatmen. Eine spürbare Erleichterung scheint bei dieser Nachricht durchs Land zu gehen. Konsum wie gehabt, da kann es mit der Krise schon nicht so schlimm kommen. Also doch schnell diesen verlockenden Last-Minute-Urlaub auf Kreta buchen?

Wie lässt sich das ausufernde Schnäppchenthema in den Griff bekommen? Ich ziehe mein etymologisches Wörterbuch, den »Kluge«, zu Rate, um über die Wortbedeutung von »Schnäppchen« einen Einstieg zu finden. Doch der Begriff erschien den Machern des Lexikons, zumindest in der Ausgabe von 1999, offenbar nicht wichtig genug. Zwischen »schnalzen« und »schnappen« klafft eine Lücke. Einzig das alte Wort »Schnapphahn«, was im Mittelalter so viel bedeutete wie »Strauchdieb« oder »Wegelagerer«, scheint in die gewünschte Richtung zu weisen. Ratlos lege ich das Buch zur Seite.

Wo verlässliche Nachschlagewerke nichts hergeben, bleibt Autoren nichts anderes übrig, als zu googeln. Das Ergebnis in diesem Fall: über sechs Millionen Treffer. Seitenweise wird auf Lager- und Fabrikverkäufe, Outlets und Sonderangebote, Restposten und andere Superpreisschlager hingewiesen. Ich kann einen Schnäppchenticker abonnieren, einem exklusiven Shoppingclub mit Spezialgebiet Schnäppchen beitreten oder Schnäppchen aus Konkursmasse ersteigern. Und ich kann einen Schnäppchenratgeber zum Schnäppchenpreis ergattern, womit das Buch zum Gegenstand seiner Funktion wird. Meine Ratlosigkeit wächst. Verstört gebe ich das Wort »Sex« ein und stelle fest, dass es noch mehr Treffer ergibt. Bei »Liebe« auch. Ich bin erleichtert. Die Begriffe »Kirche« und »Jesus« hingegen fallen, beschränkt auf deutsche Seiten, deutlich gegen die Schnäppchen ab.

Würde ein Außerirdischer im deutschsprachigen Internet stöbern, er würde zwangsläufig zu dem Schluss kommen, dass für uns gleich nach Sex und Liebe das Schnäppchen kommt, weit vor einem gewissen Herrn Jesus. Während jedoch diesem Jesus und seinen Familienmitgliedern landauf, landab als steingewordene Zeugen der Anbetung mächtige Kirchen erbaut wurden, sucht man vergeblich nach einem Denkmal fürs Schnäppchen. Und das ist auch gar nicht nötig, denn die Anbetung des Schnäppchens wird in der Praxis ausgelebt. So gesehen hat es ein Denkmal weniger nötig als Jesus, dem bekanntlich die Anhänger davonlaufen. Interessanterweise überlagert sich gerade zur Weihnachtszeit der Höhepunkt des Konsums mit dem größten Zustrom in die Kirchen. In der einkaufsträchtigen Weihnachtszeit freuen wir uns ganz besonders über ein Schnäppchen. Man kauft selten so viel und so unkontrolliert, da tut das Bewusstsein, ein paar Euro gespart zu haben, eben gut.

Ein Schnäppchen sei der Kauf zu einem Preis, der so günstig ist, dass ihn der Verkäufer nicht dauerhaft allen Kunden einräumen kann, ohne Pleite zu gehen, verrät mir schließlich Wikipedia. Der Ursprung des Wortes lege nahe, dass der Verkäufer den Preis aus Unachtsamkeit gesenkt hatte; in dieser kurzen Phase konnte sich der Kunde das Produkt »schnappen«, bevor der Verkäufer den Fehler bemerken und den Preis wieder hochsetzen konnte.

So mag das früher gewesen sein. Heute wird mit dem Begriff lauthals geworben, von Versehen keine Spur mehr: Restposten, Zweite-Wahl-Ware, Ladenhüter und Auslaufmodelle, Räumungs- und Schlussverkauf – Schnäppchen, wohin man schaut, wortreich und lärmend angepriesen. Die einzige Möglichkeit, diesen Aufrufen zu entgehen, sähe so aus: Sie gehen nicht mehr aus dem Haus, öffnen keine Post mehr, lassen Radio, Fernseher, Telefon und Internet ausgeschaltet, Zeitungen und Zeitschriften zugeklappt. Nur die totale Einstellung jeder Kommunikation würde helfen, dem Schnäppchenwahn zu entkommen. Die meisten freilich suchen das Schnäppchen, und einige haben daraus eine Art Hobby gemacht. Einer unserer Bekannten etwa nimmt weite Wege in Kauf, um ein Schnäppchen zu ergattern, selbst dann, wenn es am Ende mehr ein gefühltes als ein tatsächliches war. Er ersteigert ein Motorrad in einer 500 Kilometer entfernten Stadt, um abzüglich der Fahrtkosten am Ende 200 Euro gespart zu haben. Rational betrachtet ist dieses Verhalten unsinnig. Aber er hat Freude daran.

Oft werden billig produzierte und qualitativ minderwertige Waren als Schnäppchen angeboten, um Kunden anzulocken. Diese Strategie ist äußerst erfolgreich, da oft beträchtliche Mengen der Ware plus zusätzliche Produkte verkauft werden und sich Schnäppchenjäger selbst im Falle eines Ausverkaufs häufig einfach für andere Produkte entscheiden, also auf jeden Fall etwas kaufen. Unser Möbelmarkt geht noch einen Schritt weiter und bietet uns ab und zu Einkäufe zum »Mitarbeiterrabatt« an. In dicker Rotschrift umgarnt man uns: »Wir möchten Sie als ganz besonderen Gast herzlich dazu einladen.« Das soll dem Kunden schmeicheln, denn wer wird schon nicht gern als Mitglied der Familie begrüßt und mit 20-Prozent-Insider-Schnäppchen belohnt? Den Anbietern gehen die Ideen nicht aus. Mal können Kunden von Neueröffnungsrabatten profitieren, mal von Inventurausverkäufen, dann von Umbauschnäppchen. Manchmal jedoch kann es ins Auge gehen, wenn man die Kunden mit allzu fetten Ködern lockt.

Für Schnäppchen über Leichen gehen

Gelegentlich werden die Anbieter vom Ansturm der Schnäppchenjäger überrannt, so dass es zu tumultuarischen Szenen kommt. Lockt ein Staubsauger für zehn Euro, rennen die Kunden gern mal die Türen ein. Und das kann für Nicht-Nahkampferprobte durchaus gefährlich werden; immer wieder gibt es Verletzte bei solchen Kracherangeboten. Wer sich das einmal ansehen möchte, wird auf YouTube schnell fündig: Menschen rasen wie von Sinnen durch Läden, als seien sie auf der Flucht vor einem Großbrand. Wie eine Herde Wasserbüffel walzen sie alles nieder, was nicht bei drei auf den Bäumen ist. Wirklich erschütternd sind die Aufnahmen von Wiederbelebungsversuchen an einem niedergetrampelten Wal-Mart-Mitarbeiter. Der 45-Jährige hat den Ansturm am Ende nicht überlebt. In einem anderen Beitrag berichtet eine Reporterin, dass beim Andrang auf einen Laden eine Schwangere im Gedränge eine Fehlgeburt erlitt. In den USA werden bei extremen Rabattaktionen mittlerweile ausgebildete Sicherheitskräfte zur »Crowd-Control« eingesetzt. Sie schützen kopflose, aus der Fassung geratene Schnäppchenjäger vor kopflosen, aus der Fassung geratenen Schnäppchenjägern.

Die Schnäppchenjagd ist nach Meinung Bernd Webers in den letzten Jahren zu einer Art Sport geworden. Die frühere Markentreue der Kunden erodiert nach seinen Beobachtungen unter der geradezu epidemisch um sich greifenden Sucht nach Schnäppchen. Wer früher auf gute Marken achtete, greift heute ungeniert bei Billigangeboten zu. Der Slogan des Elektronikkaufhauses Saturn »Geiz ist geil« gehört aus Expertensicht zu den erfolgreichsten Werbeslogans aller Zeiten.

Der Kunde sucht dabei nicht nur aufwendig nach dem günstigsten Angebot, sondern lässt sich auch zu ungeplanten Spontankäufen verleiten und kauft sogar Sachen, die er ursprünglich gar nicht haben wollte, Hauptsache, Sonderangebot. Schnäppchenjäger kommen heute längst nicht mehr ausschließlich aus einkommensschwachen, sondern aus allen Schichten. Im Grunde hat der Schnäppchenwahn die Menschen einander über alle sozialen

Schranken hinweg nähergebracht. Vor dem Sonderangebot sind alle gleich, ganz gleich, ob Billigware oder hochpreisiges Produkt: Vielleicht ist das der wahre Sozialismus. Am Ende kann jeder den anderen verstehen, da alle vom selben Jagdfieber ergriffen sind, oszillierend zwischen rationaler Sparsamkeit und destruktivem Wahn.

Und zu Beginn des Jahres 2009 hat das allgegenwärtige Schnäppchenfieber einen neuen Namen bekommen: Abwrackprämie. Plötzlich streifen die langjährigen Besitzer alter Autos um Neuwagen herum, greifen zu, selbst wenn der staatliche Bonus oft kaum höher ist als der Restwert des eigenen Wagens und der rasche Wertverlust von Neuwagen die Prämie sehr bald aufgefressen haben wird. Ursache sei auch hier das warme Gefühl, eine Trophäe ergattert zu haben, berichtet Dirk Weller, Psychologe bei der Marktforschungsgesellschaft Psychonomics in Köln: »Bei der Abwrackprämie neigt der Käufer zum rauschhaft-infantilen Aufsammeln von etwas zwar Süßem, aber eigentlich nicht unbedingt Wertvollem«, meinte er gegenüber der *Frankfurter Allgemeinen Sonntagszeitung*.

Bei der grassierenden Schnapperitis muss einer dieser seltsamen Mechanismen unseres Gehirns am Werk sein, der uns immer wieder zu Einkäufen verleitet, die erst beim zweiten Hinsehen einen Sinn ergeben. Worin also besteht das Jagdglück des Schnäppchenjägers, das stärker sein kann als die Angst, von einer sparwilligen Horde niedergetrampelt zu werden? Warum riskieren Schwangere für einen Zehn-Euro-Staubsauger eine Fehlgeburt?

Unser Gehirn mag's einfach

Stellen Sie sich bitte die folgende Szene vor: In der Teeküche Ihrer Abteilung wurde eine nagelneue glänzende Espressomaschine aufgestellt. Endlich können Sie statt des scheußlichen Filterkaffees wunderbaren Espresso, Cappuccino und Latte macchiato zubereiten. Die Belegschaft ist erfreut. Allerdings war die Anschaffung des Gerätes teuer, und so werden die Kollegen gebeten, einen Euro pro Tasse in die Kaffeekasse neben der neuen Maschine zu werfen. Was glauben Sie, wie ehrlich die Kollegen tatsächlich das Kaffeegeld bezahlen?

Ich kann zwar nicht für Ihre Abteilung sprechen, aber englische Wissenschaftler, die diesen Versuch an ihrer Universität in Newcastle machten, fanden heraus, dass es mit der Ehrlichkeit deutlich hapert – wenn wir uns unbeobachtet fühlen. Kaum jemand opferte freiwillig eine Münze und warf sie in die Kasse im Pausenflur der Universität. Die Freude über das ersparte Geld ist ein stärkerer Motor als das schlechte Gewissen darüber, sich aus Knausrigkeit antisozial verhalten zu haben. Das zeigt, wie stark der Drang zum Schnäppchen sein kann.

Erst als die Forscher ein Bild mit mehreren Augenpaaren anstatt eines Blumenbildes über die Kaffeemaschine hängten, änderte sich das Verhalten. Plötzlich fühlten sich die Kaffeetrinker beobachtet und entrichteten das Kaffeegeld viel häufiger. Wohlgemerkt, es handelte sich bei den Augen um ein Bild, keine echte Person, die einem auf die Finger schaute! Doch schon das Gefühl, beobachtet zu werden, trieb die Ehrlichkeitsquote nach oben und brachte die Angestellten dazu, den übermächtigen Drang zum Gratiskaffee zu unterdrücken.

Solche Prozesse laufen weitgehend unbewusst ab, denn unsere bewusste Aufmerksamkeit wäre überfordert, sollte sie ständig auf alle Details in der Umwelt achten. Es ist effektiver, Informationen im sparsamen Hintergrundmodus auszuwerten, als jedes Mal das rational denkende Großhirn zu bemühen. Das Augenpaar über der Kaffeemaschine war zwar nur ein Foto, aber die Menschheit hat in Tausenden von Jahren die Erfahrung gemacht, dass man sich besser an

Regeln hält, solange man beobachtet wird. (Eine Zivilisationsstufe weiter werden wir uns dann vielleicht auch an Regeln halten, wenn wir uns unbeobachtet *wissen*.)

Für solche instinktiven Handlungen ist unter anderem ein wichtiger Teil unseres Gehirns zuständig: das Kleinhirn. Leider ist dieses Kleinhirn wenig sexy in Zeiten, in denen sich die Hirnforschung weitgehend auf die Fähigkeiten des Großhirns konzentriert, wo Spektakuläres wie Mathematik, Symphonien oder mongolische Grammatik seinen Ursprung nimmt. Doch das Kleinhirn scheint nur bei oberflächlicher Betrachtung uninteressant, in Wirklichkeit ist es überlebenswichtig: Ohne die Zellen in diesem Hirnareal könnten wir uns kaum durch den Großstadt- oder andere Dschungel bewegen. Denn in dieser Zentrale laufen Informationen zusammen, die sofortiges Handeln erfordern. Das Kleinhirn hilft uns, Informationen aus der Umwelt zu verarbeiten und direkt darauf zu reagieren, ohne dass dabei der Verstand eingeschaltet werden muss, der ohnehin meist mit anderen Dingen beschäftigt ist wie Jagd, Balz oder mongolischer Grammatik.

Wenn wir an einer Straße entlanglaufen und sich uns plötzlich ein Auto nähert, springen wir beiseite, ohne dass unser Großhirn erst lange überlegen müsste. Der Blutdruck steigt, und der Körper stellt sich auf Flucht oder Kampf ein. Das mobilisiert Kräfte und rettet unser Leben. Und dafür hat sich das Gehirn diese effektive Arbeitsteilung angewöhnt: Es reagiert instinktiv und rasend schnell auf alles, was dem Überleben dient. Schaut zähnefletschend ein Säbelzahntiger hinter dem Busch hervor oder stehen wir plötzlich vor einem Abgrund, an dem schon die ersten Steine in die Tiefe bröckeln, ist langes Nachdenken von Nachteil. In solchen Momenten muss man sofort handeln. Wer dieses Prinzip nicht von seinen Ahnen geerbt hatte, dessen Überlebenschancen waren in den Savannen Afrikas und in der Höhlenwelt des Neandertalers deutlich geringer. Je besser die Reaktionen, umso höher die Chancen auf erfolgreichen Arterhalt. So bildeten sich über einen sehr langen Zeitraum intuitive Fähigkeiten heraus, die uns heute durch den modernen Konsumdschungel leiten, ob uns das nun recht ist oder nicht.

Und hier kommt das Schnäppchen ins Spiel, denn es ist ein effektiver Entscheidungsvereinfacher des täglichen Konsums. Er hilft, uns blitzschnell für etwas zu entscheiden, ohne lange nachdenken zu müssen. Die meisten Produkte am Markt ähneln sich mittlerweile und bieten den Kunden kaum noch rational nachvollziehbare Unterschiede. Das erlebt jeder, der sich eine neue Waschmaschine kaufen will: Der Berater im Elektronikkaufhaus verrät im Gespräch, das Gerät der Marke X sei eigentlich baugleich mit dem Produkt Y, obwohl unterschiedliche Markenlogos auf dem Gehäuse prangen. Beide Firmen lassen auf derselben Fertigungsstraße produzieren und kleben anschließend nur den eigenen Namen drauf. Discounter bieten häufig preiswerte Ware an, die sich nur durch die Verpackung vom teuren Original unterscheidet.

Das inzwischen für uns Laien völlig unübersichtliche Warenangebot führt am Ende dazu, dass man ständig grübelt, welchem Produkt man nun den Vorzug geben soll. So geht es vielen verwirrten Kunden, und sie kürzen diesen Prozess ab, indem sie auf das einfachste Unterscheidungskriterium schauen: den Preis. Winkt der Verkäufer plötzlich mit dem Rabattfähnchen, erspart das unserem Gehirn viel Arbeit. Wir freuen uns kurz und entscheiden uns für Waschmaschine Y, einfach wegen des Rabatts. Wer beim Discounter einkauft, weiß, dass dort in der Regel alles billiger ist als im Einzelhandel. Warum also nicht gleich zum Discounter und damit auf Nummer sicher gehen, so denken Schnäppchenjäger und treffen damit eine wichtige Konsumentenentscheidung. In einer typischen Stresssituation (wenig Geld, wenig Zeit, unübersichtliche Produktvielfalt) greift der Kunde zur erstbesten Abkürzung, die sich seinem Gehirn bietet, dem Schnäppchen. Und das gilt umso mehr in Zeiten, in denen gefühlt weniger Geld da ist. »Krisen sind Wachstumsphasen für Billigheimer«, meint auch Andreas Steinle vom Kelkheimer Zukunftsinstitut. Aber Schnäppchen ist für unser Gehirn nicht gleich Schnäppchen, wie wir gleich sehen werden.

4,99 ist nicht gleich 4,99

Beim Einkaufsbummel geht es meistens nicht um unser Leben, wie bei den Urmenschen, die auf Nahrungssuche plötzlich einem Säbelzahntiger gegenüberstanden. Meist geht es einfach darum, den besten Preis für ein Produkt zu bekommen. Doch selbst dabei funktioniert unser Gehirn, wie Werbeleute wissen, mit der Zweiteilung von Intuition und rationalem Verstand. Ein Sonderangebot kann unbewusst völlig unterschiedlich wahrgenommen werden, je nachdem, wie es graphisch gestaltet ist. Nicht jedes Rabattschild bewegt uns zum Kauf. Und um uns auf Schnäppchen aufmerksam zu machen, versucht die Werbung, besonders unser Unterbewusstsein zu beeinflussen.

Wie das genau funktioniert, erklären Christian Scheier und Dirk Held in ihrem Buch »Was Marken erfolgreich macht« an einem Experiment. Sie nahmen als Beispiel den Rabattpreis 4,99 Euro und wollten herausfinden, wie das Preisschild aussehen muss, damit Kunden es als glaubwürdig billig wahrnehmen. Dafür ließen sie das Preisschild graphisch unterschiedlich gestalten. Das Ergebnis: Am günstigsten nehmen wir diese Zahl intuitiv wahr, wenn sie in roter Schrift gehalten und der alte Preis durchgestrichen ist, selbst dann, wenn es sich beim alten Preis um einen reinen Mondpreis handelt, der für dieses Produkt niemals verlangt worden ist. Obwohl wir uns als Kunden solcher

Illusionen durchaus bewusst sind, fallen wir auf der Jagd nach Schnäppchen auf sie herein. Meist bleibt kaum Zeit nachzudenken: Wir checken kurz die Differenz zwischen beiden Preisen, lachen uns innerlich ins Fäustchen – und greifen zu.

Ich habe noch dazu die eigenartige Angewohnheit, in einer nachgeschalteten Neuronenschleife zu überlegen, was ich von dem Differenzbetrag kaufen kann. In der Regel endet es dann damit, dass ich den »eingesparten« Betrag mehrfach ausgebe, einfach aus dem Gefühl heraus, einen guten Deal gemacht zu haben. Im Englischen nennt man diesen Effekt übrigens *spaving*, das sich aus den Worten *spending* (ausgeben) und *saving* (sparen) zusammensetzt. Bietet mir etwa ein Versandhaus als Rabattaktion an, dass ich bei der nächsten Bestellung das Porto spare, bestelle ich irgendwelche Sachen (die man ja immer mal irgendwie brauchen kann), nur um das Porto zu sparen. Obwohl dieses Verhalten jeder Intelligenz spottet, hinterlässt es ein gutes Gefühl. Mittlerweile bin ich überzeugt, dass der eigentliche Grund für Rabattaktionen die gute Laune des Kunden ist, der dann bei anderen Produkten umso bereitwilliger zugreift.

Aber zurück zu den 4,99: Der Betrag wurde als am teuersten wahrgenommen, wenn er in edler goldener Schrift gehalten und mit kleinen Glanzpunkten versehen war. Was so schön glänzt und funkelt, kann nicht wirklich billig sein, ist unser Gehirn überzeugt und schaltet bei der Schnäppchenjagd postwendend auf Durchzug. Wir haben in vielen Jahren auf der Konsumentenschule gelernt, dass ein Angebot billig auszusehen hat, und reagieren zurückhaltend auf ein Rabattprodukt, das allzu exklusiv daherkommt. Die Marketingexperten haben diesen Test mit vielen Probanden durchgeführt, und immer wieder zeigte sich, wie wenig objektiv unsere Wahrnehmung der ausgeschilderten Preise ist. Es gibt also neben dem objektiven Preis, den jeder kraft seines Verstandes wahrnehmen und einschätzen kann, immer auch den *psychologischen* Preis einer Ware, bei dem wir versuchen, intuitiv zu entscheiden, ob das Produkt billig ist.

Und als erfahrene Konsumenten wünschen wir Übereinstimmung, denn die lässt sich schnell und intuitiv wahrnehmen: Was ich billig kaufen soll, soll sichtbar billig angepriesen sein, und dazu gehören nun einmal rote Schrift, ein knallroter Sonderpreis-Aufkleber und kein unglaubwürdiger Glitzerfirlefanz. Die Farbe Rot mit billig gleichzusetzen, sind wir gewohnt. Rot fällt ins Auge, signalisiert Angriffsbereitschaft, weshalb der Schlussverkauf mancherorts nicht mehr »WSV« oder »Sale« heißt, sondern »Rot einkaufen«. Das alles erspart einen Haufen Denkarbeit. So tickt der Durchschnittskonsument, das wissen Werbestrategen – und gestalten Sonderangebote entsprechend, damit man sofort weiß: Rabatt-billig-kaufen-allesklar! Werbung bietet uns ständig solche Abkürzungen und Vereinfachungen an, im festen Vertrauen auf die Vorlieben unseres Gehirns.

Begünstigt wird dieser Mechanismus dadurch, dass der *Homo consumens* des 21. Jahrhunderts in der Regel unter Zeitdruck steht und unter totaler Reizüberflutung leidet. In jedem Kaufhaus prasseln Produktinformationen, Lautsprecheransagen, Bildschirmwerbung und Sonderpreisrabattaktionen auf uns Kunden ein. Wollten wir diesen Informationsoverkill bewusst und rational verwerten, bei jedem Angebot überlegen und es kritisch mit anderen vergleichen, würden wir den Einkauf niemals vor Ladenschluss schaffen. Die gedankliche Verarbeitung würde Stunden dauern, und am Ende würden wir verzweifelt den Laden verlassen, ohne irgendetwas gekauft zu haben.

Dennoch: In dieser Situation kann es helfen, sich ein paar Sekunden Zeit zu nehmen, die Aufmerksamkeit des rationalen, vernünftigen Großhirns auf das vermeintliche

Schnäppchen zu richten und kurz nachzurechnen. Wie nützlich das gelegentlich sein kann, wurde mir neulich beim Durchblättern eines dieser Schnäppchenprospekte bewusst: Da bot ein Elektronikkaufhaus einen MP3-Player an, der nur noch 24,90 kosten sollte, statt wie früher 25 Euro. Das Superschnäppchen war nach allen Regeln der Kunst in fetter roter Schrift gehalten, über dem neuen Preis war der alte in schwarzen Lettern durchgestrichen. Ich rief ein paar Tage später in dem Kaufhaus an und wollte wissen, wie viele Exemplare dieses so günstig rabattierten MP3-Players verkauft worden waren. So richtig wollte man dort mit der Information nicht herausrücken. Doch, ein paar seien es schon gewesen, meinte der Filialleiter, aber man gehe mit Verkaufszahlen einzelner Produkte nicht an die Öffentlichkeit. So was interessiere doch keinen.

Schnäppchen machen glücklich

Wenn Schnäppchen unbescholtene Bürger dazu bringen, Wal-Mart-Mitarbeiter und schwangere Frauen niederzutrampeln oder einen MP3-Player zu kaufen, nur weil der um zehn Cent reduziert ist, müssen sie unserem Gehirn mehr bieten als nur bequeme Abkürzungen. Und tatsächlich spricht ein solcher Rabatt weitere Funktionen des Konsumentengehirns an, von denen vor allem eine sehr wichtig ist: das warme Gefühl der Belohnung. Bernd Weber untersuchte den Einfluss von Rabattsymbolen auf das Gehirn und verfolgte die anschließende Entscheidung für oder wider den Kauf. Dafür schob er 13 weibliche und 12 männliche Probanden in die »Röhre« und entdeckte, dass bei Preisen mit einem Rabattsymbol die belohnungsassoziierten Bereiche im *Striatum* aktiv waren, einem Hirnbereich, dessen Bedeutung für Kaufentscheidungen und das daraus resultierende Belohnungsgefühl wir bereits kennen.

Gleichzeitig reduzierte sich bei den Versuchspersonen die Aktivität in Regionen des Gehirns, die für Kontrolle, vor allem Fehler- und Verhaltenskontrolle, zuständig sind, sprich für den ungleich aufwendigeren Prozess des Nachdenkens. Dieser Teil des Gehirns könnte zum Beispiel darauf kommen, dass ein Preisunterschied von zehn Cent bei einem MP3-Player keine tolle Ersparnis ist. Dieser Mechanismus – Aktivierung des Belohnungszentrums einerseits und Ruhigstellung wichtiger Kontrollzentren andererseits – erhöht, so vermutet Weber, die Wahrscheinlichkeit für einen Kauf. Und er verrät außerdem, warum wir so guter Laune sind, wenn wir ein Schnäppchen machen. Die Schnäppchenjagd ist ein beliebig oft zu aktivierender Belohnungsimpuls. So kommt zusätzlich zur Freude über den Konsumakt an sich noch die Freude über den erzielten Rabatt – Schnäppchen machen happy.

Zwar beobachtete Weber diesen Effekt nicht bei allen Probanden, was zeigt, dass es durchaus individuelle Unterschiede bei der Wahrnehmung von Sonderangeboten gibt. Es zeigt jedoch, welche enorme Entlastungsfunktion Rabatte für viele Konsumenten haben. Sie bieten den reizvollen Vorteil, dass unser anstrengendes Kontrollsystem weniger arbeiten muss. Genau das ist im stressigen und informationsüberfluteten Alltag Gold wert. Unser Gehirn liebt es, wenn man ihm solche Vereinfachungen anbietet, und bedankt sich postwendend mit dem angenehmen Gefühl, belohnt worden zu sein.

Das Euro-Virus

Haben Sie sich auch schon einmal gefragt, wie sich eine ganze Nation quasi über Nacht in ein Volk der Schnäppchenjäger verwandeln konnte? Wie konnte es kommen, dass heute viele Gespräche über neuerstandene Produkte mit dem Satz enden: »… tja, war ein echtes Schnäppchen«? Ohne die Autorität einer Umfrage im Rücken zu haben, würde ich behaupten, dass das Thema in den achtziger und neunziger Jahren kaum eine Rolle spielte. Da brüstete sich auf Partys niemand damit, *das* Superschnäppchen gemacht zu haben. Es hätte damals eher den Ruch des Peinlichen gehabt. Heute: Von Peinlichkeit keine Spur mehr.

Da muss um die Jahrtausendwende herum etwas Geheimnisvolles passiert sein. Da war doch was? Ja, genau, der Euro! Tatsächlich scheint psychologisch gesehen die Euro-Umstellung einen Anteil an der Ausbreitung der Schnäppchengier gehabt zu haben. Denn während der Währungsumstellung gewöhnten sich Konsumenten an, besonders wachsam oder misstrauisch gegenüber Preisen zu sein. Man könnte sagen, dass diese Zeit eine intensive Schulung in Sachen Konsumentenaufmerksamkeit war. Wir haben uns daran gewöhnt, kritisch auf jede Preiserhöhung zu achten und sie sensibel wahrzunehmen wie ein Seismograph. Kostete die Pizza beim Lieblingsitaliener nicht vor der Umstellung noch viel weniger? Wie viel habe ich für die letzte Druckerkartusche vor der Umstellung bezahlt? War dieser Wein eigentlich schon immer so teuer? Die Preise wurden plötzlich in die Zeit vor und nach dem Euro unterschieden. Psychologen sind der Meinung, dass wir das nicht so einfach wieder loswerden. Denn auch Preiserlebnisse können wie alle anderen Erfahrungen im Leben starke Emotionen auslösen, und was wir emotional eindrücklich erleben, sitzt tief.

Als die Unternehmen begriffen hatten, dass der Schnäppchenhunger keine vorübergehende Blase in der Zeit der Euroeinführung war, sondern eine tiefgreifende Veränderung im Verhalten der Kunden bedeutete, sprangen viele auf den Knauserzug auf und verstärkten das Phänomen. Slogans wie »Wir hassen teuer!« oder »Geiz ist geil« machten den alten Qualitätsversprechen (»Da weiß man, was man hat.«, »Aus

Erfahrung gut.«) plötzlich Konkurrenz. Preis, nicht Qualität stand für große Kundenkreise nun im Vordergrund.

Bernd Weber zeigte in einer Hirnscanstudie, dass die Euro-Preise bei Menschen, die beide Währungen bewusst miterlebt haben, tatsächlich eine höhere kognitive Anstrengung erfordern als bei Menschen, die schon mit dem Euro aufgewachsen sind. Das heißt, unser Gehirn muss mehr leisten, um eine Euro-Preisinformation zu verarbeiten. Jeder, der, sagen wir einmal, vor 1980 geboren wurde, kennt diese Umrechenmanie: Soll der neue Kaschmirpullover 90 Euro kosten, kommt uns das relativ okay vor, kommen wir jedoch nach kurzem Überlegen darauf, dass das eigentlich 180 Mark gewesen wären, zuckt die Hand erschreckt zurück. Wir überlegen noch einmal genau, was dieser Preis eigentlich bedeutet und ob er angemessen ist. Meine Tochter reagiert beim Einkaufen mittlerweile genervt auf diesen Umrechentick (»Du immer mit deiner blöden D-Mark!«). Wie viele andere Konsumenten älteren Datums kann ich mir bis heute die Bedeutung eines Preises, also seine absolute Höhe, nur in D-Mark klarmachen. Und wer mehr Mühe hat, Preise einzuschätzen, greift lieber beherzt bei Rabatt und Sonderposten zu. Das erleichtert den täglichen Einkauf und erklärt, warum wir beim Preisthema zu Mimosen geworden sind.

Wir Preismimosen

Konsumenten reagieren extrem verschnupft auf Preissteigerungen, die es im Zuge der Euro-Umstellung durchaus gab. Diese emotionale Überreaktion kann dazu führen, dass wir im Gegenzug die Bedeutung von Schnäppchen überbewerten. Wie irrational das Verhalten von Konsumenten angesichts von Preiserhöhungen sein kann, beobachtete Daniel Putler, wohl einer der größten Spezialisten für den amerikanischen Eierhandel. Putler arbeitete früher für das US-Landwirtschaftsministerium und widmete sich unter anderem intensiv der Vermarktung von Eiern. Bei der Auswertung von Daten des kalifornischen Eiergeschäfts erkannte er interessante Reaktionen auf Preisänderungen: Kunden reagieren nicht, wie von der klassischen Wirtschaftswissenschaft vermutet, auf alle Änderungen in gleicher Weise. Lange war angenommen worden, dass geringe Verschiebungen nach oben oder unten entsprechende Veränderungen bei den Verkaufszahlen zur Folge hätten. Putler machte jedoch in den Datenkolonnen ein ganz anderes Verhalten aus: Zwar kaufen wir, sobald der Preis um ein paar Cent sinkt, etwas mehr und gönnen uns ein zusätzliches Spiegelei auf dem Frühstückstisch. *Steigt* der Preis jedoch um den gleichen Betrag, reagieren Kunden postwendend mit Kaufverweigerung, und zwar massiv.

Putler fand heraus, dass die Eierverkäufe um bis zu 60 Prozent einbrachen, sobald der Preis nur geringfügig anstieg. Im Klartext: Eine unangemessene Angst bemächtigt sich des Konsumenten, sobald er Preissteigerungen beobachtet. Wie von einem Stromschlag getroffen zucken wir zurück und verschieben den Einkauf aufs nächste Mal oder greifen zu einem billigeren Konkurrenzprodukt, auch wenn es sich nur um wenige Prozent handelt. Diese Angst dürfte ein starker Antrieb bei der verstärkten Nachfrage nach Schnäppchen sein. Wenn mit dem Euro gefühlt »alles viel teurer« wurde, rettete man sich besser gleich zum Schnäppchen.

Wie eBay das Jagdfieber neu erfand

Der teuerste jemals bei eBay ersteigerte Artikel war ein Düsenjet. Die Auktion lief zehn Tage und brachte rund fünf Millionen Dollar ein. Siebenundneunzig Gebote wurden abgegeben, Gewinner der Auktion war eine afrikanische Chartergesellschaft. Wir wissen nicht, wie groß die Freude bei den Afrikanern über das Schnäppchen gewesen ist, aber die Glücksgefühle dürften mit denen der übrigen 85 Millionen aktiven eBay-Mitglieder im Rest der Welt vergleichbar gewesen sein, die tagaus, tagein auf einen guten Fang aus sind. Nach Angaben des Unternehmens wird alle zwei Sekunden ein Kleidungsstück, alle zwei Sekunden ein Fahrzeugteil, alle 14 Sekunden ein Handy, jede Minute ein Fahrzeug und alle zwei Minuten ein Notebook ersteigert. Neunundfünfzig Milliarden Dollar betrug das gesamte Handelsvolumen im Jahr 2007. Schon mehr als 60000 Deutsche verdienen einen Teil ihres Lebensunterhalts über eBay und locken täglich eine wachsende Zahl von Schnäppchenjägern – mit bisweilen haarsträubenden Angeboten wie etwa einem 100 Meter langen WLAN-Kabel. Man glaubt es kaum, aber selbst dieses Schnäppchen fand das Interesse eines Sparsamen. Für 10,50 Euro wechselte das Kabel für den kabellosen Internetzugang den Besitzer.

Dass sich Schnäppchenjäger heutzutage als kompetente Kunden erleben, hat auch damit zu tun, dass sie einen großen Teil ihrer Jagd mittlerweile im Internet absolvieren, was ja tatsächlich bestimmte Fähigkeiten erfordert. Vor einigen Jahren entstanden mit der sprunghaften Verbreitung des Internets und der Erfindung der Internetauktion zusätzliche Infektionsherde des Schnäppchenvirus. Der Onlinehandel ist mittlerweile zu einem festen, stetig wachsenden Bestandteil des Konsums geworden. Doch erst eBay machte der Welt den Weg frei zu Konsumerlebnissen, die sich bis dahin nur in edlen Auktionshäusern oder bei trostlosen Fundsachenauktionen in zugigen Bahnhöfen oder Postfilialen abgespielt hatten. Mit eBay wurden wir im heimischen Wohnzimmer zum professionellen

Schnäppchenjäger. Wie wir uns dort verhalten, verrät uns wiederum eine Menge über das Gehirn des Konsumenten.

Die Jagd nach dem Superschnäppchen hat ihre ganz speziellen neuronalen Fallstricke, von denen die Anbieter profitieren. Denn der Mensch ist psychologisch so gestrickt, dass er eine Auktion nur ungern verliert. Etwas, woran wir einmal unser Herz gehängt haben, soll gefälligst unser werden. Und das bringt Probleme. Sobald wir nämlich in die Rolle eines Bieters schlüpfen, müssen wir zwei wichtige Aspekte im Auge behalten: Wir müssen überlegen, wie viel uns das Produkt wert ist, für das wir bieten wollen. Und wir müssen gleichzeitig überlegen, wie viel die Konkurrenten wohl bieten werden. Dann muss der aktuelle, manchmal im Sekundentakt nach oben schießende Preis damit abgeglichen werden. Kein leichtes Unterfangen, das uns Geistesgegenwart und Reaktionsgeschwindigkeit abverlangt. Und keine Frage, dass viele Verkäufer davon profitieren, dass unser Gehirn mit dieser Aufgabe gelegentlich überfordert ist. Es gibt keine seriöse Schätzung darüber, wie viele Millionen jährlich weltweit für ersteigerte Produkte bezahlt werden müssen, nur weil Bieter die Nerven verloren haben.

Am Ende haben wir nicht selten ein übertriebenes Gebot abgegeben und registrieren frustriert, das Produkt nahezu zum Ladenpreis erstanden zu haben. Wären wir in den Supermarkt um die Ecke gegangen, hätten wir das Navigationsgerät fast zum selben Preis bekommen, Serviceleistungen und bequeme Rückgabemöglichkeiten inklusive. Und nun haben wir auch noch einen Verkäufer am Hals, über dessen Seriosität wir nichts wissen, hinzu kommen die Portokosten und die Unsicherheit, ob bei der Abwicklung des Geschäfts alles glattlaufen wird. Noch frustrierender sind die Fälle, wenn ein Münchener einen Satz Winterreifen ersteigert, sie als Selbstabholer aber am Wochenende in Flensburg in Empfang nehmen muss – klarer Fall von infektiöser Bieteritis.

Warum machen wir solche typischen Fehler, sobald wir als sparwillige Konsumenten in die Rolle des Bieters schlüpfen? Ist es der schiere Drang, die Auktion als Sieger abzuschließen? Oder setzt in einem rätselhaften Mechanismus unser Verstand aus, sobald er in den Bietermodus wechselt? Wird also wie in vielen anderen Konsumsituationen, die wir bisher betrachtet haben, die Fähigkeit zum rationalen Abwägen ausgeschaltet, sobald wir als Käufer agieren?

Auch auf solche Fragen suchen Psychologen Antworten. Elizabeth Phelps leitet das Labor für Kognitive Neurowissenschaften an der Universität von New York. Sie erforscht das menschliche Verhalten und Lernprozesse in Abhängigkeit von Emotionen, versucht also herauszufinden, was wir tun, wenn wir uns wie auch immer fühlen. Phelps' Labor ist Teil des Forschungszentrums für Neuroökonomie. Bei der Suche nach dem rätselhaften Virus der Bieteritis griff die Psychologin zum üblichen Mittel von Verhaltensforschern, die dem Irrationalen im Konsumentenhirn auf der Spur sind – zum funktionellen MRT. Phelps und ihr Team schoben 17 Freiwillige in den Hirnscan, die dort an Auktionen und Lotteriespielen teilnahmen, während die Forscher ihnen ins Gehirn schauten.

Bei der ersten Auktion mussten die Versuchspersonen zu zweit gegeneinander auf einen Gegenstand bieten. Der Gewinner sollte am Ende nicht den Gegenstand erhalten, sondern den Differenzbetrag zwischen seinem Gebot und dem tatsächlichen Wert des versteigerten Objekts. Das bedeutet: Je niedriger das Endgebot war, umso höher fiel der mögliche Gewinn aus, den ein Spieler erzielen konnte. Im niedrigen Gebot lag jedoch auch das Risiko, leer auszugehen, wenn der Gegenspieler mehr bot. Die Aufgabe klingt auf den ersten Blick verwirrend, ihr Sinn erklärt sich aber gleich.

Bei der anschließenden Lotterie traten die Teilnehmer nicht gegeneinander an, sondern gegen einen Computer. Es ging um die Frage, ob sich die Probanden anders verhalten würden, wenn sie gegen einen menschlichen oder maschinellen Konkurrenten antraten. Und das war tatsächlich der Fall: Das Forschungsteam beobachtete, dass das Gehirn deutlich stärkere Aktivitäten zeigte, sobald Spieler gegen einen Menschen klein beigeben mussten. Die Versuchspersonen reagierten genervter und frustrierter, wenn sie gegen einen Gegenspieler aus Fleisch und Blut verloren. Gegen den Computer fiel die Enttäuschung geringer aus. Gewannen sie hingegen, war die Freude in beiden Fällen gleich groß, egal, ob ein Mensch oder der Computer gegen sie den Kürzeren gezogen hatte.

Könnte also hinter dem Drang nach dem immer höheren Gebot einfach die Angst stehen, ein Schnäppchen an einen Konkurrenten zu verlieren? Die Forscher machten ein weiteres Experiment: Nun zahlten sie den Versuchspersonen nach einer erfolgreich absolvierten Runde zusätzlich eine Sonderprämie von 15 Dollar. Die Vergleichsgruppe bekam diese Prämie schon vorab, konnte sich also des Gewinns bei gutem Abschneiden sicher sein. Allerdings mussten diese Versuchspersonen ihre Prämie wieder abgeben, wenn sie bei der nächsten Auktion unterlagen. Zwar blieb am Ende in beiden Gruppen der Gewinn gleich, trotzdem unterschied sich das Verhalten: Die Spieler der zweiten Gruppe gaben deutlich höhere Gebote ab als die der ersten. Der Gedanke, die 15 Dollar wieder zu verlieren, trieb sie zu immer höheren Geboten, denn diese Aussicht schmerzte offensichtlich viel stärker als die Perspektive, das Geld gar nicht erst zu bekommen. Elizabeth Phelps schließt daraus, dass unsere Angst vor einem Verlust größer ist als die Hoffnung auf einen Gewinn. Wir verlieren quasi den Kopf, sobald wir Angst haben müssen, etwas hergeben zu müssen, das vermeintlich schon uns gehört.

Mangel als Versuchung

Ähnliches spielt sich in unserer Wahrnehmung bei zeitlich begrenzten Sonderangeboten ab, wenn uns Anbieter damit locken, dass wir nur für kurze Zeit in den Genuss einer besonderen Ersparnis kommen können, und uns dadurch zu einer schnellen Kaufentscheidung drängen wollen: »Nur noch diese Woche!«, »Greifen Sie zu, solange der Vorrat reicht!«, »Angebot begrenzt!« Wie gut diese »Verknappungsstrategie« funktioniert, habe ich in der Vorweihnachtszeit erlebt. Da stellte ein gewitztes amerikanisches Bekleidungsversandhaus einen Adventskalender ins Netz. An jedem Tag konnte man ein Türchen öffnen, immer nur eines pro Tag, niemals Türchen im Voraus oder aus der Vergangenheit. Die Angebote des Tages waren besonders günstig: ein kuscheliger Bademantel, ein wärmender Kaschmirpulli, schöne Handschuhe. Durch die Begrenzung auf nur 24 Stunden war ich als Kundin nicht nur versucht, aus purer Neugier jeden Tag aufs Neue reinzuschauen, sondern das eine oder andere tatsächlich zu bestellen, allein aus der Furcht, dass es ja am nächsten Tag nicht mehr zu haben sein würde.

Ich fühlte mich außerdem schon als Besitzerin der Sachen, da ich sie ja in »meinem« Adventskalender gefunden hatte. Aus der Kindheit sind wir so konditioniert, dass uns tatsächlich gehört, was wir hinter diesen Türchen finden (es sei denn, man hat Geschwister mit einer eher lockeren Einstellung zu Eigentumsfragen). Und auf gar keinen Fall wollte ich, dass andere Kunden in den Besitz meiner Sachen kamen, nur weil ich nicht schnell genug bestellt hatte. Ich konnte die Waren ja problemlos wieder zurückschicken, nur mal anschauen, einmal reinschlüpfen. Die Rechnung des Anbieters war aufgegangen.

Ein weiterer Trick lautet: »Ich schenk dir was«, und geht etwa so: Vor kurzem bestellten wir bei einem Verlag Sammelkarten zum Thema Wald. Daraus sollte unsere Tochter, die recht naturfern aufwächst, etwas über Fauna und Flora heimischer Wälder erfahren, etwa wie man einen Unterstand aus Ästen baut oder sich verhält, wenn ein Spielkamerad sich im Wald ein Bein bricht. (Passiert so etwas heute überhaupt noch?) Die Sammelkarten waren nicht besonders teuer. Mit der Rechnung bot der gewitzte Anbieter jedoch einen vermeintlich guten Deal an: Wir konnten die Rechnung in den Papierkorb werfen und sollten in diesem Fall sogar noch Gegenstände wie einen Rucksack oder ein Fernglas geschenkt bekommen. Die Rechnung nicht bezahlen und ein paar Geschenke obendrauf – klang gut. Alles, was wir tun müssten, war, ein Abo über die Lieferung weiterer Karten abzuschließen. Das aber hätten wir absolut nicht gebraucht und sie wären überdies auf Dauer ganz schön ins Geld gegangen. Dennoch scheint diese Masche in vielen Fällen zu funktionieren. Ehe man sich's versieht, hat man eine teure, unnötige und langfristige Verpflichtung am Hals, etwas also, was man ursprünglich gar nicht haben wollte, und dabei hatte man sich doch nur über ein nettes Geschenk freuen wollen.

Ein weiteres Beispiel aus dem Konsumalltag kennt jeder Handykäufer. Was klingt besser: ein supertolles neues Handy »für umsonst« oder dasselbe Handy für 719,76 Euro? Ist doch klar, denken wir, und greifen beglückt zu, wenn man uns etwas schenkt. Dass beim ersten Fall eine Vertragsbindung über zwei Jahre zu 29,99 monatlich anfällt, rutscht einem da schon mal durch die Hirnlappen, klingt ja auch nicht sooo teuer. Das Gefühl, etwas Hochwertiges gratis zu bekommen, ist stärker als einfache Mathematik. Denn beschenkt zu werden gibt uns ein gutes Gefühl, das blind machen kann für Details.

Es gibt noch mehr psychologische Schnäppcheneffekte, einen davon nutzen vor allem Supermärkte gern aus: den Ausweichkauf. Menschen sind leicht beeinflussbar, »wenn sie ohnehin bereits zielgerichtet motiviert sind, zum Beispiel auf der Suche sind oder eine Erwartungshaltung aufgebaut haben. Fehlt dann allerdings ein entsprechendes Angebot, wird alternativ zum ›Nächstliegenden‹ gegriffen. Man will einer Intention die Tat folgen lassen, einen Abschluss erzielen – dies wird in der Psychologie ›Zeigarnik-Effekt‹ genannt«, erklärt der Hirnforscher Hans Markowitsch. Dieser Effekt tritt auf, wenn man etwas einmal Begonnenes, wie den Kauf eines Schnäppchens, unbedingt zum Abschluss bringen möchte. Weil wir ungern halbe Sachen machen, nehmen wir im Fall, dass ein avisiertes Schnäppchen ausverkauft ist, eben etwas anderes Günstiges mit. Daher ist es für Verkäufer immer sinnvoll, längs der Gänge in Supermärkten diverse Sonderangebote zu postieren. Das beschert zusätzliche Schnäppchenumsätze. Umgehen Sie diesen Effekt einfach, indem Sie sich bewusst auf das angepeilte Schnäppchen konzentrieren und ganz bewusst keine Ersatzschnäppchen mitnehmen, wenn das Wunschobjekt ausverkauft ist.

Schnäppchenjägertypen vom Knauserer bis zum Smartshopper

Ich zähle mich zu den hybriden Spontan-Schnäppchenjägern, ohne zu wissen, ob das eine korrekte soziologische Kategorie ist. Heute teuer, morgen billig, übermorgen mal etwas Hochwertiges, dann wieder Trödel – was sich gerade so bietet. Je nach Laune, Zeit oder angewandtem Trick lasse ich mich mal verführen und werfe ein anderes Mal das Angebot in den Papierkorb. Vom miesepetrigen Knauserer bis zum lebensfrohen Hybridkonsumenten gibt es viele Schnäppchenjäger-Untergruppierungen. Und keinesfalls kann man diese Konsumtypen über einen Kamm scheren.

Da wären zum einen die »Smartshopper«, die auf der Schnäppchenjagd vor allem auf der Suche nach hochpreisigen und langlebigen Konsumgütermarken sind und denen es darum geht, einen möglichst günstigen Preis zu erzielen. Nach den Erkenntnissen des Schweizer Marketingprofessors Rudolf Ergenzinger verbergen sich dahinter vor allem jüngere Singles oder Paare. Zu dieser Gruppe gehört beispielsweise meine Bekannte, die zum Luxusschnäppchen-Shopping nach New York fliegt, oder Freunde, die ein hochwertiges Markenledersofa direkt vom Hersteller zum »Schnäppchenpreis« von 8000 Euro ergattert haben. Diese Gruppe ist markenbewusst und überschneidet sich teils mit dem Konsumtyp des Markenfetischisten. Der klassische Markenkäufer orientiert sich allerdings, wie wir gleich sehen werden, an starken Marken und achtet weniger auf den Preis. Smartshopper dagegen sind zwar markenfixiert, aber nicht unbedingt markentreu, denn es geht ihnen nur um das Motto »more value for less money«, erklärt Ergenzinger. Der Wiener Philosoph Alfred Pfabigan charakterisiert einen typischen Smartshopper-Deal so: »Das wahre Schnäppchen liegt nicht darin, einen No-Name-Discman um 49 Euro zu kaufen, sondern einen SONY, der früher 79 Euro gekostet hat, um eben diese 49 Euro.« Marken gegenüber verhielten sich Smartshopper also parasitär: »Sie wollen das Gut und das damit verbundene Prestige, verweigern aber die Rückzahlung jener Mittel, mit denen dieses Prestige hergestellt wurde«, beobachtet Pfabigan.

Kommen wir zum reinen »Schnäppchenjäger«. Der sucht nach Angeboten, die meist in der unteren Preisklasse liegen. Im Gegensatz zum Smartshopper kommt es dem Schnäppchenjäger auf die billigsten Produkte an. Qualität interessiert ihn kaum. Er ist der typische Discounterkunde oder gehört zu denen, die im Supermarkt mit dem aktuellen Wochenschnäppchen-Prospekt in der Hand herumirren und dabei Artikel für Artikel abarbeiten. Hier muss das Schnäppchen ein absolutes sein, nicht nur ein relatives.

Und Ergenzinger kennt noch eine weitere Untergruppe, die sogenannten »Cherrypickers«, die aus den Konkurrenzangeboten immer das Beste herausgreifen. Sie sind es vor allem, die den Konsum wie eine Wissenschaft betreiben. Es sind diese Typen, die stets viele Angebote einholen, ausdauernd Rabatte aushandeln und sich nach langem Feilschen und Vergleichen schließlich für ein Produkt entscheiden. Sie könnten einem in ihrer Ernsthaftigkeit fast Bewunderung abringen, wenn sie einen nicht mit ihren endlosen Erzählungen aus Schnäppchenschlachten ermüden würden.

Die letzte Gruppe aus der Fraktion der Schnäppchenjäger stellen die sogenannten »Beraterklauer«. Diese Zeitgenossen sind vor allem bei Fachhändlern äußerst beliebt, denn sie lassen sich im teuren, weil personell gutausgestatteten Fachgeschäft bei einem Tässchen Kaffee umfassend beraten, um das Produkt dann postwendend billig beim Discounter zu kaufen oder bei eBay zu ersteigern. Bei aller Sympathie für Preissensible, das ist unsportlich!

Was entscheidet nun aber eigentlich darüber, zu welchem Typ von Schnäppchenjäger wir uns entwickeln? Das scheint mit grundlegenden Persönlichkeitszügen zusammenzuhängen. Wirtschaftspsychologe Georg Felser bietet interessante Unterscheidungsmerkmale zwischen Schnäppchenjägern an: »Die Neigung, einen günstigen Preis zu erzielen, geht auf zwei sehr unterschiedliche Eigenschaften zurück: Die Neigung zum Feilschen geht meist mit einer geringen Verträglichkeit einher.« Verträgliche Leute seien dagegen harmoniebedürftig und feilschen eher ungern, sondern bevorzugen Festpreise. »Zum Smartshopping, also dem systematischen Suchen nach günstigen Preisen, neigen eher Menschen mit einer hohen Ausprägung von Gewissenhaftigkeit. So haben zwei klassische Persönlichkeitsdimensionen, nämlich Verträglichkeit und Gewissenhaftigkeit, ganz unterschiedliche Folgen für die Neigung, zu einem günstigen Preis einzukaufen.« Wer also Harmonie braucht, verzichtet lieber aufs Handeln und studiert umso aufmerksamer die Prospekte mit Sonderangeboten.

Warum Geiz nicht unbedingt geil ist

So viele Hochgefühle Schnäppchen auch bereiten mögen, die Fixierung darauf kann für uns als Käufer durchaus Nachteile mit sich bringen, was von einem Experiment amerikanischer Forscher unterstrichen wird. Dan Ariely, Professor für Verhaltensökonomie, versammelte vor einiger Zeit eine Gruppe von Studenten, um herauszufinden, ob ein als leistungssteigernd angepriesener Drink je nach Preis unterschiedliche Wirkungen zeigt. Die Forscher stellten ihren Versuchskaninchen ein vermeintlich neues Getränk mit dem verheißungsvollen Namen *SoBe Adrenaline Rush* vor und erzählten ihnen, dass dieses Wundergetränk in der Lage sei, das geistige Leistungsvermögen zu steigern. Die erste Gruppe musste sich anschließend an einen komplizierten 30-minütigen Sprachtest setzen, ohne von dem Wunderelixier getrunken zu haben. Die Teilnehmer der zweiten Gruppe durften davon trinken, mussten jedoch vorher unterschreiben, dass sie für den Konsum des Getränks jeweils rund drei Dollar bezahlen würden. Die dritte Gruppe wiederum durfte unter denselben Bedingungen davon trinken, mit dem Unterschied, dass ihnen ein Rabatt für den Kauf des Getränks eingeräumt wurde und sie nur etwa einen Dollar für das Getränk bezahlen mussten.

So vorbereitet, machten sich die Studenten an den Test. Das Ergebnis, Sie ahnen es vielleicht: Die Drei-Dollar-Trinker lösten die Aufgaben besser als die Teilnehmer der trockenen Gruppe, die gar nichts von dem Wunderzeug getrunken hatten. Die Verheißungen schienen sie regelrecht beflügelt zu haben. Wer nun aber denkt, die Ein-Dollar-Trinker hätten aus lauter Freude über den Schnäppchendrink noch besser abgeschnitten, liegt leider daneben. Denn die dritte Gruppe schnitt am schlechtesten ab. Die Wissenschaftler folgern daraus, dass wir so stark von den Erwartungen an ein Produkt beeinflusst werden, dem wir unbewusst einen bestimmten Wert zuweisen, dass sich dadurch sogar unsere geistige Leistungsfähigkeit verändern kann. Was wir billig bekommen, mag kurze Freude über die Ersparnis bereiten, und es mag sich damit im Bekanntenkreis prahlen lassen. Mittel- und längerfristig weisen wir diesem Produkt jedoch offenbar einen geringeren Wert zu und schätzen seine Wirkung geringer ein. Dieser Effekt spricht gegen die allgegenwärtige Schnäppchenjagd und für den Sinn von Werten beim Konsum. Das menschliche Unterbewusstsein arbeitet eben auf vielen verschiedenen Ebenen gleichzeitig, und das Freudenfeuerwerk im Gehirn von Schnäppchenjägern ist nur ein Aspekt unter vielen.

5. Ich will die Welt retten!

Wenn Konsum den Klimawandel verhindern, Armut
bekämpfen und vor Allergien schützen soll

➤ Kaufen und dabei Gutes tun – der Charity-Faktor

➤ Fairer Handel ist gut für alle

➤ Vom Öko zum Lohas

➤ Die guten Dinge: Bunter Bentheimer und Blauer Schwede

➤ Wenn Lohas Luxus lieben lernen

»Bio. Gut für die Natur. Gut für dich.«
»Es gibt sie noch, die guten Dinge.«
»Wärme mit reinem Gewissen.«

Kaufen und dabei Gutes tun – der Charity-Faktor

Der Outdoor-Ausstatter, bei dem ich gerade ein paar Wanderschuhe gekauft habe, unterstützt ein Projekt für vom Krieg betroffene Kinder in Uganda. Zusammen mit einer internationalen Hilfsorganisation bietet man Kindern und Jugendlichen eine Ausbildung und die Möglichkeit, wieder in ein normales Leben zurückzufinden. Mädchen können eine Schule besuchen; Jungen lernen ein Handwerk; Maurer lernen, Ziegel für den Hausbau zu pressen, so dass sie nicht mehr gebrannt werden müssen. Früher hat das große Mengen an Feuerholz erfordert und die Natur vor Ort zerstört. Das Bekleidungsunternehmen, bei dem ich meine Naturtextilien kaufe, unterstützt den Anbau von Ökobaumwolle in Ägypten und Burkina Faso und arbeitet mit der Grameen-Bank in Bangladesch zusammen, die Mikrokredite zur Existenzgründung an Arme vergibt. Meine Weihnachtsdeko stammt aus einem Laden, der die Sterne von Familienbetrieben in der Südsee fertigen lässt. Sie sind aus Muschelschalen geschnitten, lackiert und sichern die Existenz der kleinen Manufakturen.

Vor die Wahl gestellt, bei einem Unternehmen zu kaufen, das einen Teil seines Umsatzes in gemeinnützige Projekte steckt, und einem, das dies nicht tut, entscheide ich mich für Ersteres. Das gibt mir das gute Gefühl, meine Shoppinglust sei nicht nur eine egoistische, eitle Freizeitbeschäftigung, sondern wohltätiges Engagement. Mit jedem Kauf sichere ich das Überleben von Familienbetrieben in der Südsee, notleidenden Kindern in Afrika oder der Umwelt in vielen Landstrichen der Erde. Je mehr ich kaufe, umso mehr tue ich gegen Armut, Umweltzerstörung und Ungerechtigkeit. Eigentlich hätte ich allein fürs Shoppen längst eine Charity-Urkunde verdient.

Andererseits: Das gute Gefühl reicht mir, ich brauche gar keine Urkunde. Konsum mit ethischem Nutzwert nämlich hält das schlechte Gewissen im Zaum. So haben alle etwas davon: das Unternehmen, die Förderprojekte und ich. Und weil es nicht nur mir so geht, sondern vielen Konsumenten, tun viele Unternehmen nicht nur viel Gutes, sie erzählen uns in eingängigen Geschichten davon, damit wir bei ihnen mit reinem Gewissen einkaufen. Die wohltätigen Projekte sind ein wirksames Argument gegen das verbreitete Lamento, Konsum zerstöre unsere Lebensgrundlagen. Konsum kann auch ein politisches Statement sein, aktiv Hilfe leisten, gut für den Umweltschutz und selbst für die Gesundheitsvorsorge sein. Denn wenn die Hersteller der Natur zuliebe auf Pestizide und andere Gifte verzichten, dient das am Ende der Konsumkette auch meiner Gesundheit. Kaufen und damit die Welt retten, das klingt wie die Quadratur des Kreises, wie der Ausweg aus dem großen Shoppingdilemma. Kaufe einen Kasten Bier und rette damit einen Quadratmeter Regenwald, verspricht uns Günther Jauch zur besten Sendezeit. Das gute Gewissen lockt, was sind Bierbauch und Leberzirrhose gegen geretteten Regenwald?

Glaubt man Sozialpsychologen, so ist Altruismus ein tief im menschlichen Gehirn verankertes Verhaltensmuster. Wir wollen mit anderen kooperieren, Schwächeren helfen und sie unterstützen, weil wir in den vielen Jahrtausenden vor dem staatlichen Sozialversicherungssystem gelernt haben, dass Gemeinschaft stark macht. Ging es der Gruppe gut, mit der man auf Nahrungssuche durch die Savanne zog, profitierte jeder Einzelne davon. Das hat den Menschen zu einem sozial denkenden Wesen gemacht – was Auswirkungen auf unseren Konsum hat. Es motiviert uns, viele Dinge zu kaufen, nicht nur weil wir sie unbedingt bräuchten, sondern auch weil wir damit etwas bewegen können, das uns am Herzen liegt.

Fairer Handel ist gut für alle

Der Erfolg von Fairtrade-Produkten hat viel mit der Vorstellungskraft der Konsumenten zu tun: Schmeckt Ihnen ein Kaffee wirklich gut, von dem Sie wissen, dass er zwar Ihren Geldbeutel schont, für seine Produktion aber Männer, Frauen und Kinder ausgebeutet wurden? Oder ziehen Sie vielleicht doch lieber einen vor, der unter menschenfreundlichen Bedingungen produziert wurde, selbst wenn er ein paar Cent mehr kostet? Lümmeln Sie sich gern auf einem Teppich herum, der von unterernährten Kindern in 16-Stunden-Schichten geknüpft wurde, oder doch lieber auf einem, dessen (erwachsene) Knüpferinnen anständig bezahlt wurden? Wer die nötige Phantasie besitzt, sich das jeweilige Szenario auszumalen, muss nicht lange überlegen. So kam der Fairtrade-Gedanke in die Welt. Die schreienden Ungerechtigkeiten, die die globale Konsumgüterindustrie mit sich bringt, ließen viele Konsumenten nicht mehr ruhig schlafen. Wie schön wäre es doch, wenn man bei keinem Produkt mehr, ob Lebensmittel, Kleidung oder Teppich, ein schlechtes Gewissen haben müsste, das auf Dauer nicht nur die Freude am Konsum schmälert, sondern auch das Karma belastet.

Begonnen hat es mit Kaffee, Tee und Bananen. Dann kamen Kakao und Schokolade, Zucker, Nüsse, Reis, Gewürze und verschiedene Obstsorten sowie Baumwolle hinzu, und heute sind selbst Fairtrade-Rosen zum Valentinstag kein Problem mehr. Importeure zahlen für die Rosen an den Produzenten eine Prämie von zehn Prozent auf den Importpreis. Im Exportland wird dann gemeinschaftlich über die Verwendung der Prämiengelder entschieden, wobei es immer um das Wohl der Arbeiterinnen und Arbeiter, ihrer Familien und Dörfer geht.

Die Preise liegen beim fairen Handel über dem Weltmarktpreis, was den Produzenten ein höheres Einkommen garantiert als auf herkömmlichen Handelswegen. Langfristige Handelspartnerschaften und soziale Projekte ermöglichen den Herstellerländern eine nachhaltige Entwicklung. In der Produktion wird außerdem auf international gültige Umwelt- und Sozialstandards geachtet, Ausbeutung, Kinder- und Sklavenarbeit sind verboten, im Gegenzug müssen Gewerkschaften erlaubt sein. All diese Dinge, die für uns selbstverständlich sind, möchten zunehmend mehr Konsumenten auch in anderen Ländern garantiert wissen. So steigt der Anteil fair gehandelter Produkte ständig. In Deutschland wuchs dieses Handelsvolumen von 64 Millionen Euro im Jahr 1997 auf 142 Millionen im Jahr 2007. Das zeigt: Viele Konsumenten trinken ihren Kaffee lieber mit gutem Gewissen und geben dafür gern etwas mehr aus.

Fünfundneunzig Prozent der befragten hessnatur-Kunden gaben 2008 an, dass für sie faire Arbeitsbedingungen in den Herstellerländern von großer Bedeutung sind. Für umweltverträgliche und unter fairen Arbeitsbedingungen hergestellte Kleidung sind einer Befragung der Managementberatungsfirma Accenture vom September 2008 zufolge sogar 85 Prozent der Deutschen bereit, mehr Geld auszugeben. An der Studie nahmen rund 1000 deutsche Verbraucher ab 16 Jahren teil. Gegenüber herkömmlich produzierter Mode wollten sie zusätzliche Kosten von 16 Prozent in Kauf nehmen, ein Viertel der Befragten würde sogar 20 Prozent mehr bezahlen. Siebenundsiebzig Prozent der Befragten gaben an, weniger bis gar keine Produkte ihres bevorzugten Herstellers kaufen zu wollen, falls dieser nicht nachhaltig produziert. Christoph Schwarzl, Geschäftsführer im Bereich Handel und Konsumgüter bei

Accenture: »Nachhaltige Produkte sind ein Riesentrend für Einzelhandel und Hersteller. Wer sein Sortiment um diese Waren erweitert, differenziert sich vom Wettbewerb und kann Kunden hinzugewinnen. Immer mehr Verbraucher wollen die Wahl haben.«

Der praktische Nebeneffekt: Ethisch kaufen macht uns in den Augen vieler Zeitgenossen attraktiver, wie der dänische Modedesigner Peter Ingwersen in einem Interview erklärte: »Die neue Zeitgeistbotschaft lautet: Ich will klasse aussehen, aber bitte auch danach beurteilt werden, wie ich mich für andere einsetze, zum Beispiel indem ich ausbeutende Kinderarbeit ablehne. Wir kaufen Mode ja nicht, weil wir sie wirklich brauchen, sondern weil wir mit ihr eine Geschichte über uns erzählen wollen. Mit Kleidung treffen wir Aussagen, senden Signale, verleihen Sinn.« Und auf die Frage, ob sich diese Botschaft denn durch Mode vermitteln lasse, antwortete er: »Wenn auf einer Party links von mir eine Frau sitzt, die atemberaubend gut aussieht, und rechts eine Frau, die ebenso atemberaubend aussieht, mir aber auch noch erzählen kann, wo ihre Kleidung politisch korrekt produziert wurde, dann finde ich diese Frau ungleich attraktiver. Weil sie nicht nur an sich denkt.« Seine Biobaumwolle lässt der Designer in Uganda unter Fairtrade-Bedingungen und ohne Pestizide anbauen. Und das Konzept ist erfolgreich.

Vom Öko zum Lohas

Dabei begann der Siegeszug der ökologischen Mode für ein Massenpublikum in Deutschland mit einem Flop: Britta Steilmann stellte ihre erste Ökokollektion unter dem Titel »It's one world« Anfang der neunziger Jahre vor. Zwar wurde sie noch zur Ökomanagerin des Jahres gewählt, aber die Kunden wollten nicht recht zugreifen, und der wirtschaftliche Erfolg blieb aus. Die Zeit war noch nicht reif für breit verkäufliche Ökomode. Das Magazin *Öko-Test* schaute sich daraufhin genauer auf dem Markt um und entdeckte, dass sich damals kaum mehr als ein Dutzend Läden auf Mode in Naturqualität spezialisiert hatte, ein Nischenprodukt also.

Heute ist das anders. Die Zahl der Anbieter ist sprunghaft angestiegen. Der deutsche Marktführer, hessnatur, hat soeben gar den Schritt auf den amerikanischen Markt gewagt und schlägt sich dort wacker mit kreativer Unterstützung des Stardesigners Miguel Adrover. Mit seinem sehr speziellen Mix aus Multikulti-, Ethno- und Recyclingelementen galt er in den neunziger Jahren als einer der exzentrischsten Designer New Yorks. Heute bringt er frischen Wind in die deutsche Ökoszene. Auch ein Einkaufsbummel im Biosupermarkt zeigt, dass »Öko« längst nicht mehr mit spartanisch gleichzusetzen sein muss. Da gibt es Lachs und Tiefkühlpizza, ein bei Vollmond abgefülltes Mineralwasser und Mousse au Chocolat. Die Auswahl an Kosmetik ist inzwischen fast so unübersichtlich wie im konventionellen Bereich.

Konsumlust und Ökologie sind prinzipiell unverträglich, dieses Diktum galt lange. Lockt das eine mit Überfluss und Verschwendung, mit Lustgefühlen und Freude, fordert das andere Vernunft und Verzicht. Dennoch kann beides zusammengehen, und es lässt sich sogar ein Konsumtrend daraus kreieren: der von den Lohas gepflegte *Lifestyle of Health and Sustainability*, der sich an Gesundheit, Ökologie, Nachhaltigkeit und Spiritualität orientiert. Eike Wenzel vom Kelkheimer Zukunftsinstitut definiert diese Käufer so: »Lohas verbinden widersprüchliche Bedürfnisse wie Umweltorientierung und Design, Technikbegeisterung und Naturverbundenheit. Die neue Konsumentengeneration ist wählerisch und anspruchsvoll, aber eher pragmatisch als konsumideologisch.« Lohas sind diese Typen, die gern urban leben, gleichzeitig aber im Grünen, die CO_2-Ausstoß schlimm finden, jedoch ungern auf den Kurzurlaub am Gardasee verzichten, kurz: Leute wie Sie und ich, die Verantwortung gern mit Vergnügen verbinden.

Diese sozial und ökologisch verantwortungsbewussten und dabei oft sehr kaufkräftigen Verbraucher, die in den USA und Westeuropa schon 30 Prozent der Konsumenten ausmachen sollen, spielen eine immer wichtigere Rolle. So registrierte der *Spiegel* Ende 2008: »Leute aus fast allen sozialen Schichten, politischen Lagern und Altersgruppen entdecken, dass der Konsum mehr ist als der schnöde Kauf von Waren. Sie glauben, dass sie mit bewusstem Konsum gesellschaftliche Veränderungen beschleunigen, die Welt verändern können.« Und das Umweltbundesamt teilt mit, dass der Anteil der Verbraucher, die immer oder häufig Lebensmittel in Bioqualität kaufen, zwischen 2000 und 2006 von 28 auf 41 Prozent angestiegen sei. Tendenz weiter steigend. Auf der Internetplattform utopia.de beispielsweise treffen sich seit einigen Jahren Leute, denen am nachhaltigen Konsum gelegen ist. Sie suchen gemeinsam nach Unternehmen, bei denen man guten Gewissens kaufen kann, und tauschen sich über Erfahrungen aus.

Hohe Zuwachsraten verzeichneten auch Stromversorger, die Ökostrom liefern. Und selbst die Discounter wollen da nicht außen vor bleiben: Als eine der ersten Handelsketten führte Lidl Dosenfisch ein, der von einem internationalen Verband zum Meeresschutz zertifiziert ist. Bei den Fangmethoden wird Wert auf Nachhaltigkeit gelegt, etwa darauf geachtet, dass beim Thunfischfang keine Delphine in die Netze geraten.

Auch H&M oder C&A, traditionell nicht gerade Vorkämpfer des Umweltschutzes, haben heute Modelle aus Biobaumwolle im Angebot. Ein Modekatalog für junge Frauen fernab jeder Ökoattitüde wirbt mit dem Slogan »Vom Fashion-Victim zum Fashion-Responsible!« für

Shirts aus Biobaumwolle. Und selbst Trigema stellt heute kompostierbare T-Shirts her, wobei es spätestens hier darum geht, für den Massenmarkt zu produzieren. »Politik mit dem Einkaufswagen«, nennt der Soziologe Ulrich Beck den Trend zum kritischen, moralisch einwandfreien Konsum. Endlich einmal sorgenfrei konsumieren zu können, das ist der Traum dahinter. Und mit Summer Rayne Oakes agiert in den USA bereits das erste »Ökotopmodel« der Welt. Sie nimmt nur Aufträge von Firmen an, die umweltfreundlich und sozialverträglich arbeiten.

In den USA können vermögende Lohas gleich ein komplett »grünes« Haus kaufen. Für rund 225000 Dollar gibt's Bambusparkett, ein effizientes Heizungssystem, modernste Isolierungen und die Regenwassertonne im Garten. Die Häuser gehen selbst in der aktuellen Wirtschaftskrise weg wie warme Körnersemmeln. Das Buch »Greenomics« aus der Ideenschmiede des Kelkheimer Zukunftsinstituts verkündet indes gar eine grüne Revolution und sagt den Märkten für Gesundheit, Ernährung, Sport und Freizeit, aber auch für Mode, Design, Wohnen und Tourismus einen tiefgreifenden Wandel Richtung Nachhaltigkeit voraus. Trendforscher wie Matthias Horx und viele andere Autoren beschwören die Macht des grünen Konsumenten als Gegenspieler der globalen Wirtschaftsmächte.

Die guten Dinge: Bunter Bentheimer und Blauer Schwede

Der Manufactum-Katalog müsste für Konsumkritiker wie John de Graaf und Naomi Klein die liebste Nachtlektüre sein. Denn hier gibt es ausschließlich edle, teure und vor allem nachhaltige – eben gute – Dinge zu kaufen. Es geht nicht um Marken, sondern um Qualität. Computergehäuse aus Stahl, Bakelit-Lichtschalter, Wählscheibentelefone aus

Duraplast mit emaillierter Ziffernscheibe. Gekocht wird in schweren Kupfertöpfen auf Gasherden aus Stahl oder Gusseisen, die jeden Bombenangriff überstehen. Die Produkte stammen aus traditionellen Manufakturen, meist kleinen Betrieben, sind langlebig und praktisch unzerstörbar. Sie widersetzen sich kurzlebigen Trends, und unser Auge duldet ihr zurückhaltendes Design gern über Jahre hinweg. Meistens fühlen sie sich schön an und verbreiten gute *vibrations*.

Setzt sich der typische Manufactum-Kunde an den Tisch, muss man sich sein Mahl etwa so vorstellen: Als Vorspeise gibt es Lachs mit brasilianischen Palmenherzen (von Hand auf die richtige Länge geschnitten und in Salzlake eingelegt), dann Cassoulet mit Entenfleisch, gefolgt von Leberwurst vom Bunten Bentheimer Schwein an Kartoffeln der Sorte Blauer Schwede mit Steinpilzen aus dem Périgord. Abgerundet wird mit erlesen Weinen, zum Dessert gibt es Honigtorrone mit Mandeln aus einem sardischen Familienbetrieb, heruntergespült wird das edle Mahl mit 20 Jahre altem schottischen Whisky. Dann schaut der Kunde, das Whiskyglas in der Hand, auf seinen großen Garten hinaus. Die Hecken müssten mal wieder geschnitten werden, jemand sollte dem Gärtner Bescheid sagen. Er denkt daran, wie es wohl wäre, das Leben als Steinpilzsucher im Périgord, und hat ein gutes Gefühl. Das Leben ist schön.

Manchmal denkt er vielleicht auch an die vielen Geschichten, die der Katalog ihm zu jedem Produkt erzählt. Denn das Besondere der Dinge will kommuniziert sein. Aus diesem Grund lesen nicht wenige Kunden diesen Katalog vor allem wegen seiner literarischen Qualität. Wahrscheinlich ist es ohnehin der einzige Katalog, der *gelesen* wird.

Meine Lieblingsgeschichte ist die von der Federboa aus echten Federn. Bis in die Weimarer Republik gehörten Federboas zum Inventar der Varietés und Etablissements.

Und diese Federboa, so erfahre ich, schmückt mich nicht nur, sie inszeniert mich: »Aus einem schlichten Kleid macht sie eine Robe, aus einer Dame eine Diva, aus einer Geste einen Auftritt.« Die angebotene, in Grün- und Bronzetönen schillernde Boa werde in Deutschland aus ungefärbten Federn vom Haushahn (*Gallus gallus domesticus*) gedrillt. Nach der Reinigung werden sie per Hand »pariert« (geschliffen), damit die Boa anschmiegsam fällt. So verleihe sie jedem Outfit eine mondäne Note und eigne sich der natürlichen Farbe wegen sogar für die alemannische Fastnacht (ui!). Ihre Qualität und Lebensdauer übertreffen die der Billigkonkurrenz bei weitem, verspricht man mir, weshalb Theater, Varietés und Tanzveranstalter ihren Bedarf bei dem seit über fünfzig Jahren in Federdingen ausgewiesenen Lieferanten decken. Die Boa sollte viele in Schampuslaune durchtanzte Nächte überstehen. Wer bei solchen Geschichten keine persönliche Beziehung zum Produkt entwickelt, hat kein Herz.

Auf den Manufactum-Zug sind inzwischen andere aufgesprungen. Es gibt immer mehr Kataloge, die schlichte, elegante und qualitativ hochwertige Produkte anbieten. Das Konzept funktioniert, wohl auch deshalb, weil immer mehr Lohas nicht nur gute Sachen auf dem Tisch haben wollen, sondern auch in Schrank, Haus und Garten. Und gelegentlich darf es sogar ein bisschen Luxus sein.

Wenn Lohas Luxus lieben lernen

In den Achtzigern habe ich meine Socken noch selbst gestrickt, aus ungefärbter Ökowolle, um einen Kontrapunkt gegen selbstentfremdete Produktionsprozesse im modernen Konsumkapitalismus zu setzen. In der örtlichen »Aktionsgruppe Lateinamerika« haben wir diskutiert, ob wir für die Socken überhaupt Wolle von deutschen Landbetrieben verwenden sollten oder ob es korrekterweise Ware aus Subsistenzwirtschaften in den Anden sein müsste. Die politisch korrekte Wolle kratzte genauso wie die deutsche Schafwolle, da war kein Unterschied. Man trug es mit Fassung, so ein bisschen Leid war auszuhalten, schließlich hatten die Lamazüchter in den Anden auch kein leichtes Leben. Heute ist das anders. Meine Leidensbereitschaft entwickelt sich umgekehrt proportional zu meinem Alter. Heute kann mir mongolischer Kaschmir nicht flauschig genug sein. Und den Lamazüchtern in den Anden ist auch nicht wirklich geholfen, wenn ich mit kratzigen Socken herumlaufe. Ich unterstütze heute also die mongolischen Kaschmirziegenzüchter. Wenn Lohas beginnen, den Luxus zu lieben, ist das das Ende frugaler Entsagungsästhetik.

Viele Konsumenten waren schon Lohas, als sie noch Ökos hießen und als konsumfeindlich galten. Die kleine Nische mit selbstgestrickten Socken und Birkenstock-Schuhen hat sich gemausert, ist heute modern und zukunftsgewandt – und weiß dabei auch Luxus zu schätzen. Schlang sich die Ökogeneration 1.0 noch gebatikte Stoffwindeln um den Hals, gestalten heute Stardesigner edle Seidenroben für die gehobene Ökokundin. Ein hippiesker Lammfellmantel (zu 1099 Euro) erinnert nur noch sehr entfernt an die Ursprünge der Bewegung. So paart sich immer öfter grüner Konsum mit der Liebe zum Luxus. »Green goes glamour« lautet ein beliebter Slogan.

Das dänische Luxuslabel Noir von Peter Ingwersen etwa hat mit seinem Bekenntnis zu humanitärer Verantwortung viel Aufsehen erregt und wird in der Modebranche hochgelobt. Ein Teil seines Gewinns geht in eine Stiftung ein, die Baumwollfarmer in Uganda und Tansania unterstützt, wobei es modisch mittlerweile als ebenbürtig mit herkömmlichen Luxuslabels gilt. Ethischer Anspruch und feiner Zwirn in schickem Look müssen kein Gegensatz sein, so die Botschaft. Die Kollektionen verbinden Ökomaterialien mit glamourösem, teurem Highfashion-Look. Dass sich auch andere Vertreter der Haute Couture mittlerweile auf den Ökotrip begeben, bewiesen 30 bekannte Designer, darunter Marc Jacobs, Stella McCartney und Calvin Klein. Kurz vor der New Yorker Fashion Week 2008 ließen sie Models in Ökomaterialien über den Laufsteg stöckeln. Auch Ökomöbel, früher in biederer Rustikalästhetik, werden heute mit innovativer Technik und kreativem Design hergestellt. Arbeitsplatten in Vollholzküchen lassen sich mit Elektromotor und Hubzylindern höhenverstellen, Schubladen öffnen sich nach leichtem Antippen. Und auch beim Design bleiben kaum noch Wünsche offen.

Früher zopfig und unattraktiv, kommt Öko heute mit Unterstützung von Leuten wie George Clooney im hippen Hybridauto daher. Stars und andere wichtige Personen des öffentlichen Lebens zelebrieren diesen Lebensstil, nicht zuletzt auch um sich vom Rest »da unten« abzusetzen. Wahrer Luxus ist heute Ökoluxus. Die Stars wohnen in Solarhäusern, lassen bei Ökodesignern schneidern, propagieren erneuerbare Energien und zeigen damit vor allem eines: Grüner Konsum kann sexy und luxuriös sein. Cameron Diaz oder Cate Blanchett tragen das kalifornische Organic-Label Stewart+Brown. Die Australierin Sophie Keegan entwirft Schmuck und verarbeitet dafür nur fair gehandelte Edelsteine. »Blutdiamanten«, an denen das Blut ausgebeuteter und misshandelter oder in Bürgerkriegen ermordeter Minenarbeiter klebt, gibt es in dieser Kollektion nicht. Im Herbst 2007 zeigte sie ihre Schmuckkollektion auf der Luxusmodemesse »Limited Edition New York« und unterstützte damit Al Gores »Climate Project«. Sinnlich und sinnvoll zugleich will auch die luxuriöse Wäsche des Londoner Labels Eco-Boudoir sein, das nur nachhaltig produzierte Materialien verwendet.

Und auch deutsche Suppenköche können hier mitreden, wie die ostwestfälische Biofirma Roggenkamp, die ihre frischen Biosuppen in Zusammenarbeit mit Sternenköchen entwickelt. »Damit unterstreichen wir, dass Gourmet und Bio nicht im Widerspruch zueinander stehen«, stellt die Chefin fest. Die Abgrenzung gegen »normalen« Konsum ist dabei eine doppelte: gegen nichtökologisch ebenso wie gegen gewöhnlich und billig.

Und sollte es die exklusive Konsumentengruppe angesichts düsterer Klimaprognosen doch einmal frösteln, kann sie sich getrost in ultraweichen, nachhaltig produzierten Kaschmir hüllen (über den ich hier aus den genannten Gründen nicht lästern werde), und zwar nicht in Billigware aus dubiosen chinesischen Strickereien, sondern in das flauschige und nachhaltige Kaschmir des britischen Herstellers Pure Collection. Er lässt die Pullis aus den feinen Bauchhaaren mongolischer Ziegen stricken, die den Tieren sanft mit einer Bürste ausgekämmt werden. Gehütet werden die Ziegen auf eingezäunten Weiden ansässiger Bauern. Entgegen dem üblichen nomadischen Usus wandern sie also nicht umher und fressen unkontrolliert ökologisch empfindliche Gebiete ab. So leistet man einen Beitrag, Grasflächen zu erhalten und vor der Verwüstung zu bewahren. Der Kunde kann sich guten Gewissens einkuscheln, dabei das Bild der niedlichen, glücklichen kleinen Ziegen vor Augen.

Was aber bringt ehemalige Sockenstricker dazu, nur ein paar Jahre später Edelkaschmir zu lieben und für einen Pulli mehr Geld hinzulegen, als früher der Jahresbeitrag bei Greenpeace kostete? Beim grünen wie beim Luxuskonsum generell gilt: Wir lieben dieses Gefühl, etwas ganz Besonderes zu sein und uns die kleine Eskapade zwischendurch leisten zu können.

6. Ich will Luxus!

Das süße Ich-habe-was-was-du-nicht-hast-Gefühl der Zielgruppe *exklusiv*

➤ Den Gürtel enger schnallen! Welchen, Gucci oder Prada?

➤ Goldpralinen und Hundebier

➤ Wie glücklich macht ein Ferrari?

➤ Alles eine Frage der Perspektive

➤ Wie man Kunden schmeichelt

➤ Weil Sie es sich wert sind

➤ Nur kein Neid: Wer hat, der zeigt

➤ Der exklusive Rahmen

➤ Billig kann nicht gut sein, oder doch?

»Ein bisschen Luxus braucht der Mensch.«
»Es war schon immer etwas teurer,
einen besonderen Geschmack zu haben.«
»Gut ist uns nicht gut genug.«

Den Gürtel enger schnallen!
Welchen, Gucci oder Prada?

Im Winter 2008 beunruhigt uns die Nachrichtenagentur AFP mit der Nachricht, dass den Nobelherbergen in den Alpen die Gäste wegbleiben. Während zu dieser Zeit normalerweise die Geschäfte blendend laufen und sich auf den Pisten Popstars, Prinzen und Präsidenten tummeln, registrierte man dort bis dato Unbekanntes – Absagen. Die Suiten im Carlton Hotel in St. Moritz kosten während der Skisaison bis zu 5000 Euro pro Nacht, doch nun hatte die weltweite Krise offensichtlich auch den kleinen Ort in den Schweizer Bergen erreicht: »Wir erhalten jeden Tag Stornierungen aus Russland, und Grund ist fast immer die Finanzkrise«, zitierte die Agentur den Hoteldirektor Christopher Cox. Zwar wurden die abgesagten Zimmer sofort von Nachrückern auf der Warteliste gebucht, wie der Direktor eiligst nachschob. Doch bei Essen und Getränken sowie in den Luxusboutiquen befürchtete er fallende Umsätze. Gäste, die früher die Pizza mit einer Flasche Wein für 8000 Franken herunterspülten, würden davon in diesen harten Zeiten der Krise eventuell Abstand nehmen, so die düstere Prognose.

Bestätigt wird sie durch eine Studie im Auftrag des Verbandes italienischer Hersteller von Luxusartikeln, der zufolge sich in Anbetracht der Turbulenzen an den Finanzmärkten sogar die Reichsten der Reichen, die bislang als krisenresistent galten, weniger freigiebig zeigen. Zum ersten Mal seit langem ist die Konsumstimmung auch im Luxussegment getrübt. Schwerreiche aus Moskau, London

161

und selbst Dubai schnallen die Gürtel enger. Nobelunternehmen machen plötzlich die Erfahrung, Designerklamotten wie Ramschware rabattieren zu müssen. Früher undenkbar, muss man plötzlich Brioni-Anzüge für 1000 statt für 5000 Dollar unters Volk werfen, weil auch russische Ölmagnaten nebst Gattinnen mal ans Sparen denken. Luxusshirts landeten in jüngster Zeit auf Wühltischen wie bei C&A.

»Ein Geruch der Verzweiflung angesichts unverkaufter Luxuspumps« wehe durch die Madison Avenue in New York, berichten Reporter. In der Wirtschaftskrise, da sind sich auch die Feuilletonisten im Blätterwald einig, sei der Luxuskonsum plötzlich in eine Legitimationskrise geraten. Prompt rutschte auch der »World Luxury Index«, der die 20 wichtigsten Luxusmarken der Welt versammelt, in den Keller. Und selbst die Luxuskarossen lahmen: Ob BMW, Porsche oder Mercedes – überall Sorgenfalten auf Managerstirnen. In der Krise sollen sogar die Scheichs mit Neubestellungen geizen, so dass man nun auch in der Luxusliga Heulen und Zähneklappern hört. Die Unternehmensberatung Bain & Company rechnet für 2009 mit einem Umsatzrückgang von bis zu sieben Prozent im Luxussegment.

Dennoch bleibt die Luxusindustrie optimistisch, denn die Erfahrung lehrt: Das Ende der Krise wird wieder einen Aufschwung bringen. Wenn auf Dauer irgendetwas im Konsumalltag Bestand hat, dann ist es die Liebe des Menschen zum Luxus, zu den besseren, edleren Dingen. Im Zuge der Krise wird zwar vor allem in den USA immer öfter die Neigung zur Bescheidenheit statt zur Protzerei beobachtet. *Inconspicuous consumption* heißt der Trend, Luxusgüter unauffälliger und diskreter zu konsumieren, so dass der notleidende Nachbar davon nichts mitbekommt. Da werden schon mal die Designerklamotten in einer neutralen Tüte nach Hause getragen, um nicht unangenehm aufzufallen. Aber selbst dieses verschämte Konsumphänomen zeigt, dass diejenigen, die sich Luxus leisten wollen und können, es auch tun. In den Monaten September und Oktober des Jahres 2008 wurde bei Google der Begriff »Chanel« häufiger angeklickt als noch im Vorjahr, wie das Kelkheimer Zukunftsinstitut berichtet.

Wenn Sie nun überlegen müssen, welchen Ihrer Gürtel Sie denn enger schnallen sollen, den aktuellen von Gucci oder doch lieber das Prada-Modell vom letzten Jahr, wissen Sie, wovon die Rede ist. Aber selbst wenn für Sie schon ein Gucci-Gürtel nur ein Traum ist, den Sie gern in Zusammenhang mit einem Lottogewinn träumen, kennen Sie bestimmt diese ganz besondere Lust am Luxus. Und selbst wenn Sie jede Art luxuriöser Ausschweifung wie Krokodilledergürtel verachten, möchten Sie vielleicht trotzdem wissen, warum manche Zeitgenossen ihr letztes Geld dafür hergeben würden. Die Frage ist nämlich, wie man Konsumenten dazu bekommt, 100 oder sogar 1000 Euro für einen Gürtel zu bezahlen, wenn ein Exemplar für 10 Euro die Hose ebenso zuverlässig hält. Und wie bringt man sie dazu, auf den Kauf des neuen Gürtels mit Champagner anzustoßen, in dem echte Goldflocken perlen? Das geht nun wirklich zu weit, meinen Sie, Sie haben schon viel Champagner getrunken, aber nie haben darin Goldflocken getanzt?

Goldpralinen und Hundebier

»Krönen Sie Ihre Speisen und Getränke mit feinstem 22-karätigem Gold.« So lockt ein Warenkatalog, aus dem ich gelegentlich (praktische und brauchbare) Dinge bestelle. Niemals aber, ich schwöre es, Blattgold, um damit Kuchen, Plätzchen, Vorspeisen oder Champagner zu bestreuen, wie mir der Anbieter nahelegt: »Lassen Sie einen Hauch Gold in Ihrem Champagner tanzen. Ein Effekt, der jedem Gast unvergesslich bleibt.« Das glauben wir gern. Als statusbewusste Kundin habe ich die Qual der Wahl: Lieber die Blattgoldflocken im Streuer oder klassische Blattgoldfolien, die ich einzeln mit einem Pinsel entnehmen und auf Kuchen oder Pralinen legen kann. Natürlich alles lebensmittelecht und geschmacksneutral. Gibt es eine absurdere Vorstellung, als einen Kuchen, der wie alle anderen Lebensmittel in den dunkel rumorenden Kanälen unserer Verdauung landet, mit reinem Gold zu bestreuen?

Ja sicher, man kann sich eine Zigarette mit einer zusammengerollten Banknote anzünden oder Edelsteine zu Seife verarbeiten. Stopp! Edelsteine in Seife? Klingt so exklusiv, dass es sich bestimmt gut verkaufen ließe, dachte sich ein findiger Hersteller. Das Produkt wird mir nun vom selben Versandkatalog angeboten wie das Pralinengold. »Parfümierte und mit Gold und Edelsteinen angereicherte Seife galt im Mittelalter als große Kostbarkeit – natürlich dem reichen Adel vorbehalten.« Jetzt könne auch ich diesen Luxus genießen, lockt man mich. Endlich. Das Geheimnis: Gemahlene Rubine und wertvolles marokkanisches Arganöl sind in der Seife verarbeitet, hübsch garniert ist sie mit echten Perlen und Blattgold (so fügt sie sich wunderbar in das Pralinensortiment). Im Inbegriff von Vergänglichkeit, einer Seife, wird der Inbegriff von Ewigkeit, Edelsteine, verarbeitet. Heraus kommt der Inbegriff von Dekadenz. Das war dann offenbar selbst dem Händler ein Hauch zu viel des Luxus, weswegen er in einem koketten konsumkritischen Anflug einräumt: »Fast zu schade zum Benutzen.« Nicht doch, diese Bescheidenheit. 85 Gramm Seife zu 98 Euro. Da muss noch mehr gehen. Vielleicht eine Kleinigkeit für unsere geliebten Vierbeiner?

Ein Streifzug durch den modernen Luxuskonsum bringt auch für die exklusiven Haustiere exklusiver Kunden skurrile Angebote hervor: ein Bier für Hunde (produziert aus Rinderbrühe, alkoholfrei), ein Designersofa für Fifi aus schwarzem Leder (sieht unter einem Dalmatiner besonders edel aus, der kann dann biertrinkend neben Herrchen die Formel 1 verfolgen), eine Kletterwand für Katzen in schicker Designoptik (fügt sich passgenau ins übrige Loftmobiliar) oder Rollatoren für unsere in die Jahre gekommenen Lieblinge. Auf Sylt kann man Hundevillen mit Reetdach kaufen. Diamantenhalsband, Maniküre und Nagellack für Bello in Baden-Baden sind dagegen schon fast alte Hüte. Fehlt nur noch eine Modelinie aus ökologisch gefertigter Naturseide für Hasso und Miez oder gleich ein Juwelen-Fellshampoo.

Wie glücklich macht ein Ferrari?

Die Frage ist: Macht uns das alles glücklich? Pünktlich zu Weihnachten wollte gegen Ende 2008 ein Glücksforscher allen Ferrari-Fahrern klarmachen, dass ihr Gefährt nicht imstande sei, sie annähernd so glücklich zu machen wie ihre Familie oder ihre guten Freunde. Eine Partnerin sei allemal wichtiger als ein schnelles Auto, das bestätigen Studien immer wieder, so der Glücksökonom Bruno Frey von der Universität Zürich in der *Frankfurter Allgemeinen Sonntagszeitung*. Die Menschen erwarten demnach viel zu viel vom Konsum, vor allem von dem von Luxusgütern, und achten zu wenig auf die Pflege guter Beziehungen, die die wahren Glücksquellen seien: »Wer einen neuen Ferrari erworben hat, fühlt sich wie im Paradies – aber leider nur im ersten Moment. Nach zwei Wochen findet man den Schlitten ziemlich selbstverständlich. Das Glücksgefühl nutzt sich ab«, meint Frey.

Glücksforscher beobachten seit Jahren erstaunt, dass Reichtum und Glück nicht unbedingt einhergehen, ja einander gelegentlich sogar im Wege stehen. Das besagt zum Beispiel das sogenannte Easterlin-Paradox (benannt nach dem Ökonomen Richard Easterlin): Wenn grundlegende Bedürfnisse gestillt sind, führt mehr Reichtum nicht automatisch zu mehr Glück. Deshalb liegen arme Länder wie Bhutan regelmäßig an der Weltspitze, was das Glücksgefühl ihrer Einwohner angeht, während die reichen Industrieländer das leicht verstimmte bis depressive Mittelfeld bilden. Obwohl unser materieller Wohlstand in den letzten 50 Jahren stetig gewachsen ist, bewegt sich der Glückspegel kaum von der Stelle. Mit dem Reichtum wachsen eben auch die Ansprüche.

Doch so leicht wollten es die Ferrari-Fans den Glücksforschern denn doch nicht machen. Einer schrieb einen Leserbrief und erklärte, dass sein Ferrari allen kritischen Einwänden zum Trotz tatsächlich glücklich machen könne: »Glücksökonom Frey irrt. Seit nunmehr 20 Jahren fahre ich Ferrari, mittlerweile meinen sechsten. Und vom ersten Tag an bin ich glücklich … über eine gleichermaßen erquickliche wie emotionale Art der Fortbewegung.« Wer weiß, ob der Forscher überhaupt jemals in solch einem Wagen gesessen hat? Vielleicht sollten die beiden einmal zu einer gemeinsamen Spritztour aufbrechen. Das Beispiel zeigt jedenfalls, dass Luxus per se wohl weder glücklich noch unglücklich macht. Es kommt ganz auf das persönliche Erleben an. Oder wie der sportwagenbegeisterte Briefschreiber schloss: »Familienglück hat man nicht wegen Ferrari, sondern trotz Ferrari.« Also ein paar Freunde und eine nette Familie sollten nach der Spritztour schon warten.

Alles eine Frage der Perspektive

Ist das nun schon wahrer Luxus oder noch der armselige Möchtegernluxus für die Mittelschicht? Ist eine Woche Urlaub im Schwarzwald Luxus, oder sind es erst zwei Wochen Venedig? Während für manche der wahre Überfluss erst im venezianischen Privatpalazzo mit Concierge und Butler anfängt, rümpfen selbst da andere noch die Nase. Ein Palazzo ohne Pool, ohne Golfplatz und Helikopter-Landeplatz? Erbärmlich! Selbst ein Palazzo mit Pool und Golfplatz ist noch steigerungsfähig, etwa wenn man zu den Kunden des wohl exklusivsten Reiseagenten der Welt zählt. Der Amerikaner Bill Fischer organisiert die ausgefallensten Wünsche, etwa ein spontanes Abendessen in einem New Yorker Restaurant, das auf Monate ausgebucht ist, einen Platz bei den Filmfestspielen in Cannes oder einen Kurztrip auf eine exklusive Privatinsel. Selbst Sylvester Stallone soll die Aufnahmegebühr von 10 000 Dollar bezahlt haben, um Fischers Kunde werden zu können. Der Andrang von Leuten, die sich seine Dienste leisten können und wollen, ist groß. Man muss sich das etwa so vorstellen: Sie haben von diesem reizenden Schlosshotel in den schottischen Highlands gehört. Da aber nicht nur die Familie, sondern auch Freunde, Manager und Assistenten mit von der Partie sein sollen, bucht der Kunde kurzerhand das gesamte Hotel. Feiern diese Kunden eine Party in einem edlen Wüstenressort, werden den Reitkamelen vorher das Fell schamponiert und die Zähne geputzt. Ein bisschen Komfort muss schon sein.

Das Prinzip Ich-habe-was-was-du-nicht-hast funktioniert schon sehr lange, wenn man etwa bedenkt, dass auf dem Höhepunkt des Tulpenzwiebel-Booms im 17. Jahrhundert, als diese Blume, Inbegriff des Edlen und Exotischen, ausschließlich Fürsten vorbehalten war, für eine einzige Zwiebel umgerechnet ein heutiger Wert von 80 000 Euro hinzublättern war. Einer der treuesten Kunden war der französische Sonnenkönig Ludwig XIV., dessen luxuriöser Tulpenfimmel nicht unerheblich zum Ruin der Staatsfinanzen beigetragen haben soll.

Das Prinzip lässt sich für alle Konsumbereiche durchdeklinieren: Ist eine Herrenuhr für 200 Euro Luxus, geht das erst bei 2000 Euro los, oder wenn das gute Stück so viel kostet wie ein Einfamilienhaus? Eine Handtasche für 8000 Euro mag manchen wie Luxus vorkommen, für andere fängt der erst an, wenn man als Kundin mindestens sechs Monate auf der Warteliste steht, weil das gewünschte Stück so selten und begehrt ist, dass der Maestro nicht mit der Produktion nachkommt. Der Preis ist dann schon egal. Mit dieser Masche fahren Luxustaschenhersteller wie Hermès und Louis Vuitton sehr erfolgreich. Die entscheidende Frage lautet dann nicht mehr: »Na, wie teuer war denn das gute Stück?«, sondern: »Na, wie lange musstest du denn drauf warten?« (Übertreiben Sie ruhig immer ein bisschen, das schindet Eindruck.)

Der Luxusbegriff ist also, rein objektiv betrachtet, sehr subjektiv. Er ist dehnbar und nach oben offen. Definitionsversuche wie »Verschwendung« oder Werner Sombarts »Aufwand, der über das Notwendige hinausgeht«, treffen die Sache nicht wirklich. Im Grunde ist Luxus immer das, was sich irgendjemand nicht mehr »einfach so« leisten kann; genauer festzurren lässt sich der Begriff kaum. Denn was für den einen noch absolut notwendiger Komfort ist (Reitkamele mit geputzten Zähnen), empfindet der andere schon als verschwenderischen Luxus. Ist dem einen der Einkauf im Bioladen eine Notwendigkeit, sieht der andere darin pure Geldverschwendung, wo doch im Discounter die Milch nur die Hälfte kostet. Im Laufe der Zeit hat sich stark gewandelt, was in diese oder jene Kategorie fallen soll. Waren für unsere Urahnen Zucker, Gewürze, Kaffee oder Schokolade unerschwinglicher Luxus, sind es heute billige Massenprodukte. Vor 200 Jahren verfügte nur eine verschwindend geringe Oberschicht über fließendes Wasser. Und heutige Teenager können sich kaum vorstellen, dass das Handy in seiner Anfangszeit ein für viele unerschwingliches Statussymbol war. Dabei konnte das damalige Luxusobjekt weder fotografieren, noch kam man damit ins Internet, und es hatte nur einen einzigen vorgegebenen Klingelton. (»Echt krass«, kommentierte meine Tochter.) Der Luxusbegriff kann sich auch auf Immaterielles beziehen, etwa mehr Zeit für Müßiggang und Hobbys zu haben, sich um Kinder oder die alten Eltern kümmern oder ein entspanntes Wochenende in der Hängematte verbringen zu können. Kaum etwas also ist persönlicher als das Besondere.

Klar definiert dagegen sind die Tricks, mit denen wir Käufer dazu gebracht werden, uns Dinge zu leisten, bei denen wir im Grunde zweimal nachrechnen müssten und eigentlich zu dem Schluss kommen sollten, es seinzulassen. Besonders gern machen wir unser Erspartes locker, wenn Anbieter die Schulterklopfmaschine anwerfen. Denn wir lieben es, hofiert und gefeiert zu werden. Wer uns die Vorstellung, etwas ganz Besonderes zu sein, vermittelt, bekommt uns schon mal dazu, unseren Sonntagskuchen mit Blattgold zu dekorieren und unserem Hasso ein Designersofa zu kaufen. Doch wie funktioniert das?

Wie man Kunden schmeichelt

Unternehmen kokettieren gern mit der verbreiteten Vorliebe für Edles aller Art. So schaltete der Autokonzern VW im Dezember 2008 einen Werbespot mit der Botschaft: »Mehr als 200 Milliarden Nervenzellen entgeht nichts. Deshalb verwenden wir nur hochwertige Materialien. Der neue Golf.« Die Anzeige demonstriert, wie Werbung manchmal vordergründig unsere Vernunft anspricht, während es in Wirklichkeit jedoch darum gegangen sein dürfte, uns zu schmeicheln. Man beschwört die Fähigkeiten unseres Gehirns und ergo unseren Anspruch, uns nicht mit minderwertigen Materialien zufriedenzugeben. Im Visier stehen eigentlich, wie bei Werbung meist der Fall, die Emotionen des Kunden.

Die Anzeige packt uns bei unserer Eitelkeit, unserem Statusdenken und unserem Geltungsbedürfnis. Wenn wir schon über so unglaublich viele Sensoren im hellen Oberstübchen verfügen, wollen wir *natürlich* nur das Allerbeste! Kein einziges dieser Neuronen soll durch mangelnde Qualität beleidigt werden. Ob es nun der neue Golf ist oder ein Mercedes oder gleich ein Porsche, egal, etwas Besonderes soll es sein, einfach weil wir es uns wert sind. Dieses psychologisch unglaublich effektive Schulterklopfen praktizieren viele Werbeslogans. Sie appellieren an unseren Geschmack, unseren Stil und an unsere finanziellen Möglichkeiten, uns besondere Produkte leisten zu können.

Denn Konsum verleiht Status. Und Status wiederum bestimmt, in welchen Konsumwelten wir uns bewegen dürfen. Das weiß man spätestens, wenn man sich in einer dieser Edelboutiquen auf der Münchener Maximilianstraße, der Frankfurter Goethestraße oder der Salzburger Getreidegasse umgesehen hat. Die Verkäuferinnen taxieren in Sekundenschnelle jede Kundin, die den Laden betritt, und sie wissen sofort, ob es sich lohnt, ein Lächeln aufzusetzen, oder nicht, ob es die Mühe wert ist, die Kundin nach ihren Wünschen zu fragen, oder ob sie einfach weiter in der aktuellen *Vogue* blättern können. Eine meiner Freundinnen, die in den letzten Jahren eine rapide Karriere und einen dementsprechenden gesellschaftlichen Aufstieg hingelegt hat, hat die Erfahrung gemacht: »Erst wenn in so einem Laden die Verkäuferin freiwillig auf dich zukommt und mit dir spricht, gehörst du dazu. Das spürt man sofort und gibt zum Dank für dieses Schulterklopfen gern mal etwas mehr aus.« Meine Freundin ist nicht kaufsüchtig, ihr Geld ist hart verdient, und sie ist ein sehr überlegter Mensch. Aber ab und zu durchstreift sie diese Boutiquen, nur um sich ihres Status zu versichern. »Wenn die mit mir reden, ohne diesen Was-willst-du-denn-hier-Blick aufzusetzen, tut das gut. Es ist ein Zeichen von Aufmerksamkeit und Akzeptiertsein.«

So spielen die Anbieter von Luxusartikeln mit unserem Bedürfnis nach Anerkennung. Das ist individuell unterschiedlich ausgeprägt, dennoch folgt es bestimmten Regeln, die die Gegenseite kennt und gezielt ausspielt. Wer sich die Krokodillederhandtasche eines angesagten Designers kauft, erzählt damit sehr viel über sich selbst. Zunächst aber erzählt ihm der Verkäufer der Handtasche etwas über ihn – den anspruchsvollen Kunden.

Weil Sie es sich wert sind

Beim Blättern in meiner Wochenzeitung entdecke ich eine Werbeanzeige für eine Schweizer Nobeluhrenmarke, die das Prinzip »Gönnen Sie sich unsere Luxuswaren, denn Sie sind es wert« beispielhaft inszeniert: Wir sehen rechts die Uhr abgebildet, klassisch und edel, samt zwei ebenfalls edel aussehenden Manschettenknöpfen, die der Uhrenträger abgelegt hat, vielleicht bevor er ins Bad ging. Links blickt uns ein gestandener, erfolgreicher Mann entgegen, daneben ein junges Bürschchen, offenbar sein Sohnemann. Während sich der Senior im Bewusstsein seiner Lebensleistungen zu einem weltmännischen Lächeln herablässt, schaut uns Junior recht verbiestert entgegen. Sein Schmollmund soll cool wirken, kommt aber eher griesgrämig rüber. (Stellen Sie sich vor, wie Teenager aussehen, wenn ein Familienausflug ins Grüne ansteht.) Noch korrekter als sein alter Herr, hat er sogar daran gedacht, einen Sakkoknopf zu schließen und das Haar brav seitlich zu scheiteln. Da ist also ein Vertreter der jüngeren Generation, der schon staatstragender auftritt als der eigene Vater. Keine Rebellion, nirgends. Allenfalls der Verzicht auf den Schlips und der geöffnete obere Hemdknopf deuten einen Hauch juvenilen Freiheitsdrangs an. Was fehlt da noch? Genau, eine edle, teure Luxusuhr als Verbindungsglied zwischen beiden erfolgreichen Generationen. Der Hersteller rät: »Beginnen Sie eine Tradition«, und verrät, dass einem eine solche Uhr niemals allein gehöre: »Man erfreut sich ein Leben lang an ihr, aber eigentlich bewahrt man sie schon für die nächste Generation.«

Vielleicht wäre es sinnvoller, den adretten Jungschnösel auf eigenen Füßen stehen zu lassen, anstatt sein ohnehin stattliches Erbe um eine Luxusuhr aufzustocken. Aber die Anzeige umgarnt ihren Adressaten, den zukünftigen Kunden, perfekt, indem sie sagt: Du bist so erfolgreich, so wertvoll und deine Nachkommen bis ins siebte Glied auch. Ihr seid eine so unglaublich wichtige Familie, dass für euch die beste Uhr gerade gut genug ist, um eine Familientradition zu begründen. Wir legen sie euch zu Füßen, nehmet sie und gehet hin auf euer Landgut und erzählet allen davon. Warum also sollte jemand, der so gebauchpinselt wird und es sich leisten kann, eine billige Uhr kaufen, die ihm *nicht* suggeriert, ein wichtiger und wertvoller Mensch zu sein?

Elitärer Luxus zieht immer, weil wir den gehobenen Status gleich mitkaufen. So wirbt ein Schweizer Hersteller von Edelsofas ganz unverblümt mit dem Claim: »For special People only«, damit auch ja kein Otto Normalkonsument auf die Idee kommt, ein solches Sofa besitzen zu wollen. Und die Marke bruno banani startete von Beginn an mit dem Untertitel »Not for everybody«, wobei ihre Parfums in ganz und gar nicht glamourösen Durchschnittsdrogerien vertrieben werden. Diesen Trick wenden also mittlerweile auch Hersteller an, die nicht im eigentlichen Luxussegment angesiedelt sind. Neulich kaufte ich eine Tafel Schokolade beim Discounter um die Ecke, ich war Herrn Zotter und seinen Kreationen angesichts klammer Finanzen kurz untreu geworden. Die Schokolade war günstig und schmeckte mit ihren fast 70 Prozent Kakao auch sehr gut. Doch obwohl vom Discounter und günstig im Preis, hatte es sich der Hersteller nicht nehmen lassen, einen goldenen Stempel mit der Mitteilung daraufzusetzen: »Deluxe Genuss Exclusiv. Edelschokolade aus Original Santo Domingo Edelcacao«. Natürlich stammte der Edelcacao nur von ausgesuchten Plantagen, und darüber hinaus handelte es sich um eine limitierte Edition. Viel exklusiver geht es kaum.

Zu etwas Besonderem werden Dinge nicht nur wegen ihres Preises, sondern auch wegen ihrer Qualität und des Aufwands, der für ihre Herstellung betrieben wird, oder wegen ihrer Seltenheit. Und oft auch einfach deshalb, weil sie ganz anders sind als alles, was man sonst kennt, zum Beispiel Blattgold für die schnelle Küche zwischendurch. (Auf meiner Deluxe-Schokolade hätte sich so ein goldener Schimmer sicher gut gemacht.) Vor allem aber lässt sich mit Luxus angeben. Wichtig ist nämlich nicht nur, erfolgreich an das Selbstwertgefühl der Kunden zu appellieren, sondern auch an ihre Lust zur Protzerei. Denn ein Luxus, den andere nicht sehen, erscheint vielen Konsumenten als völlig abwegig.

Rolf Haubl, Psychologe an der Universität Frankfurt/Main und Direktor des Sigmund-Freud-Instituts: »Konsum dient allgemein dazu, das physische Überleben zu sichern. In einer Gesellschaft, in der diese Sicherung für den Großteil der Bevölkerung gewährleistet ist, lässt sich Selbsterhaltung aber längst nicht mehr auf die Befriedigung biologischer Bedürfnisse reduzieren. Andere Formen des Gebrauchs (und Verbrauchs) treten in den Vordergrund.« Dazu gehöre zum Beispiel die Positionierung in der Hierarchie von Statusgruppen. Konsum, vor allem von Luxusgütern, hilft ebenso dabei, den eigenen Status zu sichern, wie sich nach unten abzugrenzen oder nach oben zu strampeln. Psychologen beobachten seit langem, dass Konsum immer stärker für diese Formen der »Emotionsarbeit« eingesetzt wird.

Nur kein Neid: Wer hat, der zeigt

Luxus ist, was andere noch nicht haben oder nie haben können. Kroko-Handtaschen und Schuhe aus Schlangenleder haben ja heute viele. Wie wäre es also mit Rochenleder? Die raue Haut der Meeresbewohner ist extrem strapazierfähig und sogar reißfester als Rindsleder. Sie verkratzt kaum und bildet durch unzählige kleine Kügelchen auf der Oberfläche eine interessante Struktur. Das Edeldesign in Fischoptik setzte beispielsweise Hugo Boss für Schuhe ein, während andere Designer Handtaschen, Gürtel und sogar Handy-Etuis daraus schneidern lassen. Solche ebenso exotischen wie luxuriösen Innovationen geben gleich auf mehreren Ebenen Kaufimpulse und sorgen für Shoppinglust pur.

Die amerikanischen Forscher Kerwin Charles und Erik Hurst von der Universität Chicago schauten kürzlich ihren Landsleuten beim Geldausgeben über die Schulter. Sie wollten herausfinden, welche soziale Schicht wofür Geld ausgibt. Dabei stießen sie auf eine überraschende Tatsache: Arme Bürger geben verhältnismäßig mehr Geld für Dinge aus, die Wohlstand *sichtbar* machen, wie Schmuck, Kleidung oder Autos. Vor allem Afroamerikaner und Latinos, die im Schnitt ärmer sind als der Rest der Bevölkerung, legen laut der Studie besonders viel Wert darauf. Sie wenden etwa 30 Prozent mehr für diese Art von Konsum auf als Weiße mit einem vergleichbaren Einkommen. Doch auch innerhalb der Gruppe weißer Konsumenten zeigt sich dieses Phänomen: Menschen, die weniger verdienen, investieren im Verhältnis mehr für erkennbaren Luxus als Besserverdienende. Dagegen wird für nicht sichtbare Dinge wie

Bildung oder Gesundheitsvorsorge in Relation weniger ausgegeben.

Ziel dieses »Geltungskonsums«, so vermuten die Forscher, sei es, den Menschen in der Umgebung den eigenen Wohlstand zu demonstrieren. Denn der bringt soziales Ansehen. Vor allem junge Leute sind laut der Studie anfällig für Geltungskonsum; erst im höheren Alter lässt er nach. Und auch Bildung scheint vor übertriebener Protzerei zu schützen: Käufer, die ein Studium absolviert haben, protzen vergleichsweise weniger mit Luxusgütern.

Ob Problem- oder Villenviertel: Wer zum Beispiel echte Diamanten kauft statt Strass, setzt sich vom Rest der Welt ab. Der Luxusschmuck dient der Selbstinszenierung, er unterscheidet uns von anderen Menschen und erfüllt damit einen wichtigen sozialen Zweck. Der funkelnde Diamant am Finger sagt: »Ich habe etwas, was du nicht hast«, und ist damit ein Mittel zur Distanzierung von anderen, wie schon der Soziologe Georg Simmel erkannte. Dieses Grundprinzip des Luxuskonsums ist sehr alt. Im antiken Rom zum Beispiel war es nichtadeligen Schichten zeitweise untersagt, goldene Ringe zu tragen. Gold blieb der Oberschicht vorbehalten. Auf diese Idee kamen auch die Häuptlinge mancher Südseeinseln und ordneten an, dass sich nur Häuptlingsfamilien mit Pottwalzähnen schmücken durften. So war elitärer Konsum immer auch Statusdemonstration, mit dem sich die Oberschicht vom Rest der Gesellschaft absetzte und die eigene Bedeutung unterstrich. Selbst wenn die bunten Muscheln, mit denen sich einfache Insulaner schmücken durften, viel hübscher waren als Pottwalzähne, waren letztere per Definition zum Privileg der Oberschicht erklärt. So entsteht Luxus. Aber da ist noch mehr.

Dass unser Gegenüber, das unsere elitären Accessoires registriert, diese Werte in der Regel ebenfalls schätzt, schafft eine Verbindung, weshalb Konsumgüter eine Doppelfunktion erfüllen: Abgrenzung *und* Gemeinschaft. Teurer Schmuck, Kleidung, Autos oder Handys sind eine Form der nonverbalen Kommunikation. Sie erzählen von unserem Geschmack, stellen Gruppenzugehörigkeit her, demonstrieren Wohlstand und die eigene Machtstellung. Der Konsum edler Dinge basiert auf einem eigenen Regelwerk und Wertvorstellungen, die von den meisten Konsumenten geteilt werden. Übrigens ist das ein Grund dafür, warum die Hersteller von Luxusgütern so oft in Zeitungen und Zeitschriften werben, die kaum von wirklich vermögenden Leuten gelesen werden. Durch die Anzeigen bildet sich automatisch auch in weniger reichen Schichten das Wissen um die Luxusmarken (und das Verlangen nach ihnen). Davon profitieren die wirklich Reichen, die sich die Waren leisten, indem sie sich der Bewunderung sicher sein können. Sprich: Einen sozialen Distinktionsgewinn habe ich erst, wenn mein Umfeld eine Mercedes E-Klasse oder ein Chanel-Kostüm einordnen kann. Daher ergibt es Sinn, eine Chanel-Anzeige in der *Brigitte* zu platzieren, auch wenn die allermeisten Leserinnen kaum jemals bei Chanel shoppen werden.

Wer die Klaviatur sozialer Konsumcodes beherrscht, gehört dazu, distanziert sich aber gleichzeitig von »denen da unten«, die sich den Luxus nicht leisten können. Wie das funktioniert, zeigt ein Beispiel aus dem wahren Leben: Wir kennen eine Familie, deren Golfausrüstung das ganze Jahr über im Fahrradschuppen verstaut ist. Feiert aber beispielsweise der Sohn Geburtstag, wird die Ausrüstung, als habe man sie ganz zufällig vergessen, im Eingangsbereich ausgestellt. So weiß auch der letzte Gast, mit wem er es zu tun hat. Sei es, dass man selbst Golf spielt und denkt: »Oh, die auch!« (Insiderintegration), sei es, dass Golfspielen für einen so exotisch ist wie Rochenlederhandtaschen und man denkt: »O Gott, die spielen Golf, müssen die reich sein« (soziale Distinktion). So oder so, die skurrile Schlägerausstellung erfüllt ihren Zweck.

Dieses Verhalten ist dem Menschen eigen und nicht erst ein Auswuchs des modernen Konsumkapitalismus. Das mussten auch die strengen Puritaner erfahren, die jede Form von Luxus verachteten. Als sie von England nach Amerika auswanderten, versuchten sie, in der Massachusetts Bay einen christlichen Staat zu gründen, in dem jede Zurschaustellung von Luxus verboten war. Doch es kam, wie es kommen musste: Nach einigen Jahrzehnten setzte ein schwunghafter Handel mit Luxusgütern aus Europa ein. »Die reicheren und mächtigeren Puritaner ignorierten die Regeln und trugen, was immer ihnen gefiel, während die ärmeren wegen Vergehen gegen die Kleiderordnung bestraft wurden«, erzählt John de Graaf. Letztlich trugen die »Luxusgesetze« nur dazu bei, Klassenunterschiede herauszubilden. Wie viele Experimente in Sachen Konsumverzicht scheiterte auch dieser Versuch. Die Simple-Life-Bewegung, ob in alternativen Landkommunen oder bargeldfreien Tauschringen praktiziert, wurde nie zu einem Massenphänomen. Zwar gibt es immer wieder Trends wie den der sogenannten *Lovos*, die einen *Lifestyle of Voluntary Simplicity*, also der bewussten Einfachheit pflegen (früher hätte man sie einfach als Konsumverweigerer bezeichnet), Sachen tragen, bis sie verschlissen sind und sich nicht mehr reparieren lassen, und auch sonst auf Schnickschnack verzichten. Aber es gibt nur verschwindend wenige von ihnen. Am Ende ist stets die Lust am Luxus stärker.

Der exklusive Rahmen

Auch das Ambiente muss stimmen, um uns in exklusive Kauflaune zu versetzen. Kein Anbieter würde seiner Kundschaft Luxusgüter anbieten wie eine Portion Fritten. Bei einer Modenschau in einer Designerboutique reicht der Gastgeber Crémant und Häppchen statt Saft und Salzstangen. Beim Kauf eines Wagens der Oberklasse bekommt die Gattin einen üppigen Strauß mit Orchideen überreicht und nicht nur einen warmen Händedruck wie beim Kauf eines Kleinwagens. Und das gilt selbst für Bücher, die zwar nicht unbedingt zu den Luxusgütern zählen. Dennoch erlebe ich in einer der schönsten Buchhandlungen Baden-Badens jedes Mal aufs Neue, wie entscheidend mein Kaufverhalten durch einen luxuriösen Rahmen beeinflusst wird. Die Buchhandlung ist sehr beliebt, nicht nur weil sie mitten in der Fußgängerzone liegt, sondern auch weil hier der sogenannte Framing-Effekt eines exklusiven Rahmens voll ausgespielt wird. Man hat sich einiges einfallen lassen, um es dem Kunden wohl sein zu lassen:

Noch beim Eintreten wirkt der Laden wie der einer normalen Buchhandelsfiliale. Im lichten Innenhof jedoch zeigt sich der Unterschied: Nachdem man ein Buch aus dem Regal gezogen hat, kann man es sich in einem weichen Ledersessel (schwarz, edles Bauhausmodell) niederlassen. Eine schöne Lampe (Opalglas, ebenfalls Bauhaus) spendet angenehmes Licht zum Lesen. In der Mitte des Atriums plätschert ein Springbrunnen und sorgt für mediterrane Atmosphäre. Wer mag, kann sich gegen Bezahlung einen Espresso ziehen oder gratis ein Wasser trinken. Eingelullt in diese Behaglichkeit, versinkt man nun ins Buch. Vom Modus »Einkaufen« schaltet man in den Modus »Genuss«. Und eh man es sich versieht, ist man auf Seite 42 gelandet und hat das Gefühl, nun auch kaufen zu müssen. Man hat die Gastfreundschaft genossen, wurde bewirtet und hatte eine Auszeit vom Einkaufsstress da draußen, kurz: Der Rahmen hat gestimmt, ich bin gut gelaunt, entspannt, sehe meine Geldsorgen durch diesen Nebel wohliger Behaglichkeit. Die nächste Ratenzahlung fürs Haus ist weit weg. Angesteckt von der Atmosphäre, fühle ich mich wohlhabender, als ich bin, gehe zur Kasse, bezahle das Buch und nehme es mit nach Hause. In all den Jahren habe ich diese Buchhandlung niemals verlassen, ohne nicht mindestens *ein* Buch mitgenommen zu haben.

Schon ein neuer Teppich in einem Laden kann den Unterschied machen. Wie das funktioniert, verrät Neuropsychologe Christian Scheier: »Der Teppich verlangsamt das Gehen, bringt Menschen zum Schlendern, es entsteht der Frame ›Shopping‹ statt ›Einkaufen‹. Der Teppich verändert den Kontext, den Hintergrund, und das verändert unser Verhalten.« Einen ähnlichen müßigen Hintergrund entspannter Urlaubsatmosphäre wie in besagter Buchhandlung liefern etwa Starbucks-Filialen, wo der Kaffee doppelt so viel kostet wie in normalen Cafés. Aber was sind ein paar Euro, wenn man eine kleine Auszeit von den Alltagssorgen obendrauf bekommt? Warum sollte ich da anderswo einen billigen Kaffee trinken?

So ist es an vielen Orten, an denen wir konsumieren: Wo wir uns gut aufgenommen fühlen, zahlen wir gern mehr. Denn ein exquisites Ambiente ist auch eine Art Schulterklopfen für den Kunden. Es sagt mehr als tausend Worte: »Wir mögen dich, du bist uns wichtig, sei unser Gast, und schau mal, was wir da Schönes für dich haben. Gut, es ist nicht ganz billig, aber wer wird unter Freunden schon über Geld reden, nicht wahr. Fühl doch mal, diese Qualität.« Bei mir funktioniert das immer. Eine Verkäuferin braucht mir nur einen Kaffee anzubieten und mir das Gefühl zu geben, heute ihre wichtigste Kundin zu sein, schon bin ich verloren, und all die guten Vorsätze (nur kaufen, was du wirklich brauchst und willst, nichts aufschwatzen lassen) sind vergessen.

Beim Shoppen arbeiten viele Bereiche unseres Gehirns zusammen, wir nehmen viele Informationen gleichzeitig, viele davon unbewusst auf. Neuromarketingexperten wie Peter Kenning drücken das so aus: »Die Informationsverarbeitung im Gehirn wird heute als ein gleichzeitig seriell und parallel ablaufender Prozess der Aktivierung multifokaler, eng miteinander verschalteter neuronaler Netzwerke verstanden.« Das heißt, wir konzentrieren uns niemals nur einfach auf das Produkt selbst, sondern kaufen immer auch das Ambiente, das Verhalten der Verkäufer, die Werbung, das Image, selbst die weichen Teppiche und einen Espresso. Erst so wird Luxuskonsum perfekt.

Billig kann nicht gut sein – oder doch?

Achtet ein Anbieter *nicht* auf den richtigen Rahmen, kann es sogar passieren, dass wir Konsumenten selbst das Edelste verschmähen, wie ein Experiment der *Washington Post* zeigte. Es demonstriert besser als jede Konsumtheorie, wie leicht uns der Framing-Effekt in die Irre führen kann:

Redakteure der Zeitung baten Joshua Bell, einen jungen und berühmten Geigenvirtuosen, der ausverkaufte Konzertsäle gewöhnt ist, an einer unscheinbaren U-Bahn-Station Stellung zu beziehen. Der Maestro packte an einem kalten Januarmorgen seine über drei Millionen Dollar teure Stradivari aus und spielte einige der schwierigsten und schönsten Stücke, die Bach und Schubert für dieses Instrument geschrieben haben. Doch es gab weder tosenden Beifall noch stehende Ovationen oder gar eine angemessene finanzielle Belohnung für das Konzert. Die postierten Beobachter verfolgten erstaunt, dass die meisten Menschen achtlos an dem vermeintlich unbedeutenden Straßenmusiker mit der schwarzen Baseballkappe vorbeigingen. Das Konzert dauerte etwa 45 Minuten, in dieser Zeit kamen rund 1000 Menschen vorbei. Was meinen Sie, wie viele blieben stehen, um das Gratiskonzert der Spitzenklasse zu genießen?

Leonard Slatkin, Musikdirektor des National Symphony Orchestra, dem diese Frage von den Reportern gestellt wurde, tippte auf mindestens 100 Passanten, die interessiert gelauscht, und 40, die die Qualität der Musik erkannt haben dürften. Immerhin hatte Bell noch einige Tage zuvor ein vielbeachtetes Konzert in Bostons größter Konzerthalle gegeben, bei dem die Besucher, ohne zu zögern, 100 Dollar für die Karte hingelegt hatten. In der U-Bahn aber blieben nur sieben Leute stehen, nach keinem einzigen Stück war Applaus zu hören. Der Meister nahm 32 Dollar ein. Mit ihrem Verhalten bestätigten die Washingtoner Passanten die alte Regel: Was nichts kostet, *kann* nichts wert sein. Unser Gehirn weist Waren, Produkten und Dienstleistungen aller Art unbewusst und sehr schnell, meist ohne dass wir etwas davon merken, einen Wert zu. Und je nachdem, wie hoch dieser Wert ausfällt, sind wir bereit, dafür zu bezahlen – oder eben nicht. Und gerade Luxus definiert sich eben immer auch über den Preis *und* das Drumherum. Wird ein Musiker in der größten Musikhalle der Stadt angekündigt, kosten die Karten ein horrendes Geld und sind schwer zu bekommen, empfinden wir Glück, uns diesen Luxus leisten zu können. Spielt derselbe Musiker dieselben Stücke in der zugigen U-Bahn-Station, rennen wir vorbei, und uns ist das Konzert keinen Cent wert. Es bringt uns so ja auch keinen Distinktionsgewinn.

Das ist ein Beispiel dafür, wie sehr unser Gehirn Vereinfachungen liebt und wie irrational so manche Kaufentscheidung ist. Was lernen wir daraus – außer genau hinzuhören, wenn wir beim nächsten Mal an einem Straßenmusiker vorbeigehen? Kaufentscheidungen werden von einer Art moralischem Wertesystem unserer Neuronen beeinflusst, das ganz eigenen Regeln folgt. Vorurteile sparen Zeit, lassen uns aber gelegentlich Perlen übersehen. Im Gegenzug lassen wir uns zum Kauf überteuerter und unnötiger Waren verleiten, die wir für edel halten, nur weil man uns das in einem luxuriösen Rahmen vorgaukelt. Es hilft, gelegentlich die eigenen Wertzuschreibungen zu hinterfragen, den Rahmen zu analysieren und darüber nachzudenken, ob man uns in irgendeiner Art einzulullen versucht. Die Anbieter kennen viele Tricks, um in Ihnen den Wunsch nach Juwelenseife und Hundebier zu wecken. Weichen Sie der Schulterklopfmaschine gelegentlich aus und konzentrieren Sie sich auf das Produkt. Und als hehres Fernziel können wir ins Auge fassen: Beziehen wir unser Selbstwertgefühl nicht aus dem Konsum von Luxusgütern.

7. Ich will Marken!

Unser Gehirn liebt Marken – denn in der Herde
läuft es sich leichter

➤ Wir Gigolos der Warenwelt

➤ Die Suggestionskraft von Marken

➤ Marken als Aspirin des Konsumenten

➤ Warum Marken Eindruck schinden

➤ Der Herdeneffekt

➤ Neuronen lieben Muster – und Logos

➤ Früh übt sich …

➤ Marc liebt Mars, Hannah Hanuta

➤ Marken erzählen uns Geschichten

»Persil. Da weiß man, was man hat.«
»Nur Miele, Miele, sagte Tante,
die alle Waschmaschinen kannte.«
»Nenn nie Chiquita nur Banane.«

Wir Gigolos der Warenwelt

»Hey, psssst, Madame«, macht es hinter dem Klamotten-
stand. Zwei sanfte braune Augen sehen mich an. »Madame, Lacoste, sehr schön, schauen. Gut, gut!« Der junge
Türke lächelt verschmitzt und hält mir ein Poloshirt unter die Nase. Er hat wunderschöne Hände, lange eben-
mäßige Finger und sieht umwerfend aus in der Abendsonne, die soeben im Meer versinkt. Sein Stand steht an
der Strandpromenade einer dieser typischen Mittelmeer-
Touristenstädte. »Madame, bitte schauen, Lacoste gut.
Oh, Farbe steht dir! Kaufen?« Das Shirt ist eine Fälschung.
Aber eine gute. Und es soll nur fünf Euro kosten. Die
Krallen des Krokodils und seine Zähne sind deutlich her-
ausgearbeitet, es ist genau an der richtigen Stelle aufge-
näht, und auch das Etikett macht einen soliden Eindruck,
Zeichen für eine gute Kopie. Allenfalls die Stoffqualität
lässt im Vergleich zum Original zu wünschen übrig.

Kaufen oder nicht kaufen – wie würden Sie in der tür-
kischen Abendsonne entscheiden? Nehmen Sie die gutgemachte Kopie und zaubern Sie damit ein Lächeln auf das
sympathische Gesicht des Verkäufers? Oder sparen Sie die
fünf Euro, um sich zu Hause irgendwann einmal das Original leisten zu können? Die Antwort liefert Ihnen Aufschluss darüber, ob es sich bei Ihnen um einen echten Fan
von Markenqualität handelt oder Sie einen eher pragmati-
schen Zugang zu dem Thema haben. Vielleicht ist Ihnen
Markenware generell nicht wichtig, und Sie fragen sich seit
jeher, wie Hersteller ihre Kunden dazu bringen, für ein
Shirt 100 Euro zu bezahlen, nur weil ein Krokodil darauf

prangt. Aber vielleicht achten Sie in anderen Fällen, zum Beispiel bei Wanderschuhen, sehr wohl auf Markenqualität und lassen billige No-Name-Produkte links liegen.

Wenn Sie wie ich Letzteres, also ein hybrider Verbraucher, sind, stellen Sie ein Problem für Marketingfachleute dar. Denn wir sind unberechenbar, wir kaufen heute Hochpreisprodukte und stellen uns morgen beim Discounter in die Schlange, um den aktuellen Wochenhammer zu ergattern, etwa ein Starthilfekabel für acht Euro. Morgens wird schnell noch ein Schnäppchen bei eBay ersteigert, abends sucht man sich im Möbelladen das Qualitätsledersofa eines angesagten Designers aus. Mein Mann und ich verbringen unseren Urlaub in luxuriösen Wellnesshotels mit Biorestaurant, benutzen aber auf dem Rückweg bei Ikea dieselbe Kaffeetasse, um das Geld für die zweite zu sparen. Wir lassen edle Lebensmittel wie französische Flaschentomaten von Manufactum liefern und verspeisen sie mit Nudeln vom Discounter. In meinem Schrank hängen billige Sachen aus dem Secondhandladen in trauter Eintracht mit teuren Markenklamotten (und einem gefälschten Lacoste-Poloshirt). Und selbst da, wo ich zu Markenware gegriffen habe, lässt sich keine Linie erkennen, von allen ist ein bisschen was dabei. Ich bin keiner Marke treu.

Wir praktizieren die Lifestyle-Jonglage und sind damit für Marketingstrategen ein Graus. Das Geheimnis des hybriden Konsums liegt in den unterschiedlichen Belohnungssystemen: Unser Gehirn ist glücklich, wenn wir ein Schnäppchen machen, gleichzeitig ist es jedoch ein Opportunist und genauso zufrieden, wenn wir uns ein teures Markenprodukt leisten. Es wird wohlig von Dopamin überschwemmt, wenn wir unserer Sammlung venezianischer Glasschalen ein weiteres Exemplar hinzufügen, ganz gleich, ob sie vom Flohmarkt oder vom Antiquitätenhändler in den Baden-Badener Kolonnaden stammt. Das ermöglicht zwar wunderschöne Konsumerlebnisse, die das

Gehirn auf vielfältige Weise in Wallung bringen, die Unternehmen allerdings wollen, dass wir *ihre* Marke kennen, lieben, kaufen und weiterempfehlen. Wir dürfen uns ja sogar über Schnäppchen freuen, aber es soll bitte schön ein Markenschnäppchen sein, nichts von diesem No-Name-Billigzeug.

Der hybride Konsument ist eine Art Dauerseitenspringer, ein Gigolo der modernen Warenwelt. Er geht mit jeder Firma, mit jeder (Nicht-)Marke und jedem Glücksversprechen ins Bett, das sich gerade anbietet. Von Treue, einem stringenten Konsumstil hält er wenig. Er sucht Erfüllung an jeder Straßenecke und ist wenig wählerisch dabei, *wer* ihm diesen Höhepunkt verschafft. So sollen wir uns aber als brave Kunden nicht aufführen, wir sollen gefälligst einer Marke treu bleiben – in guten wie in schlechten Zeiten. Zu diesem Zweck werden Unmengen an Geld für Seminare und Beratungen in Sachen Markenführung, neudeutsch *branding* genannt, ausgegeben, und oft erzielen die Hersteller damit tatsächlich durchschlagende Wirkung. John de Graaf berichtet von Studien, nach denen ein Durchschnittsamerikaner heute weniger als zehn Pflanzenarten aufzählen könne, aber mehr als 100 Logos von Markenfirmen. Milliarden von Euros wechseln jedes Jahr ihren Besitzer, weil Hersteller starke Marken zu bieten haben und Käufer eine ebenso starke Sehnsucht danach verspüren. Wie funktioniert das?

Die Suggestionskraft von Marken

Für die Werbebranche ist die Markentreue des Verbrauchers ein Schloss, zu dem man den passenden Schlüssel finden muss. Landauf, landab zerbricht man sich deshalb die Köpfe darüber, wie die Zielgruppe tickt und wie deren hirneigenes Belohnungssystem in Bezug auf die eigene

Marke wirkungsvoll angesprochen werden kann. Der Ausweg aus dem Dilemma des hybriden Konsums lautet: Unternehmen müssen ihre Marke mit Emotionen aufladen, ihr Logo allseits bekannt, das Produkt selbst allseits begehrt machen und uns Geschichten rund um die Marke erzählen, die wir nicht mehr vergessen. Sie müssen uns Mythen liefern, die sich zum Kult ausbauen lassen. Porsche, Nike, Dior, Veuve Clicquot – je elektrisierender der Klang eines Markennamens, umso besser. Denn darauf sprechen unsere Neuronen an.

Dass dieses Konzept durchschlagenden Erfolg haben und Kunden zu absurder Hingabe bewegen kann, zeigt das Beispiel Apple: In den USA campierten Käufer tagelang vor den Läden, um die ersten iPhone-Geräte zu ergattern. Mit Liegestühlen, warmen Decken und heißem Tee ausgestattet, harrten sie unverdrossen in der Schlange aus. Damit taten sie etwas, was Kunden normalerweise im hektischen Alltagsgeschäft kaum mehr zu leisten bereit sind: Geduld haben und Mühe auf sich nehmen, um in den Besitz eines bestimmten Produkts zu gelangen.

Wie sehr eine erfolgreiche Marke Kaufentscheidungen von Kunden beeinflussen kann, sehen wir etwa in der Automobilbranche. Die Großraumlimousinen Seat Alhambra, Ford Galaxy und VW Sharan unterschieden sich in der ersten Modellgeneration in nur wenigen Details voneinander. Dennoch verkaufte sich der deutlich teurere Sharan am besten. Die Umsätze mit dem jeweiligen Basismodell betrugen im Jahr 2001 beim Sharan 752 Millionen Euro, beim Galaxy 509 Millionen und beim Alhambra 168 Millionen. Die Kunden waren also bereit, für die Marke VW knapp 500 Millionen Euro mehr auszugeben als für die Marke Seat, der sie offensichtlich nicht so vertrauten wie VW, berichtet Peter Kenning. Er gehört hierzulande zu den bekanntesten Neuromarketingforschern und gilt als Begründer dieser Disziplin in Deutschland, heute ist er Professor für Marketing an der Zeppelin-Universität in Friedrichshafen. Auch Kenning beobachtet, dass starke Marken in Konsumentengehirnen andere Erregungsmuster auslösen als schwache.

In einem Experiment dokumentierte er zusammen mit seinem Kollegen Michael Deppe, wie uns favorisierte Marken Denkarbeit abnehmen. Sie legten 22 Versuchspersonen in den Hirnscan und zeigten den Frauen immer paarweise Bilder von Kaffeemarken, den Männern Bilder von Biersorten. Sie mussten sich jeweils für ein Produkt entscheiden. Kam die von einer Versuchsperson favorisierte Lieblingsmarke ins Blickfeld, verringerte sich die Aktivität in Bereichen des Gehirns, die für rationales Denken und Entscheiden zuständig sind. Die Forscher nennen dieses Phänomen »kortikale Entlastung«: Unsere Lieblingsmarke entlastet uns von aufwendigen Denkprozessen.

Gleichzeitig waren plötzlich Areale aktiver, die für Gefühle, emotionales Handeln und Selbstwahrnehmung zuständig sind, was zeigt, dass starke Marken uns nicht nur Denkarbeit ersparen, sondern emotionale Reaktionen auslösen. Sie helfen uns damit bei der Entscheidung am Warenregal enorm weiter. Je mehr Emotionen eine Marke hervorruft, umso leichter lässt sie sich im Gehirn der Käufer verankern, und je besser sie dort verankert ist, desto emotionaler wird sie wahrgenommen und desto mehr Belohnungsgefühle verspüren wir beim Kauf.

»Produkte und Verkaufsakte werden heute gezielt mit Gefühlen aufgeladen, wovon das *emotional design* in der Gestaltung moderner Konsumgüter ebenso Zeugnis ablegt wie die euphorische Theatralisierung von Marken«, stellt der Frankfurter Soziologe Sighard Neckel fest. Warum die Emotionen für unsere Kaufentscheidung so wichtig sind, weiß die Hirnforschung: »Emotionale Erlebnisse werden besser abgerufen«, ist Gesine Dreisbach, Psychologieprofessorin an der Universität Bielefeld, überzeugt.

»Versetzt man eine Person in eine positive Stimmung, dann erinnert sich diese Person besser an positive Kindheitserlebnisse, Geschichten oder Wörter als an negative.« Je stärker ein emotionales Zentrum des Gehirns namens Mandelkern (*Amygdala*) aktiviert wird, was in Experimenten beispielsweise durch das Zeigen emotionaler Filme geschieht, umso besser können sich Versuchspersonen in der Regel an Einzelheiten erinnern. Erst wenn die Emotionen in Stress umschlagen (etwa bei Horrorfilmen), verkehrt sich dieser Effekt in sein Gegenteil. Extremer Stress kann sogar zu Gedächtnisausfällen führen.

Was bedeutet das nun für den Konsum? Versetzt uns ein Werbespot in eine angenehme Gefühlswallung, erinnern wir uns meistens besser an das beworbene Produkt. Humorvolle Spots verankern ein Produkt besser in der Erinnerung. Doch starke Gefühle können in Sachen Konsumentenbeeinflussung noch mehr ausrichten: Wenn wir gut gelaunt sind, nimmt unsere Bereitschaft zu, neue unbekannte Produkte auszuprobieren, wie Forscher herausfanden. »Man könnte auch sagen, die Risikobereitschaft bei ungefährlichen Entscheidungen steigt. In guter Stimmung ist man dann eben auch mal bereit, eine neue Joghurtsorte auszuprobieren und den eigentlich zum Lieblingsjoghurt erkorenen stehenzulassen«, weiß Dreisbach. Markenmanagement muss also vor allem Emotionsmanagement sein, wenn es uns Kunden dauerhaft ansprechen soll, und das wissen die Hersteller. Hans-Georg Häusel, Experte in Sachen emotionaler Markenführung, stellt fest: »Bei der Auswahl zwischen zwei Produkten siegt das Produkt, dessen neuronales Markennetzwerk stärker aktiviert ist.«

Ein in der Branche oft zitiertes Beispiel ist das schon erwähnte Coca-Cola-Experiment, das Pepsi trotz geschmacklicher Vorteile als den Ewigen Zweiten auswies. Ähnliches beobachtete eine amerikanische Forschergruppe um Hilke Plassmann, die Testpersonen Weine kosten und bewerten ließ. Dabei wurden drei verschiedene Weine zu fünf, 35 und 90 Dollar die Flasche ausgeschenkt. Der Trick: Gelegentlich wurde auch Billigplörre als vermeintlich edler Tropfen gereicht. Über einen Schlauch konnten die Versuchspersonen die verschiedenen Sorten im MRT kosten. Der (angebliche) Preis wurde jeweils auf einem Bildschirm angezeigt, anschließend mussten die Probanden angeben, wie gut ihnen der Wein schmeckte, das Gerät zeichnete ihre Hirnaktivitäten auf.

Sie ahnen das Ergebnis sicher: Die vermeintlich teuren Weine schmeckten besser. Bereiche im mittleren Stirnhirn, dem sogenannten orbitofrontalen Kortex, die für die Speicherung positiver Erlebnisse zuständig sind, feuerten wild, wenn die Leute dachten, einen besonders guten, weil teuren Tropfen zu trinken. Und das, obwohl der Billigfusel die sensorischen Bereiche des Gehirns, die für die Verarbeitung von Geschmackseindrücken zuständig sind, kaltließ. Während die Geschmackszellen offensichtlich genau wussten, dass der vermeintliche Edelwein nichts Besonderes war, jubilierten andere Hirnbereiche angesichts des hohen Preises. Merke: Der Mythos teurer Markenprodukte kann also stärker sein als die Signale, die unsere unbestechlichen Geschmackszellen funken.

»Geschmack passiert nicht nur auf der Zunge, Geschmack ist auch etwas, das im Gehirn konstruiert wird. Wenn zu Informationen von Rezeptorzellen auf der Zunge noch Wissen kommt, verändert sich der geschmackliche Eindruck«, fasst der Wirtschaftspsychologe Georg Felser das Phänomen zusammen. Felser führte folgendes Experiment durch: Er ließ Versuchspersonen Tee mit Namen wie »Vor dem Kamin« oder »Tropical Feeling« kosten. Obwohl es sich in beiden Fällen um dieselbe Mischung handelte, wurden dem Getränk im ersten Fall eher Geschmackseigenschaften eines typischen Wintertees zugeschrieben wie »ausgleichend«, »entspannend« und »beruhigend«, während der zweite als »fruchtig«, »spritzig« und »exotisch« empfunden wurde. Schon bloße Namen können also Geschmackseindrücke suggerieren. Und bei starken Marken, deren Bild fest in unserem Gehirn verankert ist, funktioniert das umso besser.

Dieses skurrile Verhalten reicht bis hinein in unsere innersten körperlichen Vorgänge. Nehmen wir einmal an, Sie leiden unter Rückenschmerzen und haben die Wahl zwischen dem teuren Schmerzmittel eines Markenherstellers und einem billigen Generikum. Wem trauen Sie mehr? Rational betrachtet, natürlich beiden gleichermaßen. Trotzdem schreiben viele Menschen dem Markenprodukt wider besseres Wissen eine größere Wirksamkeit zu, wobei dieses Vertrauen sogar so extrem sein kann, dass sich das auf die Beschwerden auswirkt. Das beobachtete Dan Ariely, Professor für Verhaltensökonomie am Massachusetts Institute of Technology, bei einem interessanten Experiment: Einer Gruppe von Schmerzpatienten wurde ein fiktives Schmerzmittel mit dem Namen Veladone-Rx verabreicht. Die erste Gruppe bekam die Information, es sei ein sehr preiswertes Produkt, die zweite Gruppe glaubte, ein teures Medikament probieren zu dürfen. Der Effekt?

In Gruppe zwei wirkte das Mittel deutlich besser als in der »Billiggruppe«. Der Witz an der Sache war, dass beide Mittel reine Vitamin-C-Placebos waren, also nicht die geringsten Mengen an Wirkstoff enthielten; ebenso gut hätten die Patienten reinen Traubenzucker essen können. Das teure Markenprodukt aber weckt ganz andere Erwartungen, ist Ariely überzeugt, und diese Erwartung beeinflusst den Körper: »Es ist das Gehirn selbst, das beginnt, Opiate auszuschütten, also körpereigene Schmerzmittel. Und je größer unsere Erwartung an das Mittel, umso besser können wir die Selbstheilungskräfte ankurbeln. Der Preis steuert die Qualität, die wir einem Produkt beimessen.« Von genau solchen oft völlig irrationalen Erwartungen leben viele Markenhersteller.

Gerade beim Markenkonsum zeigt sich, wie sehr Käufer zu unüberlegtem Verhalten neigen und wie wenig sie vernunftgesteuerte Nutzenmaximierer sind. Kaum etwas ist in der Lage, unser Kaufverhalten so zu beeinflussen wie eine starke Marke. Warum aber kaufen wir Markenprodukte, auch wenn wir oft eine ähnliche, manchmal sogar identische Qualität ohne Markenlogo für einen Bruchteil des Preises haben können? Bei dieser Frage stößt die klassische Ökonomie an ihre Grenzen, denn mit dem Bild eines vernünftig entscheidenden Kunden ergibt das Theater, das weltweit um Kultmarken betrieben wird, nicht den geringsten Sinn.

Marken als Aspirin des Konsumenten

Forscher der Universität Stanford zeigten im Jahr 2007 Versuchspersonen Bilder von Pralinen. Entschieden sich die Probanden zum Kauf, feuerte ihr Belohnungszentrum im *Nucleus accumbens* eifrig Signale, das Gehirn freute sich schon auf die kommende Belohnung. Dann wurde für einige Sekunden der dazugehörende Preis eingeblendet. Die Messung der Hirnaktivitäten zeigte: Beim Blick auf den Preis trat die sogenannte *Insula* in Aktion, die man als »Schmerzareal« bezeichnen könnte. Dieser Hirnbereich ist dafür zuständig, zu prüfen, ob uns die Preise zurückzucken lassen sollten oder nicht, aber auch, ob wir ein Produkt brauchen oder nicht. Er ist also eine Art Miesepeter, der unsere Einkaufseuphorie durchkreuzt. Wie ein Ehemann beim Einkaufsbummel fragen diese Neuronen ständig: Brauchst du das wirklich? Hast du davon nicht schon viel zu viel zu Hause? Ist das nicht deutlich zu teuer?

»Das Gehirn empfindet beim Betrachten von Preisen Schmerz«, sagt Neuropsychologe Christian Scheier, und das Gegeneinanderaufrechnen von Belohnungsgefühl und Schmerz führe am Ende zum Kauf oder eben nicht. Das heißt: Wenn der Schmerz, den ein Preis in unserem Gehirn anrichtet, größer ist als die Belohnung, die wir erleben, lassen wir wahrscheinlich die Finger vom Produkt. Scheint dagegen die Belohnung verlockender und bleibt das Schmerzareal relativ ruhig, greifen wir beherzt zu. (Beim Shopping mit Ehemännern ist es ähnlich: Lockt ein Produkt mehr, als es vom Gatten miesgemacht werden kann, schlagen wir zu.) Diesen Mechanismus kennen natürlich auch Marktstrategen und gestalten Produkte und Werbung entsprechend. »Je mehr Belohnung eine Marke verspricht, desto mehr Schmerz bin ich bereit auf mich zu nehmen – also desto mehr Geld bin ich bereit zu zahlen«, bringt Scheier den Mechanismus auf den Punkt.

Das bedeutet letztlich, dass uns Marken beim Shopping quasi schmerzunempfindlich machen – ein Markenlogo ist das Aspirin des Konsumenten. Je größer das Glücksversprechen einer Marke, umso schwieriger dringen Impulse der *Insula* in unser Bewusstsein. Sobald ich ein Logo von Nike, Lacoste oder Dolce&Gabbana erblicke, hat mein Schmerzzentrum keine Chance mehr. Sollte ich für dasselbe Poloshirt 100 Euro bezahlen und kein Markenlogo wäre darauf gestickt, würde sich der Schmerz ungehindert Bahn brechen und ich das Teil sicher nicht kaufen. Wer leidet schon gern freiwillig?

Warum Marken Eindruck schinden

Machen Sie ein kleines Experiment in Ihrem Freundeskreis. Fragen Sie Leute mit ausgeprägtem Markenbewusstsein, warum sie Markenware so schätzen. Jede Wette, die meisten werden mit Qualität argumentieren. Kaum jemand wird spontan sagen: Marken schinden Eindruck. Sie signalisieren, welche Turnschuhe, Rucksäcke oder Autos wir kaufen können und welche nicht, wenn wir damit unsere Mitmenschen beeindrucken wollen.

Marken stehen nicht nur für Qualität, vor allem für junge Leute haben sie einen ganz eigenen Erlebniswert. Ende 2008 befragte das Institut für Demoskopie in Allensbach 20 000 Deutsche über 14 Jahren, was ihnen Markenprodukte bedeuten. Dabei zeigte sich, dass vor allem unter 30-Jährige sich von starken Marken fasziniert zeigen, ein Gefühl, das ältere Semester seltener haben. Kein Wunder, denn gerade in den jüngeren Jahren der heißen Balz- und Imponierphase kommt es darauf an, Mitmenschen zu beeindrucken. Das erklärt, warum Teenager bisweilen in hysterische Weinkrämpfe ausbrechen, wenn sie die falschen Turnschuhe zum Geburtstag bekommen. Während nahezu die Hälfte der jungen Leute Marken wichtig findet, ergeht es nur noch etwa einem Viertel der Älteren so. Durchgängig bei allen Altersstufen gaben allerdings 59 Prozent zu Protokoll, dass sie bei Zufriedenheit durchaus markentreu sind; 43 Prozent haben eine hohe Meinung von Marken; immerhin 37 Prozent waren der Meinung, dass ein Markenname etwas über die Qualität des Produkts aussagt; und 34 Prozent der Befragten finden Marken »interessant und sympathisch«.

Und für immerhin ein Drittel der Befragten stellen Marken eine wichtige Orientierungshilfe dar. Auch wenn viele zugaben, häufig zwischen verschiedenen Markenprodukten hin und her zu wechseln, nimmt ein großer Teil der Bevölkerung Marken offenbar als unverwechselbar wahr. Allerdings wollte nur noch etwa ein Fünftel der Befragten einsehen, dass diese Produkte wegen der oft höheren Qualität teurer sein *müssen* als No-Name-Artikel. Der Traum des Konsumenten lautet: super Qualität, starke Marke – zu geringen Preisen. Dass das eine Utopie bleiben muss, wissen die meisten Konsumenten und greifen deshalb für die begehrten Objekte zähneknirschend tief in die Tasche.

Nicht alles aber, was gemeinhin als gut und wertvoll betrachtet wird, ist sein Geld wert. Viele Markenprodukte zeichnen sich zwar durch hohe Qualität aus, aber mal ehrlich: Es ist selten der Qualitätsunterschied, der den mitunter atemberaubenden Preisunterschied zum No-Name-Produkt rechtfertigt. Ein großer Teil dessen, was wir bei einem Markenprodukt kaufen und was unser Gehirn so glücklich macht, ist von rein symbolischem Wert. Weil unser Gehirn etwas als wertvoll *bewertet*, sind wir bereit, viel zu bezahlen. Denn wir können sicher sein, dass das Gehirn unserer Mitmenschen ähnliche Bewertungen vornimmt und sich beeindrucken lässt. Meist weiß unser Gegenüber, dass eine D&G-Brille teurer ist als ein Fielmann-Modell. Und wer das nicht weiß, den wollen wir wahrscheinlich ohnehin nicht beeindrucken. So ergibt, was vordergründig irrational erscheint – viel mehr Geld für oft ähnliche Qualität auszugeben –, psychologisch gesehen am Ende doch einen Sinn.

Der Herdeneffekt

Sie stehen vor zwei Cafés: Das auf der linken Seite heißt XY und ist nicht einmal zu einem Drittel besetzt; eine Bedienung poliert mangels Beschäftigung Gläser. Das Café zur Rechten heißt YZ und ist fast voll. Aus der geöffneten Tür dringt lautes Stimmengewirr, nur noch ein einziger Tisch ist frei. Für welches entscheiden Sie sich? Menschen handeln nicht nur ziel- und zweckorientiert, sie sind auch anfällig für den Herdentrieb und richten ihr Verhalten gern an der Mehrheit aus, anstatt selbst nachzudenken oder auf eigene Faust etwas auszuprobieren, das von anderen verschmäht wird. Dabei hapert es nicht selten mit der Rationalität. Das zeigen Spekulationsblasen an den Börsen ebenso wie Managementtrends, die kein Vorstand verpassen will, selbst wenn er damit baden geht. Und das zeigt auch der anhaltende Hype um besondere Marken, die *alle* kaufen und die man haben *muss*, wenn man dazugehören will. Eine der Lieblingsformeln in Frauenzeitschriften ist das »Must-have der Saison«.

Was alle machen, wird nachgeahmt. Wie stark der Herdeneffekt beim Konsum sein kann, beweist eine Geschichte aus den USA, die die Brüder Brafman in ihrem Buch »Kopflos« erzählen. Sie geht auf das Jahr 1916 zurück, als ein polnischer Einwanderer namens Nathan Handwerker auf Coney Island einen Würstchenstand eröffnete. Er versuchte, Kunden anzulocken, indem er seine Hotdogs billiger anbot als die Konkurrenz – und zwar für den halben Preis. Obwohl seine Hotdogs nicht weniger lecker waren und von ebenso guter Qualität, blieb kaum einer der Passanten an seinem Stand stehen. Zu nahe lag der Verdacht, dass eine so billige Wurst nichts taugen konnte. Passanten, die an seinem Stand vorbeikamen und sahen, dass niemand dort stehen blieb, um zu essen, gingen davon aus, dass es sich einfach nicht lohnen konnte zuzugreifen.

Unser Gehirn ist in solchen Situationen konservativ und entscheidet sich einfach für das, was andere gewählt haben. Das spart Energie, und zwar selbst dann, wenn die intuitive Billig=schlecht-Abkürzung falsch ist. Der Würstchenverkäufer wollte es dabei nicht bewenden lassen und hatte eine Idee: Er heuerte Ärzte aus einem nahe gelegenen Krankenhaus an und bat sie, in weißem Kittel und mit umgehängtem Stethoskop an seinem Stand Hotdogs zu essen. Und plötzlich funktionierte dieselbe intuitive Qualitätszuweisung zugunsten des Anbieters: Die Passanten drängten sich an der Theke, denn was eine sozial angesehene Schicht wie Mediziner nicht verschmähte, konnte doch nicht schlecht sein. Plötzlich wiesen die Passanten exakt denselben Würsten einen völlig anderen Wert zu, nur weil sie sie zusammen mit Ärzten essen konnten. Handwerker konnte die Preise bald anheben und sich vor Kundschaft kaum retten. Seine Wurst wurde zur Marke.

Die Geschichte erklärt, warum es für Hersteller von Markenartikeln so erfolgversprechend ist, Prominente als Werbefiguren einzusetzen. Sie sind eine Art Leithammel der Markenherde und wirken wie die Ärzte an der Würstchentheke. Thomas Gottschalk führt die Haribo-Herde, Heidi Klum die Douglas-Herde, Günther Jauch die Krombacher-Herde und so weiter. Promis haben außerdem den Vorteil, dass sie leicht an den Türstehern unserer Aufmerksamkeitspforte vorbeikommen. Man erkennt sie sofort, jeder kennt ihr Gesicht; das erspart unserem Gehirn Arbeit. In Sekundenschnelle löst ein Promi Emotionen wie Sympathie oder Interesse aus. Man hat sofort Vertrauen zu einer Biersorte, wenn Günther Jauch sie uns ans Herz legt, und folgt ihm gern in den brasilianischen Regenwald.

Neuromarketingforscher Bernd Weber führte mit Kollegen an der Universität Bonn eine Hirnscanstudie durch, bei der zwölf Probanden zwischen 21 und 48 Jahren Bilder von Gesichtern berühmter und unbekannter Personen sowie unbekannten und bekannten Logos gezeigt bekamen. Die Promis waren in Deutschland bekannt aus Showgeschäft, Fernsehen und Politik. Beim Betrachten der Bilder zeigten sich nun sehr unterschiedliche Effekte in den Gehirnen der Versuchspersonen: Zum Erkennen der Logos brauchte das Hirn vor allem Bereiche, die auf visuelle Aufgaben spezialisiert sind. »Für Gesichter allerdings fanden wir Aktivierungen in Gehirnregionen, die mit emotionaler Verarbeitung und auch mit Gedächtnisformation in Verbindung stehen«, erklärt Weber. Die Forscher nehmen die Befunde als Hinweis darauf, dass der Einsatz von Gesichtern die Erinnerung an Werbung erhöht. Dabei rufen Prominasen eine stärkere emotionale

Reaktion hervor als unbekannte Gesichter, womit sie zugleich stärker das Gedächtnissystem aktivieren. Das führt dann unter dem Strich zu einer besseren Erinnerung an einen Werbespot.

Gregory Berns von der Emory Universität wollte nun herausfinden, was im Gehirn eigentlich passiert, wenn wir vor der Wahl stehen, entweder mit oder gegen den Strom zu schwimmen. Also schob er wie üblich seine Versuchspersonen in den Hirnscan und ließ sie beurteilen, ob zwei Objekte identisch oder voneinander verschieden waren. Ganz frei waren die Probanden bei dieser Entscheidung nicht, denn sie wurden vorher über die angebliche Entscheidung der Mitspieler informiert, die allerdings falsch war. Was also würde nun im Gehirn derjenigen passieren, die sich *gegen* die vermeintliche Mehrheitsmeinung entschieden? Und was würde sich bei den Herdenwesen tun, die einfach der (falschen) Mehrheitsmeinung folgten?

Taten die Teilnehmer Letzteres, war ihr Gehirn nur in einer Region besonders aktiv, nämlich dort, wo unsere optischen Wahrnehmungen verarbeitet werden. Bei Personen dagegen, die sich bewusst gegen die Mehrheitsmeinung entschieden, feuerte zusätzlich der schon erwähnte Mandelkern, der für die Verarbeitung von Gefühlen wie Angst, Zorn und Stress zuständig ist, starke Signale. Das Bewusstsein, gegen den Strom zu schwimmen, löst offenbar Emotionen aus, die wir bewältigen müssen – Querdenken kostet Energie. Für unser Gehirn ist es deshalb einfacher, weil energiesparender, einfach dem Zug der Lemminge zu folgen. Das bewahrt vor inneren Konflikten und könnte gleichzeitig ein Grund dafür sein, dass wir beim Konsum immer wieder gern Trends folgen – haben wollen, was andere haben, kaufen, was andere kaufen. Wir orientieren uns an den Vorlieben unserer Bezugsgruppe, kaufen Marken und Produktneuheiten, die von Menschen geschätzt werden, mit denen wir zu tun haben. Wer sich der Gemeinschaft anschließt, anstatt aus der Reihe zu tanzen, genießt außerdem, wie Sozialpsychologen herausgefunden haben, ihren Schutz: Er bekommt Anerkennung und entgeht damit der Gefahr, ausgeschlossen zu werden. All das vereinfacht das Leben ungemein.

Von dieser Dynamik zeugt schon folgender Witz aus Wirtschaftskreisen: Ein Ölbaron ist gestorben und klopft an die Himmelstür. Petrus öffnet, muss ihn aber vertrösten: »Leider sind alle Plätze für Ölbarone zurzeit besetzt.« Der Unternehmer denkt nach und ruft den Kollegen zu: »Ölquellen in der Hölle entdeckt!« Sofort laufen alle los. Petrus sieht ihnen staunend nach und bietet dem gewitzten Ölbaron nun einen Platz im Himmel an. Der winkt jedoch ab: »Ich schließe mich lieber den Kollegen an – wer weiß, vielleicht ist ja was dran an dem Gerücht.« Das erinnert entfernt an den Run auf vermeintliche Kultmarken.

Damit der Herdentrieb weiterhin funktioniert, bedienen sich Hersteller von Markenprodukten einiger Tricks, die unsere Hingabe an Produkte zusätzlich verstärken. Wie gut das funktioniert, erkennt man daran, dass viele Kunden unumwunden zugeben, bei einem Markenprodukt »den Namen mit zu bezahlen, nur weil ein Logo drauf ist«. Warum dieser Tanz ums Logo, um ein hässliches Krokodil auf dem Poloshirt oder drei Streifen auf dem Turnschuh? Warum fühle ich mich in den Bergen sicherer, wenn auf jedem meiner Ausrüstungsgegenstände das Signet eines Marken-Outdoor-Spezialisten prangt? Die simple Regel Nr. 1 lautet: keine Marke ohne Logo.

Neuronen lieben Muster – und Logos

Wer in Norddeutschland, vor allem an der Küste und auf den Inseln, nach Ende des Sommers durch die Straßen geht, dem fällt auf den Jacken der Menschen immer wieder eine Wolfstatze ins Auge. Die Outdoor-Marke Jack Wolf-skin war in den vergangenen Jahren so erfolgreich, dass ihr Logo eine geradezu epidemische Verbreitung erfahren hat. Man kann kaum irgendwo wandern gehen, ohne dass es einem ins Auge springt, vor allem am Meer und in den Bergen, also überall dort, wo so etwas wie »Outdoor« betrieben wird, wenn oft auch nur noch in rudimentären Ausformungen wie bei Spaziergängen am Strand. Bei unserem letzten Aufenthalt auf der Insel Borkum hatten wir nach einigen Tagen das Gefühl, eine Art Wolfstatzen-Augenkrampf zu bekommen. Nach einer weiteren Woche konnte ich das Symbol nicht mehr sehen. Mein Blick suchte verzweifelt nach einer Oase der Ruhe auf Jacken von Passanten, die dieses Logo nicht aufgestickt hatten. (Dass es auf meiner eigenen prangte, machte die Sache nicht einfacher.) Ursprünglich klein und dezent gehalten, bedeckt die Tatze vor allem bei Kinderjacken mittlerweile den gesamten Rücken. Sie soll auf keinen Fall übersehen werden.

Da der Wind kalt war und es immer wieder regnete, wollten wir unserer Tochter eine neue Jacke kaufen, ihre alte war zu klein und nicht wasserdicht. Aber das Kind weigerte sich, einen Insell aden zu betreten, der nur die besagte Marke führte. Sie hatte sich an dem Logo dermaßen sattgesehen, dass sie lieber ihre alte Jacke behielt, als dem allgegenwärtigen Bild einen weiteren Tupfer hinzuzufügen. Bis heute weigert sie sich, eine Jacke mit Wolfstatzenlogo anzuziehen. Manchmal, so zeigt dieses Beispiel, aktiviert ein Markenlogo nicht unbedingt das Belohnungssystem unseres Gehirns, sondern viel stärker das Schmerzareal. Unsere Tochter jedenfalls ist für diese Marke wohl auf immer verloren.

In den allermeisten Fällen jedoch wirken Logos äußerst konsumstimulierend. Krokodil, Puma oder Wolfstatze *sollen* weithin sichtbar sein, denn sie erfüllen wichtige Funktionen, indem sie für den Träger eine Art Auszeichnung sind und wie ein sozialer Code wirken. Das Logo demonstriert auf den ersten Blick – so viel wissen wir schon – Kaufkraft und Zugehörigkeit zur Gruppe der Markenanhänger. Vor allem bei Luxusmarken spielt das Image die entscheidende Rolle: Je teurer, umso hipper, das funktioniert wie eine psychologische Blase, gesteuert von den Gattinnen schwerreicher Männer in Moskau, Shanghai, New York und anderswo, die sich ein Wettrennen im Anhäufen begehrter Logos liefern. Die Marke wird zum Hobby, zum Ich-Ersatz, zur Eintrittskarte. Im Extremfall.

Bei einigen Kunden geht die Logomanie so weit, dass sie beispielsweise, nachdem sie eine Jacke des britischen Bekleidungsherstellers Barbour gekauft haben, sogar die kleine Metallklammer am Kragen mit dem Namen der Firma hängen lassen, damit auch der Letzte ihrer Mitmenschen sieht, dass es sich wirklich um eine original Jacke handelt und nicht um ein billiges Plagiat. Die wenigsten Hersteller von Luxuslabels erwarten bei ihren Kunden abgeklärtes Understatement, so dass sie auf die Logoprahlerei verzichten. Hat man bei den Jacken wenigstens noch die Möglichkeit, die »Angeberklammer« abzunehmen, sind viele andere Markenlogos so fest in den Stoff eingestickt, dass man beim Versuch, sie zu entfernen, unweigerlich den Stoff zerstört (glauben Sie mir, ich weiß, wovon ich rede).

Die Liebe zum Logo hat weltweit einen schwunghaften Handel mit Plagiaten entstehen lassen. Denn viele wollen die teuren Logos haben, doch nicht alle wollen ihren Preis bezahlen, und wer sich das nicht leisten kann oder will, greift eben zum Plagiat. Diese Leidenschaft lässt sich in Zahlen ausdrücken: Laut einer Studie der Wirtschaftsprüfungsgesellschaft Ernst & Young soll rund jeder vierte Kunde zumindest gelegentlich ein Plagiat kaufen. In mehr als der Hälfte der Fälle soll das ganz bewusst passieren, um Geld zu sparen. Hundertzwanzig bis 150 Milliarden Euro entgehen Markenherstellern jedes Jahr weltweit durch die Produktpiraterie. Sie soll nach Expertenschätzungen allein in Deutschland etwa 70000 Arbeitsplätze kosten, da die billigen Fälschungen meist aus Fernost importiert werden. Auch die Fälscher gehen mit der Zeit und perfektionieren ihre Produkte ständig weiter. Mit guten Nähmaschinen ist ein Markenlogo völlig problemlos herzustellen. Aber längst werden nicht nur Klamotten, Parfums und Schmuck gefälscht, auch Medikamente, Tennisschläger und selbst Auto- und Flugzeugteile. In Solingen eröffnete vor einiger Zeit das erste deutsche Museum, das ausschließlich Plagiate und ihre Originale zeigt.

Für die Hersteller ist ein Logo vor allem kostenlose Werbung. Man spart teure Anzeigen, wenn Tausende von Konsumenten Logos gratis zur Schau tragen. Die Firmen profitieren dabei von der Fähigkeit unseres Gehirns, Informationen sehr schnell aufzunehmen. Das Muster eines Markenlogos erkennen wir auf den ersten Blick, rein intuitiv, ohne dass wir lange darüber nachdenken müssten; auch Analphabeten können das. Ein kurzer Blick, und sofort weiß unser Gehirn Bescheid. So ist ein Markenlogo die schnellste und bequemste Abkürzung, die das Konsumentengehirn nehmen kann.

Warum aber reagiert unser Gehirn überhaupt so stark auf Muster? Da lohnt wieder ein kurzer Blick zurück in die Evolution. Ein Verhalten, das dem Überleben diente und somit eher weitergegeben werden konnte, als Verhaltensweisen, die nicht dem Überleben dienten, war, skeptisch zu reagieren, sobald ein Schatten hinter einem auftauchte, innezuhalten und sich vorsichtig umzudrehen, um herauszufinden, was diesen Schatten warf. Er konnte ja von einem Bären stammen, dem schon das Wasser im Mund zusammenlief. So brachte das Erkennen von Mustern in der Evolution Vorteile. Wer sich die Silhouette eines Tigers oder eines Skorpions gut eingeprägt hatte, sie blitzschnell abrufen konnte und dann auch noch schnell genug reagierte und die Beine in die Hand nahm, überlebte mit größerer Wahrscheinlichkeit als jemand, der solche Muster nicht erkannte oder ignorierte. Wer sich den Weg zurück zur Höhle und die Gesichter seiner Feinde merken konnte, war im Vorteil. So hat der Mensch ausgeprägte Fähigkeiten für die Mustererkennung entwickelt, die selbst dem besten Computer überlegen sind.

Deshalb lassen die meisten Hersteller ihre Nobeletiketten nicht diskret im Inneren der Textilien einnähen, sondern weithin sichtbar auf der Brust des Trägers. Eine blaue Cremedose mit der charakteristischen Schrift erkennen wir schon von weitem als Nivea-Creme und den Stern am Kühlergrill als Mercedes. Nach der sichergestellten Mustererkennung folgt Regel Nr. 2:

Früh übt sich ...

Haben Sie schon einmal ein Kind erlebt, das zu Weihnachten die falsche Spielekonsole auspacken musste, den Rucksack einer gerade gar nicht angesagten Marke oder Adidas-Turnschuhe, wo es sich ausdrücklich welche von Nike gewünscht hatte? Ich habe das einmal bei einer Gastfamilie hautnah miterlebt und werde aus Gründen der Diskretion hier keine weiteren Details preisgeben. Vielleicht nur so viel: Es war der kürzeste Heiligabend aller Zeiten, eigentlich war es nur eine heilige halbe Stunde.

Der Prozess der Markenbindung setzt bereits bei Kindern ein. »Sobald Kinder mit anderen Kindern zusammenkommen, kurz nach dem Babyalter, entwickelt sich das Markenbewusstsein. Kinder in diesem Alter wissen schon relativ genau, was sie wollen. Im Alter von acht bis zehn Jahren haben sie eine konkrete Vorstellung von einer Marke entwickelt und ordnen ihr bestimmte soziale Attribute zu«, erklärt der Wirtschaftspsychologie Gerhard Raab. Bestimmte Produkte werden speziell für eine Altersgruppe entwickelt und auch nur in einem bestimmten Alter nachgefragt, wie Fruchtzwerge, Kinderschokolade, Barbie, Lego oder Playmobil. Früh übt sich also, was ein Markenshopper werden will.

Psychologen beobachten seit Jahrzehnten, dass die Bindung an eine bestimmte Marke im Kindesalter dazu führt, dass man diese Marke auch als Erwachsener schätzt und kauft. Raab berichtet von einer Studie, die demonstriert, wie wichtig dieser Prozess der Markenbindung in der frühen Kindheit ist. Bei der Untersuchung wurden 500 Versuchspersonen im Alter von 30 Jahren mit Hilfe von Bildercollagen und Songs in die Zeit versetzt, als sie 17 waren. Dann legte man ihnen über 100 verschiedene Marken vor und fragte, ob sie diese als 17-Jährige verwendet hätten und sie immer noch kaufen würden. Dabei stellte sich heraus, dass über die Hälfte der Befragten eine Marke, die sie als Teenager benutzt hatten, nach wie vor kauften. Und das galt selbst für Produkte wie Seife, zu denen wir normalerweise keine allzu emotionale Verbindung knüpfen.

»Der Mensch ist ein Gewohnheitstier, das sich in der Regel an Bekanntes wie Marken hält«, stellt auch der Hirnforscher Hans Markowitsch fest. Wir greifen zu beliebten Marken, weil wir von klein auf an sie gewöhnt sind. Wir wissen, dass nur Rama das Frühstück gut macht, dass nichts weißer wäscht als Persil und nichts die Suppe leckerer macht als Maggi. Mit diesen Marken sind ganze Konsumentengenerationen aufgewachsen. Sie sind in unser episodisches Gedächtnis gesickert, weil wir sie jahrzehntelang vor Augen hatten. Wenn schon unsere Eltern nur mit Miele-Geräten wuschen, bleiben wir dabei. Wenn schon unsere Mütter Kinderschokolade als Trostpflaster reichten, warum sollten wir sie den eigenen Kindern vorenthalten?

Ähnliches gilt freilich auch für die Distanzierung von bestimmten Marken. Und das kann für eine Marke gelegentlich zum Knockout-Kriterium werden: Krönte beispielsweise unsere Großmutter ihren Sonntagskaffee mit der Krönung, werden wir diese Kaffeesorte ein Leben lang mit durcheinanderplaudernden Omis in Verbindung bringen. Die Marke wird es sehr schwer haben, als hip wahrgenommen zu werden und auf den studentischen WG-Tisch zu kommen. Deshalb hat beispielsweise Jägermeister seinen Werbeauftritt vor einigen Jahren komplett umgestaltet, um auch bei jungen Leuten landen zu können und nicht nur mit vollgefutterten älteren Herren in Verbindung gebracht zu werden, die dringend einen Verdauungsschnaps brauchen. Gerade das Kinder- und Jugendgehirn ist darauf gepolt, zu lernen, Informationen wie ein Schwamm aufzusaugen. Da fallen eben auch Markenbotschaften auf fruchtbaren Boden.

Um uns von Kindesbeinen an für ihre Marken zu gewinnen, haben Unternehmen in den letzten Jahren neue Instrumente entwickelt, etwa speziell auf Kinder und Jugendliche zugeschnittene Kundenclubs: den Barbie-Fanclub, den Lego-Club, den Nintendo-Club und so weiter. Dazu gehören Websites für Kinder und Jugendliche, auf denen sie Spiele finden, Postkarten ausdrucken können oder die Möglichkeit haben, mit anderen Fans der Marke zu chatten. So durchlaufen bereits Kinder die Hohe Schule des Markenkonsumenten. Und sie sind durchaus wichtige Kunden, denn sie verfügen nicht nur über eigenes Geld, sondern werden einmal erwachsene Käufer und beeinflussen bis dahin durch Gemäkel, Gejammer und Gebettel auch die Kaufentscheidungen ihrer Eltern. Und wehe, der Weihnachtsmann bringt die falsche Spielekonsole.

Marc liebt Mars, Hannah Hanuta

Die Identifikation mit einer Marke kann allerdings noch viel weiter gehen und tiefer liegende Ursachen haben. Besonders hängen wir nämlich an Markennamen, die mit demselben Buchstaben beginnen wie unser Name. Zu diesem verblüffenden Ergebnis kam ein Forscherteam der renommierten Wirtschaftsschule INSEAD bei Paris. Das Team um Miguel Brendl teilte 150 Versuchspersonen in zwei Gruppen ein, die beide die Aufgabe hatten, 18 Schokoriegel auf einer Beliebtheitsskala einzuordnen. Die erste Gruppe sollte sich beim Erstellen dieser Rangliste allein vom Gefühl leiten lassen, die zweite sollte anhand bestimmter vorgegebener Kriterien rational entscheiden, was sie besonders gut fand. Das Ergebnis: Wir ziehen Marken vor, deren Initialen mit unseren übereinstimmen. Die aus dem Bauch heraus urteilenden Versuchspersonen bewerteten solche Markennamen durchschnittlich um 1,5 Ränge besser als die rational abwägenden. Ein Marc zieht also eher einen Mars-Riegel vor als eine Hannah, die wiederum zu Hanuta greift. Das klingt nach esoterischer Kaffeesatzleserei. Aber tatsächlich hören die meisten Menschen ihren Namen gern.

Nach Ansicht der Forscher liegt diesem Phänomen der sogenannte »Name-Letter-Effekt« zugrunde, also die Neigung, die eigenen Initialen mehr zu mögen als andere Buchstaben des Alphabets. Daraus folgt das »Name-Letter-Branding«, die Neigung, Markennamen zu bevorzugen, mit denen wir die Initialen teilen. Vergleichbare Studien haben zum Beispiel gezeigt, dass zufällig ausgewählte Passanten (fiktiven) japanischen Teesorten den Vorzug geben, die ähnlich anlauten wie der eigene Name. Man möchte sich offensichtlich gern in den benutzten Marken wiederfinden, und sei es nur namentlich. Hersteller also, die einen neuen Schokoriegel auf den Markt bringen wollen, schauen vorher besser in die aktuellen Namensstatistiken. Und wenn da gerade Lukas und Luise ganz oben rangieren, sollte man ihn tunlichst Luna oder Luxi nennen. Der privat nachgestellte Versuchsaufbau freilich kam zu keinem eindeutigen Ergebnis. Unsere Tochter Hannah verschmähte Mars ebenso wie Hanuta mit den Worten: »Ich will ein Eis!«

Marken erzählen uns Geschichten

Eine Marke soll nicht nur so ähnlich heißen wie wir, wir kaufen sie auch umso lieber, je besser die Geschichte ist, die sie uns erzählt. Regel Nr. 3 lautet: Eine starke Marke muss Kunden eine Geschichte erzählen, sie muss Visionen vermitteln und uns ein Bild von uns selbst anbieten, wie wir sein könnten, wenn wir die Marke kauften. Dieses Versprechen kann in ganz unterschiedlichen Dingen bestehen: Abenteuer ebenso wie Genuss, Sicherheit, Autonomie oder Status. Eine Marke kann Macht suggerieren oder die Hingabe an Tradition. All das liebt unser Gehirn, weil wir damit automatisch Erlebnisse und Assoziationen verknüpfen. Und besonders eingängig wird das mit Hilfe von Bildern und Geschichten, denn Bildhaftes und Episodisches prägt sich unser Gehirn am leichtesten ein. Der Jever-Mann am Strand vermittelt Erfolg, Status, Souveränität, die Meister-Proper-Hausfrau die schlichte Liebe zu streifenfreier Sauberkeit. Eine Harley-Davidson ist nicht einfach nur ein Motorrad, das uns von A nach B bringt. Sie ist Lebensgefühl, Freiheit, und sie repräsentiert Mann-Sein in seiner ureigensten Form. Manche Marken mit jugendlichem Image wie H&M sprechen die »Jugendlichen« aller Altersstufen an, andere wie Dallmayr Prodomo geben gesetzten Herrschaften ein Zuhause, während BMW für *Business, Money, Women* steht.

Der Philosoph Wolfgang Ullrich stellt in seinem Buch »Habenwollen« die These auf, dass es beim Konsum der Moderne längst nicht mehr um den Gebrauchswert von Dingen gehe, sondern um ihren symbolischen Wert, also ihren »Fiktionswert«. Starke Marken verkaufen Phantasien und Fiktionen, darin besteht die wesentliche Belohnung, die den Markenfetischisten so loyal macht. Ganz gleich, ob uns das neue Modell wirklich gefällt oder nicht, wir kaufen es, sobald wir uns mit einer Marke identifizieren, sie zu einem Teil unserer Identität geworden ist. Und damit wir dieses Verhältnis aufbauen können, muss uns der Markenhersteller ansprechende Geschichten erzählen.

Das gilt übrigens auch für Geschichten, die uns *über* bestimmte Markenhersteller erzählt werden, was ein Grund dafür ist, dass diese manchmal sogar Strafen in Kauf nehmen, um Aufmerksamkeit zu erregen. Das machte vor einigen Jahren der Schweizer Uhrenhersteller Swatch vor. Er ließ Berliner Wahrzeichen wie die Siegessäule und den Fernsehturm mit riesigen Werbebildern anstrahlen. Das brachte eine Geldbuße in fünfstelliger Höhe, aber auch viel Publicity ein. Die Tatsache, dass die Aktion illegal war, sorgte wochenlang für Gesprächsstoff. Geschichten, Träume und Sehnsüchte spielen beim Konsum eben generell eine zentrale Rolle. Sie sind das Sahnehäubchen auf dem trockenen Marmorkuchen des Lebens. Wer uns schöne Geschichten zu erzählen weiß, findet leichter Zugang zu unseren Konsumentenherzen und -hirnen.

8. Ich will Träume!

O schöne bunte Warenwelt, wie stillst du die
süße Sehnsucht nach Geschichten

➤ Wundercremes, Wasserparfum und Wunschringe

➤ Unser Gehirn liebt Geschichten …

➤ … und die Unternehmen erzählen sie uns

➤ Die Macht des Buschfunks

➤ Die Stehpinkler der Generation Golf – wenn unsere
Erinnerung shoppen geht

➤ Für jeden das Passende

➤ Der Traum vom Besitz

Wundercremes, Wasserparfum
und Wunschringe

Normalerweise ist es in meiner Parfümerie kein Problem,
eine Creme zu testen, bevor ich sie kaufe. Dafür halten die
Hersteller sogenannte Qualitätsmuster bereit. Schwierigkeiten kann man mit diesem Anliegen bei der Hautcreme
La mer bekommen. Der 250-Gramm-Tiegel der als »Wundercreme« gepriesenen Paste kostet 740 Euro, und da knau-
sern Verkäuferinnen verständlicherweise schon mal mit
Pröbchen. Ich habe es jedenfalls nicht geschafft, eines zu
ergattern. Die Angestellte in der Parfümerie nuschelte etwas von Lieferrückständen, verwies dann aber umso wort-
reicher auf prominente Fans der erfolgreichen Creme. Ihr
Geheimnis: Die Marke verspricht der Kundin nicht nur
eine glatte, gesunde und faltenlose Haut, jede professionelle Verkäuferin erzählt Ihnen auch die Geschichte des
Raumfahrtphysikers Dr. Max Huber, dem nach einer Treib-
stoffexplosion große Teile der Haut verbrannt waren.

Huber suchte lange nach einem Heilmittel für seine
Narben, wurde aber auf dem Markt nicht fündig. Doch
der Mann war schließlich Forscher, also machte er sich daran, die dringend benötigte Wundercreme selbst zu entwickeln, mischte Seetang mit anderen geheimnisvollen Zutaten, die seine Haut schließlich heilten – Ende gut, alles
gut. Fühlen Sie ein leichtes Kribbeln in Ihren Konsumneu-
ronen? Neugierig geworden bei dieser Geschichte?

Nach zwölf Jahren und 6000 Experimenten hatte Huber der Firmenlegende nach eine Creme entwickelt, die
»sich Naturgesetzen widersetzt«, so das vollmundige Versprechen des Herstellers. Anstatt eine Erklärung dieser

doch recht ungewöhnlichen Wirkung zu bieten, liefert man der interessierten Kundin weitere Geschichten. Die Firma hat das *Storytelling* – ein Zauberwort des Marketings – perfektioniert. Auf der Internetseite erfährt man von Elizabeth, der verzweifelten Braut, die alles so perfekt vorbereitet hatte, aber – o Schreck – durch den Stress war der Teint ruiniert. So konnte sie ihrem Zukünftigen nicht unter die Augen treten. Nicht auszudenken, wie er auf die Problemhaut seiner Braut reagieren würde. Erst der beherzte Griff in den Naturgesetze aushebelnden Wundertiegel von La mer brachte die Rettung. Am Tag ihrer Hochzeit erwachte Elizabeth – mit perfekter Haut. Selbst wenn einem das nun zu dick aufgetragen sein sollte, wird man zumindest die Geschichte um den verzweifelten Forscher nicht mehr vergessen.

Wie stark uns Geschichten und die Träume, die sie anregen, zum Kauf motivieren können, erlebte ich an einem heißen Sommertag, als ich in einer überfüllten U-Bahn durch Frankfurt fuhr. Ich las gerade einen Artikel über den japanischen Modedesigner Issey Miyake und wie es dazu kam, dass dieser vom Schicksal gebeutelte Mann ein wundervolles Parfum kreierte. Miyake überlebte erst die Bombardierung von Hiroshima, dann 9/11 in New York und führte auch sonst ein sehr bewegtes Leben. Schließlich hatte er die Idee, ein ganz besonderes Parfum zu schaffen. Sein Duft sollte die Klarheit von Wasser haben. Seinen Parfümeuren erklärte er, er wolle, dass seine Kundinnen sich mit dem Element umgeben können, das alles Leben hervorbringt.

Eingekeilt zwischen schwitzenden Menschen in einem stickigen Waggon, kam mir diese Idee grandios vor. Ich schloss die Augen und nahm den Geruch einer klaren kühlen Bergquelle wahr. Sie war von leuchtenden Hibiskusblüten umwachsen, in den Zweigen der Äste zwitscherten exotische Vögel. Das Wasser fiel in Kaskaden über den Felsen und zersprang in Tausende glitzernder Tröpfchen, der

Rest sammelte sich in einem kleinen See. Wenn man die Hand hineintauchte, fühlte es sich wunderbar weich an, aber auch frisch. Dieses Parfum musste ich haben! Anstatt nach Hause zu fahren, stieg ich an der Hauptwache aus und steuerte die nächste Parfümerie an. Seit diesem Tag benutze ich *L'eau d'Issey*, das weltweit zu einem großen Erfolg wurde.

Natürlich weiß ich, dass kein Wasser der Welt, nicht einmal die reinste Bergquelle, umringt von Hibiskusblüten, riecht wie dieses Parfum, doch auf eine rätselhafte Weise fühle ich mich ihm verbunden. Ich habe seine Geschichte nie vergessen, wie ein Märchen aus der Kindheit hat sie sich in meine Neuronen eingegraben. Seither ist dieser Duft keiner wie alle anderen. Sobald ich den Flakon in die Hand nehme, plätschert in meinem Kopfkino die klare Bergquelle, umflattert von Kolibris. Mit den Jahren werden die Bilder eher intensiver als schwächer. Das zeigt: Wer immer uns eine gute Geschichte erzählen kann, bringt uns sein Produkt näher. Mit der schönen Geschichte im Rücken tritt es aus der anonymen Masse heraus, wird uns vertraut wie ein alter Freund. Die Idee eines Wasserparfums wirkt nach und ist bis heute mein Gegenzauber zu überfüllten Zügen, Hitze und Menschenansammlungen.

Eine kleine, exklusive Schmuckmanufaktur in Pforzheim wirbt nicht nur mit der Schönheit und Exklusivität ihrer Schmuckstücke, sondern auch mit einer ganz besonderen Geschichte: »Glaubt man einem alten Märchen, so erfüllt sich jeder Wunsch, wenn man nur dreimal an seinem Ring dreht«, wird mir in einer ihrer Anzeigen erzählt. So weit, so romantisch, dachte man sich in Pforzheim. Aus dieser Geschichte müsste sich doch ein umsatzstarkes Alleinstellungsmerkmal entwickeln lassen, das in Kundinnen den Wunsch weckt, einen solchen Ring zu besitzen. Diesen dreht man nicht nur schnöde dreimal um den eigenen Finger wie im Märchen, stattdessen bekommt man einen

Ring mit beweglichen Schienen, die sich samtweich gegeneinander drehen lassen. So kann die Besitzerin unablässig am Ring drehen und Wünsche in Erfüllung gehen lassen – vielleicht ja auch den Wunsch, den Kaufpreis bezahlen zu können, denn je nach Modell kostet ein Exemplar leicht bis 10 000 Euro.

Auf jeden Fall ging der Wunsch des Herstellers in Erfüllung, sein Produkt mit Hilfe einer schönen Geschichte zu verkaufen. Man hatte eine Marktlücke gefunden, um Kundinnen einen märchenhaften Zauber für den Alltag anzubieten, der sich tief ins Gedächtnis brennt. Wann immer ich Werbeanzeigen des Herstellers sehe, habe ich eine Märchenszene vor Augen, in der ein verzagtes Mädchen dreimal an seinem Ring dreht und reichlich belohnt wird, womit auch immer. Ich stelle mir vor, einen solchen Ring zu besitzen. Vor allem das blau emaillierte Exemplar mit diesen entzückenden kleinen Diamanten würde fabelhaft mit meinem Wasserparfum harmonieren.

Passend zu der Märchengeschichte bot man mir zum neuen Jahr 2009 einen Jahresring »Prinzessin« an. Auf dem edlen Prospekt erklimmt vor nachtblauer Kulisse ein attraktiver Jüngling den Balkon einer jungen Schönheit. Sie, im schulterfreien Abendkleid, streckt ihm einladend den Arm entgegen. Sein Mantel flattert im Wind, aber irgendwo dort, tief drinnen in den Manteltaschen liegt er, der Ring, gebettet auf nachtschwarzem Samt. Der Katalog lag lange in unserem Wohnzimmer, leider hat mein Mann die Aufforderung dahinter nicht wahrgenommen. »So ein Kitsch«, schnaubte er kurz angebunden, als ich ihm das Heft unter die Nase hielt. Das Thema war erledigt, für mich erfüllte sich der Traum vom Wunschring nicht. Noch nicht. Aber bald ist mein Geburtstag, wer weiß. Einen Balkon haben wir nicht, aber einen Mantel, der dramatisch im Wind flattern kann und mit vielen geräumigen Innentaschen ausgestattet ist, den hat mein Mann.

Unser Gehirn liebt Geschichten ...

Die Sache mit den Zauberringen zeigt: Träume lassen sich beim Konsumenten am besten über gut erzählte Geschichten entfachen, die zur Zielgruppe passen. Das kann starke Kaufimpulse setzen. Denn Menschen lieben Geschichten. In allen Kulturen der Erde wurden zu allen Zeiten Geschichten erzählt, erst mündlich am Lagerfeuer, später von fahrendem Volk oder professionellen Erzählern. Heute konsumieren wir Geschichten in Büchern, im Internet, in Theaterstücken oder in Film und Fernsehen. Auch der private Klatsch und Tratsch ist meist willkommen. Warum aber, so fragen sich einige Wissenschaftler, wurde uns diese Liebe zum Erzählen und Hören von Geschichten überhaupt in die Wiege gelegt, warum brauchen wir solche irrealen Träume? Geschichten machen nicht satt, sie schützen nicht gegen Kälte, helfen nicht bei Krankheiten. Trotzdem haben sie eine enorme Macht. »Nicht zuletzt manipulieren sie auf einzigartige Weise Überzeugungen, indem sie über das Einfühlungsvermögen der Zuhörer direkt an deren Gefühle appellieren«, erzählt der amerikanische Journalist Jeremy Hsu.

Immer mehr Forscher sind der Überzeugung, dass das Geschichtenerzählen im Lauf der Evolution eine wichtige Funktion innehatte: Die Abenteuer, denen wir gebannt lauschen, sind eine Art virtuelles Experimentierfeld für soziale Beziehungen. Mit den Irrungen und Wirrungen eines Helden kann der Leser verfolgen, was passiert, wenn man sich auf eine bestimmte Art und Weise verhält. Wie ergeht es jemandem, der gegen die Gesetze handelt oder die Überzeugungen der Gemeinschaft missachtet, was geschieht, wenn man die eigenen Bedürfnisse verleugnet oder seine Träume nicht auslebt? Geschichten helfen uns, das oft verwirrende soziale Geflecht der Gesellschaft zu durchschauen und besser in die Gemeinschaft und ihre Regeln hineinzuwachsen. So entwickelte sich nach Meinung des

Harvard-Psychologen Steven Pinker im Laufe der Zeit die Liebe zur Fiktion.

In den meisten Geschichten der Menschheit geht es um Fragen von Macht und Einfluss, Liebe, Lust und Leid oder Nöte, die durch gemeinsame Anstrengungen abgewendet werden. Jonathan Gottschall vom Washington & Jefferson College in Washington fand heraus, dass sich Menschen überall auf der Welt am stärksten von Verliebtheit und romantischer Liebe verzaubern lassen, und das selbst in Kulturen, in denen Ehen nach Nützlichkeitsaspekten geschlossen werden. Überall auf der Welt gibt es Geschichten von heldenhaften Männern und schönen Frauen, ob in alten Jäger- und Sammlerkulturen oder modernen Industrienationen. Es sind die Prioritäten und Rollenmodelle der Evolution: starker Mann, schöne Frau, Kraft und Ästhetik und wie sich beides findet. Kurz: Alles, was im Leben wirklich wichtig ist, wird in unseren Geschichten gespiegelt, wie ein Reflex unserer biologischen Vergangenheit. So ist im Menschen die Liebe zu Sagen und Legenden als uraltes Programm fest verankert. Und das starke Bedürfnis danach wird auch in der Warenwelt gestillt. Hersteller wären dumm, würden sie das nicht ausnutzen und stattdessen versuchen, uns nur mit Fakten zu locken. Jahrelang träumten wir so auf dem Rücken eines Pferdes den Traum von Freiheit und Abenteuer mit dem Marlboro-Mann (wir klinkten uns erst aus, als er an Lungenkrebs erkrankte), träumten uns an den herrlichen türkis-weißen Pool der Raffaello-Werbung, schipperten mit der Beck's-Crew in die Karibik, wo wir am Bacardi-Strand die Hüften schwangen.

... und die Unternehmen erzählen sie uns

Eine Geschichte ist umso besser, je mehr sich der Zuhörer mit den Emotionen der handelnden Personen identifiziert.

Das gilt natürlich auch für Geschichten, die Werbung uns erzählt. Die Marketingexpertin Jennifer Edson Escalas zeigte 2007 an der Vanderbilt University in Nashville mit einer Studie, dass ein Testpublikum deutlich positiver auf Werbespots reagierte, die ihre Botschaft in einer erzählten Handlung verpackten, als auf solche, die nur mit Fakten argumentierten. Und ihr Kollege Jeff Zacks von der Washington University in St. Louis schob Testleser in den Hirnscan, wo er sie Kurzgeschichten lesen ließ, und fand heraus, wie weitgehend die Identifikation unseres Gehirns mit dem Helden einer Geschichte sein kann: Immer wenn der Held etwas tat, etwa an einer Schnur zog oder in einen anderen Raum ging, wurden im Gehirn der Testpersonen neuronale Netzwerke aktiv, die für solche Handlungen in der Realität verantwortlich sind. Das heißt, unser Gehirn lebt eine Geschichte tatsächlich virtuell mit. Das zeige, so Zacks, dass wir bei Geschichten lebhafte mentale Simulationen durchspielen. Um eine Beziehung zu einem beworbenen Produkt auszubauen, kann das natürlich sehr förderlich sein.

Marketingberater landauf, landab halten deshalb Seminare zum sogenannten *Storytelling*. Dabei lernen Werbeleute, Geschichten aller Art um Waren zu inszenieren – und das nur, um die Aufmerksamkeit unseres Gehirns für einen Moment zu fesseln: »Geschichten reduzieren Komplexität«, so bringt Werner T. Fuchs, Geschäftsführer der Schweizer Marketingagentur Propeller, die Sache auf den Punkt. Geschichten liefern uns Konsumenten einfache, leichtverständliche Muster, und das mögen wir. Sie bringen uns Abstraktes nahe, machen es nachvollziehbar und -erlebbar. Die chemischen Bestandteile einer Creme kann ich mir nicht merken, aber die Geschichte des bedauernswerten Physikers mit den Brandnarben vergesse ich nicht.

Werner T. Fuchs ist überzeugt, dass unser Gehirn nicht einzelne Objekte und Bilder abspeichert, sondern Strukturen und Episoden, also komplette Muster anstatt zahlloser Details. Die Bestandteile dieser Muster sind nach bestimmten Regeln kombiniert. Besonders fesselnd wirken solche über Leben und Tod, Liebe und Hass, Gut und Böse, Wahrheit und Liebe. Auch Treue und Betrug, Hoffnung und Verzweiflung, Macht und Unterwerfung sowie ruhmreiche Heldentaten interessieren den Menschen seit jeher. Sie werden seit Jahrtausenden in Theater, Film und Literatur neu erzählt. Und genau diese Geschichten sind es, die Werbung geschickt nutzt, um uns mit kurzen Episoden zu fesseln und unbewusst Emotionen hervorzurufen, die anschließend automatisch mit dem beworbenen Produkt in Verbindung gebracht werden.

Der Kunde fasst Vertrauen zu einer Markengeschichte und ihren Protagonisten, sie werden ihm vertraut wie reelle Personen. Ein Beispiel dafür ist das HB-Männchen, ein sympathischer Choleriker, der uns jahrzehntelang vormachte, wie dank einer Zigarette brenzlige Situationen gemeistert werden können. Auch die Waschfrau Klementine gehörte in vielen Familien der siebziger und achtziger Jahre praktisch zum Personeninventar.

Simone Helme von der Universität Hohenheim kam nach längeren Nachforschungen zu dem Schluss, dass selbst das Einkaufen im Bioladen viel mehr ist als eine bloße Entscheidung für Waren: »In Bioläden werden eben nicht bloß Produkte verkauft, sondern es werden auch Geschichten erzählt, die von Bäuerlichkeit, Verantwortung, experimentellen Lebensweisen und Pioniererfahrungen handeln.« Ihre Gesprächspartner erzählten von Erfahrungen in Landkommunen und vom Unbehagen in der Moderne, das im Bioladen abgemildert werde. Kein Wunder also, dass immer mehr Menschen so gern »Bio« kaufen: Wenn beim Kauf ein Lebensgefühl, verpackt in gute Geschichten, mitgeliefert wird, macht die Sache gleich doppelt so viel Spaß.

Diese Macht von Geschichten haben auch Laien begriffen und erzählen beispielsweise als eBay-Verkäufer gern preistreibende Anekdoten zu den offerierten Produkten. Aus einem alten Auto wird der heißbegehrte »Papst-Golf«, ein mit seinem Leben unzufriedener Engländer versteigert seine eigene Seele (Startgebot 25 000 Pfund), die Flasche einer Biersorte, die im 19. Jahrhundert für eine Arktis-Expedition gebraut worden war, erzielte einen Kaufpreis von 503 300 US-Dollar. Dagegen endete ein echtes DDR-Fluchtboot, mit dem Wagemutige 1987 versucht haben sollen, aus dem Land zu fliehen, bei einem Startpreis von 750 000 Euro ohne Gebot. Merke: Nicht jede Geschichte zieht, aber viele tun es auf geradezu märchenhafte Weise.

Apropos Märchen – beliebt und umsatzfördernd sind auch Geschichten, die uns zu berühmten Edelsteinen erzählt werden, und das kann leicht in die Millionen gehen. Je abenteuerlicher die Geschichte, je dichter mit Mythen umrankt die Herkunft eines Juwels, umso mehr Interessenten finden sich, wie beim Blauen Wittelsbacher: Der Ursprung des Mythos um diesen blauen Diamanten mit seinen rund 35 Karat, der zu den schönsten und größten seiner Art zählt, liegt, wie bei vielen sagenumwobenen Steinen, in Indien, wo er vor vielen Jahrhunderten in den Minen des Moguls Jahangir geschürft worden sein soll. Angelockt von der Größe, Schönheit und Herkunftsgeschichte des Edelsteins, verlangte es den spanischen König, Philipp IV., nach ihm. Aus dessen Händen gelangte er in den österreichischen Kronschatz und von dort weiter in den Besitz der bayerischen Könige. In den Folgejahren tauchte das Juwel hier und da auf und zählt bis heute zu den berühmtesten Diamanten der Welt, um den sich viele geheimnisvolle Erzählungen ranken. Die Versteigerung des Steins bei Christie's brachte Ende 2008 den Rekordpreis von 18,7 Millionen Euro – den höchsten Preis, der jemals bei einer Auktion für ein Juwel erzielt wurde, und etwa das Doppelte seines Schätzwertes. Glücklicher Besitzer ist nun ein Londoner Juwelier, der den Stein einem unerkannt gebliebenen russischen Konkurrenten wegschnappte. Es würden wohl die meisten von uns, sofern sie gerade 19 Millionen Euro über haben, lieber einen sagenumwobenen Stein ersteigern als einen, der seit 300 Jahren im Tresor gelegen hat und über den es nichts zu erzählen gibt, selbst wenn sich beide Steine bis aufs letzte Kohlenstoffatom glichen. Die Story macht den Unterschied. Aber nicht nur Anbieter erzählen uns gute Geschichten. Auch wir Kunden tun es und lösen damit in anderen Konsumenten Kaufimpulse aus.

Die Macht des Buschfunks

»Hast du schon gehört, es gibt ein tolles neues Buch über einen Zauberschüler. Wir haben es in den Ferien geradezu verschlungen. Es ist eines der besten Bücher, die ich seit langem gelesen habe.« So oder so ähnlich haben viele von uns zum ersten Mal von Harry Potter gehört. Freunde, Nachbarn oder Kollegen berichteten von ihrer Begeisterung und steckten andere damit an. Am Ende wurde Band für Band zum Bestseller, verzweifelte Leser lauerten ihren Briefträgern um Mitternacht auf, als endlich der heißersehnte neue Band ausgeliefert wurde. Es gibt wohl kaum interessantere Konsumgeschichten als die echten, authentischen, die uns Bekannte erzählen. Sie sind so viel besser als die cleverste Anzeige, der beste TV-Spot und die teuerste Kampagne. Wenn jemand, dem wir vertrauen und dessen Urteil wir schätzen, uns ein Produkt empfiehlt, sind wir gern bereit, es auszuprobieren. Das gilt für Bücher wie für Kosmetik, für Lebensmittel wie für technische Geräte. Ihr Kollege hat gute Erfahrungen mit einem Mobilfunkanbieter gemacht? Gut, warum es nicht auch damit probieren, denken Sie, wenn Sie vielleicht gerade ohnehin den Anbieter wechseln wollen. Ein neues Café, ein neuer Laden – in Windeseile macht von sich reden, was überzeugt hat. Menschen lieben es, einander ihre Erfahrungen mitzuteilen, und können mit diesen Geschichten wahre Kauflawinen lostreten.

Es kommt eben nicht nur darauf an, was und wie viel ein Kunde kauft. Fast genauso wichtig ist, ob er Produkte weiterempfiehlt, denn das ist die einzige Werbung, die nichts kostet, dabei aber unglaublich effektiv ist. Mundpropaganda beeinflusst unser Kaufverhalten enorm, verleitet uns, Dinge zu kaufen und Entscheidungen zugunsten bestimmter Marken zu treffen, Neues auszuprobieren, selbst wenn wir eher zum konservativen Kauftypus gehören. Der Grund: Der Buschfunk bietet uns eine Vereinfachung an. Wenn der Kollege, auf dessen Urteil wir viel geben, von einem Produkt überzeugt ist, *kann* es nicht ganz verkehrt sein. Seine Empfehlung nimmt uns Arbeit bei der Informationsbeschaffung und der Entscheidungsfindung ab. Sie bietet Orientierung in einer immer unübersichtlicheren Angebotsvielfalt. Da tut es gut, sich einfach an den Erfahrungen vertrauter Personen orientieren zu können.

Und noch besser funktioniert das, wenn uns zur reinen Empfehlung eine eingängige Geschichte erzählt wird: »Du, ich habe da so eine tolle neue Creme ausprobiert, die hat ein NASA-Forscher entwickelt, dessen Haut bei einer Explosion …« – »Bei dem neuen Friseur hat meine Freundin endlich ihre Traumfrisur verpasst bekommen …« – »Den neuen Laden am Marktplatz musst du unbedingt gesehen haben, da gibt es …«

Persönlichen Empfehlungen bringe ich einen Vertrauensvorschuss entgegen. Dieser Reklame glaube ich, weil ich kein Kalkül dahinter vermute, während ich normaler Werbung gegenüber eher skeptisch bin. Werbefiguren sind gekauft, das weiß jedes Kind. Glaubwürdigkeit gegen Skepsis, das ist das Prinzip von Mundpropaganda. So ist ein überzeugter Kunde, der seine Begeisterung weitererzählt, oft mehr wert als 1000 Anzeigen und TV-Spots, die von uninteressierten Adressaten zur Kenntnis genommen werden. Manche Werbefirmen versuchen deshalb, ihre Spots so aussehen zu lassen, als hätte das Kamerateam zufällig im Supermarkt Menschen getroffen, die just in diesem Moment den Schokoriegel in den Wagen legen, für den geworben wird. Diese Laienschauspieler wirken allerdings meist so hölzern und grauenvoll unglaubwürdig, dass einem jede gutgemachte ehrliche Werbung am Ende lieber ist als diese vorgetäuschte Authentizität.

»Durch die Stoßkraft der Mund-zu-Mund-Werbung können brandneue Produkte rasch in unglaubliche Umsatzhöhen katapultiert werden. Die süchtig machenden Pokemons und die knuddeligen Beanie-Babies oder der aufsehenerregende neue VW-Käfer – sie alle stehen beispielhaft für atemberaubende Geschäftserfolge, die auf einen bei den Käufern entfesselten Kaufrausch zurückgehen«, stellt Renée Dye fest. Sie ist Unternehmensberaterin und führte im Auftrag von McKinsey eine Untersuchung über Marketingpraktiken durch. Die Mundpropaganda sieht sie als starken Wirtschaftsfaktor. Aus diesem Grund setzen Firmen vermehrt auf den Buschfunk und Trendsetter, meist konsumbegeisterte junge Käufer, die in den Marketingabteilungen als »Alphakonsumenten« gelten und stets allen Innovationen nachjagen, neuesten Trends und Moden folgen.

Und das Gute an der Sache: Im digitalen Zeitalter braucht man für Mundpropaganda nicht einmal mehr den persönlichen Kontakt. Vom Mund zur Maus: In unzähligen Internetforen wird rund um die Uhr ein nicht enden wollendes Palaver um Produkte veranstaltet. Das Internet vernetzt Millionen Nutzer, die Erfahrungen zu praktisch jedem Konsumprodukt kundtun. Das Prinzip ist überall dasselbe: Ein Produkt bekommt Geschichte plus Bewertung verpasst. Viele kaufen heute kaum noch ein technisches Gerät oder buchen ein Hotel, ohne vorher das Internetorakel befragt zu haben. Nur was dort empfohlen wird, findet unser Vertrauen.

Empfehlungen können also starke Kaufimpulse auslösen. Aber gerade deshalb sollte man vorher den kritischen Verstand einschalten. Denn Bekannte und Freunde können irren, und Mundpropaganda bleibt eben, was sie ist – subjektiv. Ebenso wenig, wie wir den normalen Werbegeschichten blind vertrauen können, sollten wir das bei privaten Werbespots tun, umso mehr, als auch Marketingexperten natürlich längst um diese Macht wissen und den »Buschfunk« gezielt instrumentalisieren. Sie bieten uns Belohnungen, wenn wir Neukunden für sie gewinnen, umschmeicheln uns, damit wir von unseren Erfahrungen berichten. Unser Mobilfunkanbieter schenkt uns ein Gesprächsguthaben für jeden geworbenen Kunden, Versandkataloge locken mit üppigen Prämien. Online-Broker bieten werbenden Kunden kostenlose Wertpapiertransaktionen an. Und große Modehäuser verleihen die Edelroben der kommenden Saison an die Stilikonen unter den Promis, auf dass die damit auf den roten Teppichen herumlaufen, fotografiert werden und Trends setzen, über die bald alles spricht. Fachleute nennen das »Buzz-Marketing«.

Einen originellen Weg ging auch die Brauerei Beck's bei der Einführung ihrer Marke Beck's Gold. Das Bier stand nicht im Supermarkt, war nirgends zu kaufen, außer man ging in ausgewählte Szenelokale. Dazu gehörten etwa das 3001 im Düsseldorfer Medienhafen oder das Kurvenstar in Berlin. Dort vermutete man die Trendsetter in Sachen Geschmack. In diese ganz spezielle Erlebniswelt von Abenteuerlust und Designerklamotten sollte sich das neue Bier einreihen und von dort aus auch im Rest der Republik die Lust auf mehr wecken. Als die Flaschen schließlich im Handel auftauchten, hatte sich längst herumgesprochen, dass dies das neue Getränk der Szenelokale sei – was als cool galt.

Manche Unternehmen nutzen die Glaubwürdigkeit des privaten Klatsches noch cleverer: Anstatt teure Anzeigen zu schalten, schicken sie gezielt Menschen los, die Geschichten unters Volk streuen, als wäre es echte Flüsterpropaganda. So sollen sich in vielen Internetforen hinter vermeintlich begeisterten Nutzern in Wirklichkeit Vertreter der Firmen verbergen, die tagaus, tagein nur eine Aufgabe haben: begeistert von den Vorzügen der firmeneigenen Produkte zu berichten, und zwar so, dass es nach Otto Normalkonsument klingt. Manche Firmen stellen sogenannten »Buzz-Agenten« kostenlos neue Produkte zur Verfügung, damit sie anderen davon erzählen. Der Motorroller-Hersteller Piaggio soll, wie die *Handelszeitung* berichtete, eines schönen Sommers Gruppen von Rollerfahrern engagiert haben, nicht damit sie schnöde Werbezettel verteilten. Nein, sie hatten an der kalifornischen Sonnenküste einen viel besseren Job zu erledigen: Die hippen Vespa-Fahrer mussten nichts anderes tun, als durch die Straßen zu kurven, in einschlägigen Szenecafés herumzuhängen, Cola zu trinken und jedem Interessenten von den tollen Eigenschaften der neuen trendigen Roller zu erzählen. Super Job.

Das Beispiel zeigt: Gesundes Misstrauen ist auch beim Buschfunk angesagt. Nicht alle tollen Geschichten sind wirklich authentisch, und man sollte sich von Begeisterung nicht immer anstecken lassen.

Die Stehpinkler der Generation Golf – wenn unsere Erinnerung shoppen geht

Der Autobauer VW setzte vor einigen Jahren bei der Wiederbelebung des Golf GTI auf ein besonderes Konzept. Ein

Berater des Unternehmens hatte erkannt, wie tief verwurzelt der GTI im episodischen Gedächtnis westdeutscher Männer ist, und riet, gut bewandert in Sachen Neuromarketing, eben darauf zu setzen. Werber entwickelten daraufhin die erfolgreiche Kampagne »Für Jungs, die damals schon Männer waren«. Die Spots ließen mit Hilfe sepiafarbener Kinderbilder aus den Siebzigern, etwa von einem kleinen Stehpinkler, Erinnerungen wach werden. Tatsächlich erinnerte sich die Zielgruppe gern an die alten Jungenträume vom GTI und griff bei dem neuen Modell beherzt zu. Die Positionierung »Moderne Männlichkeit« hatte funktioniert. Nicht nur, dass sich das Auto gut verkaufte, die Kampagne wurde auch mit Preisen bedacht. In dieselbe Kerbe schlagen die beliebten »Generationenbücher«, ob »Generation Golf« oder »Praktikum«, irgendwie findet sich jeder in den erzählten Episoden wieder – und diese Vergewisserung tut uns gut. Karl Lagerfeld wird das Zitat zugeschrieben: »Ein Duft muss die besten Augenblicke des Lebens wieder wachrufen.« Das kann offenbar stellvertretend für viele Konsumgüter gelten, die auf unsere persönlichen Erinnerungen zielen. So warb der Edel-Elektronikhersteller Bang & Olufsen mit einem MP3-Soundsystem, das die Ansteuerung der Musikstücke über ein Drehrad ermöglicht. Es soll, da man die haptische Qualität erhält, an eine »moderne Version der Schallplattensammlung« denken lassen. Und wer erinnerte sich nicht gern an das Stöbern in der guten alten Plattensammlung, damals, als man so jung war und so voller Ideen und Pläne …

Das episodische Gedächtnis facht unsere Lust am Konsum immer wieder an. Psychologen wissen, dass wir unsere Kaufentscheidungen nur begrenzt auf der Basis rationaler Kriterien treffen und bei den meisten Käufen Emotionen dazwischenfunken. Insofern hat alles, was im episodischen Gedächtnis des Kunden landet, besonders gute Aussichten, zu einem nachgefragten Massenprodukt zu werden.

Was in dieser Ablage blinkt, kaufen wir besonders gern. Warum? Aus alter Verbundenheit, weil es etwas mit uns und unserem Lebenslauf zu tun hat, eine hohe persönliche Relevanz besitzt oder ein Gefühl der Vertrautheit auslöst. Und das mögen wir. Denn diese Gefühle geben uns die Möglichkeit, die eigene Vergangenheit wieder aufleben zu lassen. Was könnte intimer sein?

Unser Langzeitgedächtnis brilliert mit großer Kapazität und Speicherdauer. In dieses Gedächtnis sickern alle Informationen, die wir den Tag über aufnehmen und die unser Kurzzeitgedächtnis für erinnernswert befindet. Nur wenigen ausgesuchten Daten und Fakten ist es jedoch vergönnt, einen festen Platz im Langzeitgedächtnis einzunehmen. Dazu gehören Bilder und Erinnerungen an wichtige Gesichter, Orte, Namen oder eindrucksvolle Szenen. Im episodischen Gedächtnis wird gespeichert, was in unserer individuellen Biographie wichtig war, wie Geburtstagsfeiern, der Abschlussball, das erste selbstverdiente Geld, die Flitterwochen. Und dazu gehört auch alles, was in unserer persönlichen Konsumgeschichte Rang und Namen hat: Marken, die uns seit der Kindheit begleiten, die Zeitung, hinter der sich schon Vater am Sonntagstisch verschanzte, altvertraute Showmaster, die gemeinsam mit uns alt werden und uns zum Kauf von Gummibärchen animieren. Die Spreewaldgurke und der Rotkäppchen-Sekt lösen bei Ostdeutschen andere Erinnerungen und Emotionen aus als bei Westdeutschen. Designklassiker, die schon im Wohnzimmer unserer Eltern standen, sind stärker in unserem Kundengedächtnis verankert als Konkurrenzprodukte, die keine persönlichen Erinnerungen auslösen.

Was immer sich mit unserer Biographie verknüpfen lässt, hat es konsumtechnisch gesehen einfacher, denn das »Erste Mal« ist ein entscheidender Faktor: »Neuronale Muster von emotionalen Erstbegegnungen müssen stärker geknüpft werden, um als Bewertungsrichtlinien für ähnliche Informationspakete zur Verfügung zu stehen«, erklärt Werner T. Fuchs. Das heißt, vor allem Dinge, die wir zum ersten Mal erleben, graben sich besonders tief ins Gedächtnis ein. Deshalb erinnert man sich so gut an das erste Auto, den ersten Kuss oder den ersten Liebeskummer seines Lebens. Selten wird ein emotionaler Eindruck so stark wahrgenommen wie beim ersten Mal. Erinnern Sie sich noch an Ihr erstes Auto, die ersten wirklich teuren Schuhe, den ersten PC Ihres Lebens?

Deshalb sind die Werbestrategen so erpicht darauf, uns mit ihrem Inventar vertraut zu machen. Sie lassen über Jahre hinweg ihren Versicherungsvertreter wie einen lieben Nachbarn über den Rasen laufen (»Hallo, Herr Kaiser!«), bis man sich ihm so verbunden wähnt, dass man ihm selbst die eigenen Kinder anvertrauen würde. Ich habe einmal einen der Herr-Kaiser-Darsteller auf einer Party kennengelernt und fühlte mich ihm seltsam nahe, ohne zu wissen, wer mir da gegenübersaß. Nach einer Weile stellte ich ihm die Kennen-wir-uns-nicht-irgendwoher-Frage. Ja, meinte er, das komme öfter vor, dass ihn Leute darauf ansprechen und das Gefühl hätten, ihn zu kennen.

Dagegen scheint kein Kraut der Vernunft gewachsen, denn derjenige Teil des Gedächtnisses, der für das reine Faktenwissen zuständig ist (etwa die Information, dass ein Produkt sein Geld eindeutig nicht wert ist), dieses Faktengedächtnis also bleibt im Kampf mit dem episodischen Gedächtnis oft unterlegen. Was einmal im episodischen Gedächtnis gespeichert wurde, hinterlässt eine lebhafte Erinnerungsspur, sendet stärkere Signale als Zahlen, Daten, Fakten oder der vernünftige Gedanke, das Produkt einfach wieder ins Regal zurückzulegen.

Produkte, die Sehnsüchte bedienen sollen, müssen auf die Zielgruppe abgestimmt sein, sonst nutzt die beste Geschichte über sie nichts; diese Erfahrung musste auch das Pharmaunternehmen Pfizer machen. Das nämlich nannte sein Potenzmittel Viagra auf dem chinesischen Markt übersetzt: »Gast, der 10000-mal Liebe macht«, berichtet Hanne Seelmann, Expertin für Cultural Neuroscience. Dieser schöne Name traf zwar die asiatische Vorliebe für blumige und bildhafte Ausdrücke, die Kernaussage selbst wurde jedoch als unschicklich empfunden, und die Reaktionen fielen entsprechend aus. Kaum jemand spricht in China gern offen darüber, dass er heute Nacht 10000-mal Liebe machen möchte, und formuliert diese Absicht auch noch laut und deutlich in der Apotheke seines Vertrauens, während hinter ihm Damen oder gar Schulkinder in der Schlange warten.

Die amerikanische Wirtschaftswissenschaftlerin Sharon Shavritt fand heraus, dass Werbekampagnen gerade in Gesellschaften, in denen Familie und andere Formen der Gemeinschaft über den im Westen verbreiteten Individualismus gestellt werden, diese Sehnsucht nach Harmonie und Einheit ansprechen müssen. Slogans wie »Think different« (Apple) kämen in Asien nicht unbedingt gut an, eher schon »Gemeinsam Ziele erreichen« (PSD Bank). Ein »lonesome Cowboy« oder einsamer Wolf im Großstadtdschungel gelten in vielen Kulturen als vereinsamt, was negativ wahrgenommen wird. Beim Anblick der typischen Familiensituation einer westlichen Anzeige (Mutter, Vater, Kind) würden sich Kunden in Asien, Südamerika oder Afrika wohl fragen, wo denn um alles in der Welt die Großeltern, Enkel, Geschwister, Onkel, Cousins und Cousinen geblieben seien, und sich denken, dass irgendetwas mit dieser einsamen Kleinfamilie nicht stimmen könne.

Die Beispiele zeigen, wie zielgenau die Mittel, mit denen unsere Sehnsüchte angesprochen werden sollen, zu uns passen müssen. Selbst die beste Werbefabel zieht nicht, wenn sie verbreiteten kulturellen Vorstellungen und Werten zuwiderläuft. Wo das jedoch berücksichtigt wird, funktionieren die vielen Geschichten von Autos, Cremes und Potenzpillen.

Der Traum vom Besitz

Zu den stärksten Träumen der Konsumwelt gehört der Traum, einen begehrten Gegenstand zu besitzen, ihn zu einem Teil von uns zu machen. Was schätzen Sie, wie lange braucht es, bis wir das Gefühl haben, dass ein Gegenstand, den wir in den Händen halten, zu uns gehört? Einen Tag, eine Stunde, eine Minute? Nein, es ist eine Sache von Sekunden, schon 30 reichen aus, wie ein Forscherteam der Universitäten Illinois und Ohio herausfand. Die Wissenschaftler ließen 144 Studenten eine Tasse in den Händen halten. Eine Gruppe durfte die Tasse 10 Sekunden behalten, die zweite Gruppe 30 Sekunden lang. Alle bekamen die Information, dass das gute Stück 3,95 Dollar wert sei und es noch genügend Nachschub im Shop der Universität gebe. Danach mussten die Probanden bei zwei Auktionen ihre Gebote für die Tasse abgeben, einmal bei einer offenen Auktion, wo ähnlich wie bei eBay jeder Teilnehmer den aktuellen Preis sehen konnte, und einmal bei einer verdeckten Auktion, wo jeder Teilnehmer ein geheimes Angebot machen konnte. Jeder Mitspieler hatte 10 Dollar zur Verfügung.

Die 10-Sekunden-Gruppe bot durchschnittlich 2,44 bei der offenen und 2,24 bei der verdeckten Auktion. Der 30-Sekunden-Gruppe dagegen war die Tasse im Schnitt 3,91 beziehungsweise 3,07 Dollar wert. Das überraschende Ergebnis der Studie: Menschen können sich mit fast jedem Gegenstand sofort verbunden wähnen. Nur das einfache Berühren der Tasse lässt sie sich als ihr Besitzer fühlen. Dann sind sie bereit, mehr dafür zu investieren, schließen die Forscher – und das bei etwas so Beliebigem wie einer Tasse! Man stelle sich vor, es ginge um ein heißersehntes Paar Schuhe, den lange gewünschten Flachbildfernseher oder erst den Traumwagen!

Den sogenannten Besitztumseffekt wies zum ersten Mal der Psychologe Daniel Kahneman von der Universität Princeton nach. Er bot einer Gruppe seiner Versuchspersonen ebenfalls einen Kaffeebecher zum Kauf an. Sie sollten angeben, wie viel sie dafür bezahlen würden. Gut drei Dollar wurden im Schnitt geboten. Dann *schenkte* Kahneman exakt die gleiche Tasse den Teilnehmern der zweiten Gruppe und fragte sie anschließend, für welchen Betrag sie ihren neuen Besitz wieder *ver*kaufen würden. Ergebnis: rund sieben Dollar. Der Wert derselben Tasse wurde also völlig unterschiedlich beurteilt, je nachdem, ob sie den Probanden gehörte oder nicht. Alles, was mit uns verbunden ist, was uns den Traum von Besitz träumen lässt, schätzen wir also als wertvoller ein und sind entsprechend bereit, mehr Geld dafür zu bezahlen.

Achtung: Diesen Besitztumseffekt nutzen viele Händler aus, indem sie ihren Kunden eine Ware mit nach Hause geben, um sie dort »unverbindlich« zu testen. Autohändler erlauben lange Probefahrten, am besten soll der Kunde den Wagen schon einmal probeweise vor dem eigenen Haus parken. Tierhändler ermuntern Interessenten, mit den niedlichen Hamsterjungen zu spielen. Und Technikhändler erlauben ihren Kunden schon mal, einen teuren Fernseher zu Hause zu testen. Auch so mancher Möbelhändler im Hochpreisbereich schickt dem betuchten Kunden gern den Sofatisch zur Probe ins heimische Wohnzimmer. Sie machen uns vertraut mit dem Produkt, und mit der subjektiven Verbundenheit steigt die Kaufbereitschaft.

Wer sich schon einmal als Eigentümer fühlen darf, erwacht nur ungern wieder aus dem Besitzertraum. Verkäufer nennen das einen »Welpenabschluss« – der Kunde greift zu, weil er sich schon so an das neue Auto gewöhnt hat wie an ein Hundebaby, das man nicht mehr missen möchte, wenn man es einmal auf dem Arm hatte. So früh wie möglich versuchen Verkäufer unsere Bindung zum Produkt aufzubauen: »Hier können Sie IHR Schiebedach öffnen«, »Stellen Sie IHRE Anlage ruhig mal laut, um den Sound genießen zu können.«

Auch großzügige Rückgabefristen bei Nichtgefallen erfüllen diesen Zweck. Wenn ich weiß, dass ich die teure Bluse problemlos wieder in den Laden zurückbringen kann, nehme ich sie leichten Herzens mit nach Hause. Dort ziehe ich sie an, drehe mich vor dem Spiegel hin und her, hänge sie an einen Haken und habe ganz schnell das gute Gefühl, dass sie mir gehört. Ich male mir die Gelegenheiten aus, bei denen ich sie tragen kann, stelle mir vor, wie gut ich mich darin fühlen werde. So kommt es praktisch nie vor, dass ich von meinem Rückgaberecht Gebrauch mache. Ein Tipp, falls solche Situationen bei Ihnen ähnlich verlaufen, Sie aber das Gefühl haben, manchmal zu viel zu kaufen: Umgehen Sie den Besitztumseffekt, indem Sie sich auf einen solchen Deal nur dann einlassen, wenn Sie ein Produkt wirklich wollen – und wenn die Finanzen den Kauf auch erlauben. Lassen Sie sich den Traum vom Besitz nicht aufdrängen.

9. Ich will Sex!

Wie wir in die Hormonfalle tappen und uns
von nackter Haut verführen lassen

➤ Guck mal, wer da bügelt – in Reizwäsche

➤ Männer brauchen mehr nackte Haut

➤ Komm, kauf mich, dann bin ich dein!

➤ Schraubenzieher oder Nackedei – Männern ist das eins

➤ Die Kunden bei den Hormonen packen

➤ Spendierhosen sind sexy

➤ Kuscheln, Konkurrenz und Kommerz

➤ Hormone machen Börsianer erfolgreicher und beeinflussen Frauen bei der Kleiderwahl

➤ Frauen kaufen anders, Männer auch

➤ Warum Männer ihr iPhone zärtlicher berühren als ihre
Frauen und Frauen Schuhe besser finden als Sex

➤ Rettung aus der Hormonfalle

>Der Duft, der Frauen provoziert.«
>Für das Beste im Mann.«
>Für harte Männer.«

Guck mal, wer da bügelt – in Reizwäsche

Sie räkeln sich im Bikini, stehen in Unterwäsche herum oder sitzen schwitzend auf der Saunabank. Ich sitze (bekleidet) auf der Terrasse in der Sonne und blättere in einem Katalog, in dem es weder um typische Frauenprodukte geht noch um Dessous oder gar erotisches Spielzeug. Es ist ein normaler Katalog, in dem normale Dinge für Haushalt, Büro und Garten angeboten werden: Fitnessgeräte, Taschenmesser, Kabelaufroller, Energiesparbirnen. Ganz gleich, ob in Unterwäsche, Badeanzug oder im umschlungenen Handtuch: Die Damen zeigen Haut. Und der Witz an der Sache ist, dass die halbnackten Models meist völlig unmotiviert in die Produktpräsentationen eingebaut sind. Neben einem Wäscheständer zum Beispiel, auf dem ein Unterhemd hängt, posiert lasziv eine Dame im Slip. Offensichtlich wartet sie darauf, dass ihr Hemdchen trocknet, und wurde dabei vom Fotografen überrascht. Am magnetischen »Memo-Board in coolem Design« pinnt das Foto einer badenden Schönheit im knappen Bikini. Als Termine sind vermerkt »Essen bei Sabine 19.00 Uhr« (die Dame im Bikini?) neben »Golfen 9.30 Uhr«. Aus dem mobilen Minidrucker in Taschenformat schiebt sich ein Foto – Sie ahnen es vielleicht – mit einer weiteren sich erotisch ins Hohlkreuz biegenden Nixe, bedeckt von einem knappen Badeanzug.

So geht es munter weiter: Am Bügeltisch (»Schweizer Profitechnik«) betätigt sich eine kokett dreinblickende Blondine. Bekleidet ist sie mit apricotfarbener Reizwäsche und Stöckelschuhen, also im ganz normalen Bügeloutfit. Das knappe Röckchen muss eiligst geplättet werden. Auch sie hätte sich sicher noch etwas übergeworfen, wäre der Fotograf nicht so früh erschienen. Die Saunaauflage ziert eine schwitzende Damenpobacke. Unter der Mikrofaser-Seidenbettwäsche hält eine nackte Brünette die Augen genüsslich geschlossen und lächelt sinnlich in sich hinein. Man ahnt, woran sie da in ihrer seidenweichen Wäsche denkt. Und selbst nach der Sporttasche, die sich in einen geräumigen Hängeschrank verwandeln lässt, greift eine blonde Schönheit, nur notdürftig von einem blütenweißen Handtuch bedeckt. Zum Glück räkelt sich Blondie nicht auch noch auf der Hightech-Hundedecke.

Was haben die vielen leichtbekleideten Damen hier zu suchen? Das ist natürlich eine naive Frage. Jeder weiß, dass Werbung nicht ohne nackte Haut auskommt, denn das schafft Aufmerksamkeit. *Sex sells*. Automatisch sehen wir genauer hin, wenn sich auf einem Bild nackte Leute tummeln, ob auf Anzeigen für Autos, Schokolade oder Gartenmöbel. Und auch in meinem Katalog wird eben einfach jede Gelegenheit genutzt, um Haut zu zeigen. Da sich die Produkte eher an Männer als an Frauen wenden, bedeutet das: weibliche Nackedeis. Die Herren der Schöpfung erscheinen durchweg im Business-Outfit, um vertraute Rollenmodelle zu wahren.

Aber, meine Herren Katalogmacher, können Sie sich vielleicht vorstellen, dass auch Ihre Kundinnen gern mal etwas nackte Männerhaut sehen würden? Dass man keinen halbnackten Mann ans Bügelbrett stellt – geschenkt. Auch neben dem Wäscheständer würde wohl kein Mann warten, bis sein Höschen getrocknet ist. Aber auf so einer Saunaauflage kann doch auch eine Männerpobacke erotisch vor sich hin schwitzen, oder etwa nicht?

So viele Gelegenheiten sind ungenutzt geblieben: coole Sonnenbrillen, elegante Uhren, die Globetrotterweste – überall könnte ein halbnackter Mann posieren. Auch die angebotenen Thrombosestrümpfe kämen an einem jungen

Adonis ansprechend rüber. Aber nein, selbst das männliche Model auf dem Skigym-Gerät steckt in einer langweiligen grauen Businesshose und einem weißen Hemd. Er ist doch ein Hübscher, hätte man nicht wenigstens hier Bizeps zeigen können? Ein Stück behaarter Brust? Eine nackte Wade? Nur ein ganz kleines bisschen?

Ich lege den Katalog zur Seite und suche mein Heil in der Hochkultur. Zur Beruhigung schlage ich das *ZEIT-magazin* auf, blättere durch eine Fotostrecke zum Thema Luxusuhren. Ja, was haben wir denn da? Weibliche Models, praktisch nackt, seitenweise. Die Bilder hätten dem *Playboy* alle Ehre gemacht, sollen aber offenbar den gesetzten Bildungsbürger in Wallung bringen, der am Kiosk nur mit hochrotem Kopf nach einem Herrenmagazin verlangen würde. Die Models posieren an die Wand gelehnt oder auf einem Stuhl sitzend mit gespreizten Beinen, nur mit Highheels und Hut bekleidet, die Genitalien notdürftig von den projizierten Bildern der Luxusuhren bedeckt. Ist das Kunst oder Journalismus oder Werbung? Oder Schlimmeres? Schwer zu sagen. Von intellektueller Sublimierung keine Spur, man schaut direkt auf nackte Brüste und Popos in aufreizend billiger bis pornographischer Ästhetik. Im – sehr kurz geratenen – Begleittext erfährt man, dass es nun möglich sei, eine Dior-Damenuhr für 380 000 Euro zu kaufen. Toll.

Schon Freud erkannte, dass wir nicht nur vom Verstand gesteuert werden, also stets rational entscheiden, sondern auch von Stimmungen und Lust gelenkt sind. Sexualität zählt zu den Haupttriebkräften des Menschen. Daher sind wir in Werbung, Kultur und Alltag davon umgeben, und zwar so sehr, dass Kritiker längst monieren, der moderne Mensch sei »oversexed and underfucked«, will heißen: Die reale Praxis hinkt der symbolischen hinterher. Die Konsumindustrie weiß um die Bedeutung des Themas in der Phantasie von Käufern, weshalb das Thema beim Kaufen allgegenwärtig ist. »Individuen sind in hohem Maße beeinflussbar«, stellt auch Hans Markowitsch fest. Im Wirtschaftsleben zeige sich vom Aktien- bis zum Autokauf, »dass irrationale, emotionale Entscheidungen vorherrschen. Die Werbung macht sich dies zunutze, wenn sie nicht auf die Eigenschaften und Qualitäten eines Produkts hinweist, sondern dieses stattdessen mit langen Frauenbeinen paart.« Der Anblick schöner Frauen etwa wirke auf Männer analog zu dem eines Genussmittels.

Männer brauchen mehr nackte Haut

Warum aber gönnt man eigentlich den weiblichen Kunden nicht dieselbe Freude? Auch wir Frauen wollen Genussmittel! Eine Antwort auf diese Ungerechtigkeit liefert die Wissenschaft: Es wäre uns gar keine Freude, meine Damen! Wissen Sie eigentlich, was in Ihrem Gehirn vor sich geht, wenn Sie das Bild eines schönen Mannes sehen? Na, regt sich etwas? Spüren Sie dieses leichte Ziehen im Belohnungszentrum? Nein? Da ist nichts, gar nichts?

»Werbung mit viel nackter Frauenhaut wirkt auf viele Männer positiv, aber viele Frauen stehen diesen Darbietungen ablehnend gegenüber«, räumt Markowitsch ein. Doch warum? Licht in das Dunkel bringt Benjamin Hayden, Neurologe an der Duke University in Durham. Er untersuchte die Hirnaktivität von jeweils 20 Männern und Frauen, während seine Versuchspersonen schöne Bilder des anderen Geschlechts betrachten durften. (Wieder mal ein feines Experiment, bei dem man gern dabei gewesen wäre.) Hayden stellte fest, dass seine männlichen Versuchspersonen großes Augenmerk auf das Gesicht der Frauen legten. Die Verweildauer der Blicke auf den Genitalien dagegen war bei Männern und Frauen zwar gleich, doch zeigte sich dabei ein wesentlicher Unterschied: Das Wohlbefinden der Männer beim Betrachten nackter Frauen war deutlich ausgeprägter als bei den weiblichen Testpersonen, die nackte Männer angucken durften. Bei den Männern waren die Neuronen vor allem im Mandelkern aktiv, der für die Verarbeitung von Gefühlen zuständig ist. Die derart neurologisch belohnten Herren verzichteten bei dem Experiment sogar auf eine angebotene Geldzahlung, wenn sie stattdessen die Bilder betrachten durften, oder sie erfüllten umständliche Aufgaben am Computer, nur um eine Schöne ein zweites Mal anschauen zu können. Frauen taten das nicht, was logisch ist, da ihr Mandelkern nicht aktiv wurde, sie sich durch einen Männerakt also nicht wirklich beglückt fühlten. Wo das Gehirn nicht in den Belohnungsmodus wechselt, liegen Anstrengungen, wie sie die Männer unternahmen, also fern.

Dieser Unterschied erklärt laut Hayden zugleich, warum die meisten Pornographiekonsumenten Männer sind und sich das Männermagazin *Playboy* wesentlich besser verkauft als das Frauenmagazin *Playgirl* (bei dem ohnehin spekuliert wird, dass drei Viertel der Auflage von homosexuellen Männern gekauft werden). Mit Blick auf die Ergebnisse der Studie ist klar, warum ich in meinem Katalog keine Männerhaut zu sehen bekomme – es würde mich nicht zufriedenstellen, so einfach ist das. Das Gehirn der männlichen Kunden jedoch frohlockt beim Anblick der nackten Bügelfee. Bei einem »Nackte-Weiber-Verbot« in der Werbung würde die Konsumgüterindustrie der westlichen Welt vermutlich zusammenbrechen.

Wenn uns nackte Männer also nicht wirklich erfreuen, dann vielleicht doch nackte Frauen? Das scheint zunächst abwegig, zumal Frauen in Befragungen zu Protokoll geben, dass sie von erotischen Männern eher angesprochen würden als von Frauen. »Wurde die Aktivation jedoch über die Änderung des Hautwiderstands gemessen, zeigte sich, dass Frauen stärker durch erotische Modelle des eigenen

Geschlechts aktiviert wurden«, berichtet der Wirtschaftspsychologe Georg Felser. Nanu? Das klingt verwirrend, klärt sich aber durch die einfache Tatsache, dass die Aktivierung bei Männern und Frauen eine unterschiedliche war, wie Felser erklärt: Während die Herren eher angeregt wurden, reagierten die Damen auf weibliche Erotik eher mit Anspannung. Beides verändert den Hautwiderstand, und beides steigert – gut für Werbung aller Art – unsere Aufmerksamkeit. Deshalb werden uns wohl die Nackten in der Werbung noch lange erhalten bleiben.

Komm, kauf mich, dann bin ich dein!

Die schönen Bilder sind also nicht zur Unterhaltung der blätternden Kunden abgedruckt, das Ausspielen der Geschlechterkarte soll zum Kauf anregen. Denn kaum etwas interessiert den Menschen so sehr wie andere Menschen. Wie unterschiedlich der Einfluss von Werbung sein kann, je nachdem, ob sie diesem Interesse Rechnung trägt oder nicht, zeigt das Beispiel einer südafrikanischen Bank, das Licht auf das Verhalten von Konsumenten generell wirft. Die Bank wollte neue Kunden für private Konsumkredite gewinnen, wobei eine Flyer-Kampagne helfen sollte. So weit, so konventionell. Doch die Bank wollte nicht einfach nur wahllos Werbung verschicken, sondern genau wissen, welche Art von Werbung die meisten Kunden gewinnt. Dafür holten sich die Banker Rat bei Wirtschaftswissenschaftlern der Universitäten Yale, Harvard und Princeton und ließen in Zusammenarbeit mit ihnen verschiedene Varianten des Werbemittels entwickeln.

Zunächst einmal unterschieden sich die Angebote im monatlichen Zinssatz zwischen drei und knapp zwölf Prozent. In einem Werbeprospekt wurde außerdem das eigene Angebot mit den Zinsbedingungen von Wettbewerbern verglichen, also an den Verstand der Kunden appelliert. In einer anderen Variante wurde versucht, die potentielle Kundschaft mit einem Gewinnspiel zu locken, ein auch in Deutschland beliebtes Mittel zur Neukundengewinnung. In einem dritten und für uns sehr interessanten Flyer wurde nichts von alldem geboten, sondern das Bild einer lächelnden jungen Frau vor blauem Himmel gezeigt, jung, gesund und gutgelaunt, mit blitzblanken Zähnen, den Kopf, bitte recht weiblich, etwas zur Seite geneigt. Ein weiterer Flyer zeigte einen ebenso adretten, lächelnden jungen Mann.

Ahnen Sie, mit welchen Prospekten die meisten Kunden an Land gezogen wurden? Genau – mit den Flyern mit den lächelnden Gesichtern. Die Wirtschaftswissenschaftler kamen zu dem Ergebnis, dass freundlich lächelnde Frauen und Männer auf Kunden eine genauso starke Wirkung zeigten wie eine Veränderung des Zinssatzes um bis zu einem Fünftel. Ihr Anblick löst eine regelrechte Kaskade von Gefühlen, Vorstellungen, Assoziationen und Tagträumen aus, ohne dass wir uns dessen bewusst sind. Wir kaufen, weil uns attraktive Zeitgenossen locken: *Komm, kauf mich, dann bin ich dein!* Am stärksten war dieser Effekt bei männlichen Kunden ausgeprägt, denen das Bild der jungen Frau präsentiert wurde. Nach dem Experiment mit den beglückenden Nacktfotos wird das kaum noch jemanden verwundern.

Das ist übrigens zugleich ein Grund dafür, warum sich bekannte Sexsymbole in der Werbung eine goldene Nase verdienen können. Wie alle Prominenten haben sie den unschlagbaren Vorteil, sofort erkannt zu werden, was innerhalb von Sekundenbruchteilen starke Emotionen in uns auslöst. Ob Veronica Ferres, Heidi Klum oder George Clooney – sie alle lenken schnell und leicht unsere Aufmerksamkeit auf sich, denn sie sind nicht nur berühmt, sondern auch sexy und begehrenswerte Vertreter des jeweils anderen Geschlechts. Wer würde sich nicht gern mit George Clooney um das letzte Kaffeepad streiten oder mit Heidi im VW-Touareg nach Hause brausen?

Schraubenzieher oder Nackedei – Männern ist das eins

Bleiben wir noch ein bisschen bei der männlichen Vorliebe für nackte Models, um den Weg dieser Bilder im Gehirn zu verfolgen. Falls Sie nämlich dachten, dass eine Heidi Klum im Bikini im Männerhirn romantische Phantasien à la Ritt in den Sonnenuntergang auslöst, liegen Sie ziemlich daneben. Stattdessen wird sie ähnlich wahrgenommen wie ein Werkzeugkasten. Zu diesem Schluss kommen Sozialpsychologen der Princeton University, die herausgefunden haben, dass Männer, die Fotos weiblicher Models im Bikini und in sexy Posen angeschaut haben, diese Frauen automatisch als »Objekte« betrachten. Und das nicht nur im übertragenen, sondern in einem sehr konkreten Sinne.

Die Wissenschaftler um Susan Fiske legten heterosexuellen männlichen Versuchspersonen verschiedene Fotos von Frauen vor: Portraits, Ganzkörperabbildungen in vollständiger Bekleidung oder im Bikini. Währenddessen wurden die Aktivitäten der grauen Zellen mit dem Hirnscan verfolgt. Das Ergebnis: Die Betrachtung von Frauen in Bikinis aktiviert Hirnareale, die auch reagieren, wenn man Werkzeuge wie Schraubenzieher benutzt. Bei einigen Männern wurden in diesem Zustand sogar gleichzeitig Teile des Gehirns außer Gefecht gesetzt, die für Einfühlungsvermögen zuständig sind. (Bei der Benutzung eines Schraubenziehers oder einer Bohrmaschine ist das ja auch selten vonnöten.) Bei der Betrachtung der Portraitfotos und Bilder mit bekleideten Frauen zeigte sich dieses Aktivitätsmuster übrigens nicht. Kein Wunder also, dass Pla-

katwände mit halbnackten Models schon mal zu Auffahr-
unfällen führen – wo ein Mann etwas zu werkeln vermutet, setzt leicht sein Verstand aus. Außerdem behielten Fis-
kes Probanden die Bilder der Frauen in Bikinis am besten
im Gedächtnis, selbst dann, wenn sie diese nur sehr kurz
betrachtet hatten. Dieses Wahrnehmungsmuster des Kunden funktioniert nicht nur in der Werbung, sondern auch,
wenn es darum geht, sich für oder gegen ein Produkt zu
entscheiden – im Laden.

Die Kunden bei den Hormonen packen

Arndt Traindl ist Spezialist für die emotionale Präsentation
von Waren in der Werbung und in Geschäften, beim sogenannten *Point of Sale*. Er ist Chef der österreichischen
Firma retail branding und beobachtet wie viele seiner Kollegen, dass der Einzelhandel seit Jahren von höchster
Marktsättigung geprägt ist, was jede einzelne Entscheidung
eines Konsumenten erschwert. Denn wir haben mehr als
genügend Läden zur Auswahl, die weitaus mehr Produkte
anbieten, als jeder von uns jemals wahrnehmen, begehren
oder verbrauchen kann. Schon der normale Supermarkt um
die Ecke bietet mehr Waren an, als wir selbst bei einem
stundenlangen Einkauf bewusst registrieren und hinterher
erinnern könnten.

Da ist es völlig natürlich, dass ein großer Teil der Waren
und Produkte unserer Aufmerksamkeit entgeht. Doch für
die Anbieter bedeutet das einen immer schärferen Kampf
um das Interesse der überforderten Kunden. Letztlich geht
es daher bei jeder Art von Marketing um die Frage: Wie er-
höhe ich die Wahrnehmungsqualität meiner Produkte, wie
gelangen sie in den Wahrnehmungsapparat meiner gewünschten Zielgruppe? Und an diesem Punkt kommt wieder das Neuromarketing ins Spiel, das Aufschluss darüber

gibt, wie unser Gehirn Reize verarbeitet, in diesem Fall geschlechtertypische Reize:

Traindl machte am Wiener Ludwig Boltzmann Institut für funktionelle Hirntopographie eine Studie mit dem MEG (Magnetenzephalograph; erfasst elektromagnetische Aktivitäten der Hirnzellen): 20 Frauen und 20 Männern zwischen 20 und 60 Jahren wurden 600 Warenbilder gezeigt, wobei die Forscher herausfinden wollten, welche in den Bildern dargestellten Emotionen die höchsten neuronalen Aktivitäten bei den Versuchspersonen auslösten. Oder andersherum gefragt: Welche Emotionen müssen Werbebilder transportieren, um unser Gehirn am stärksten zu stimulieren?

Die Probanden sahen eine Warenwand mit verschiedenen Produkten (Badutensilien, Kosmetik, Wäsche). Dabei waren die Produkte jedes Mal um ein Bild herum gruppiert, das beim Betrachter bestimmte Gefühle hervorrief: Erotik, Angst, Aggressionen, Assoziationen an Familie, Sport oder Wellness. Je emotionaler die Bilder waren, umso mehr Aktivitäten ließen sich tatsächlich im Gehirn der Versuchspersonen registrieren. Am wenigsten tat sich dort, wenn die Produkte allein vor einer neutralen Wand zu sehen waren, ohne dass irgendwelche emotionalen Signale dazwischenfunkten. Das bedeutet, dass die Ware an sich unser Hirn viel weniger interessiert als die Gefühle, die durch begleitende Werbebilder hervorgerufen werden. »Geringere Neuronenaktivität führt zu geringerer Entscheidungsbereitschaft«, weiß Traindl. Emotional neutrale und daher wenig interessante Warenpräsentationen werden deutlich schwächer wahrgenommen und verleiten weniger zum Kauf.

Das ist Gift für den Umsatz und erklärt zugleich, warum Firmen wie der italienische Bekleidungshersteller Benetton selbst vor schockierenden Kampagnen nicht zurückschrecken. Vor einigen Jahren löste das Unternehmen eine heftige Debatte über die Moral von Werbung aus, als es zum Beispiel mit einem nackten Hintern warb, auf dem ein »H.I.V. POSITIVE«-Stempel zu sehen war. Auch die blutigen Soldatenuniformen einer früheren Kampagne hatten zu öffentlichen Protesten geführt, wenngleich diese als Teil der Werbestrategie mit eingeplant waren, wie Luciano Benetton in Interviews einräumte. Aus Sicht des Neuromarketings wirken heftige Gefühle nachhaltig. Nur so lässt sich erklären, dass das Unternehmen bereit war, im Zweifelsfall sogar einen Imageschaden und gerichtliche Abmahnungen hinzunehmen – besser Schock und Empörung als gar keine Gefühle im Kundengehirn. Wahrscheinlich hatte diese Marke nie zuvor in ihrer Geschichte so viel Publicity. Und das funktioniert eben vor allem mit Werbung, die unsere Sexualhormone in Wallung bringt.

Doch zurück zu Traindls Studie, bei der er einen interessanten Unterschied zwischen den Geschlechtern beobachtete: Frauen und Männer lassen sich durch unterschiedliche Bilder in Erregung versetzen. Die aufgezeichneten Hirnströme lieferten ein klares Bild von solchen geschlechterspezifischen neuronalen Erregungen: Die männlichen Probanden fühlten sich vor allem angesprochen von Erotik, Gewalt, Aggressivität und Leistung, also etwa einem sich auf dem Bett räkelnden Model, Abbildungen von Waffen und Fußballspielen. Frauen dagegen, wer hätte es gedacht, ließen sich in Traindls Studie vor allem von Bildern ansprechen, die Entspannung, Lachen, Freunde und Familie zeigten, also zum Beispiel einer Frau auf der Massageliege, deren Schulterpartie von sanften Händen geknetet wird (welches weibliche Wesen geriete da nicht in Wallung?), ein Bild von sich freundlich umarmenden Teenagern und einem Baby mit riesigen Kulleraugen und diesem Willst-du-meine-Mami-sein-Blick. Wurden die Fotos ganz weggelassen, aktivierten Produktdarstellungen von Dessous sowohl Männer- als auch Frauenhirne mehr als etwa Badutensilien.

Gut zu wissen in diesem Zusammenhang ist, dass unsere visuelle Wahrnehmung mit dem entwicklungsgeschichtlich älteren limbischen System in Zusammenhang steht, wo auch Gefühle verarbeitet und Reaktionen darauf vorbereitet werden. Das heißt, wir sind im Laufe der Evolution darauf geprägt worden, sehr schnell und sehr stark auf visuelle Reize zu reagieren. Ein angreifender Gegner musste vom Gehirn blitzschnell wahrgenommen, Angst- und Stressgefühle sowie entsprechende körperliche Reaktionen ausgelöst werden. Auch das Baby mit den Kulleraugen musste bei Müttern über Jahrmillionen hinweg starke Reaktionen hervorrufen, um den Fortbestand der nächsten Generation zu sichern. Hätte der visuelle Reiz nicht diese Wirkung gehabt, wären wir wohl ausgestorben. Daher erregen bis heute emotionale visuelle Reize unsere Aufmerksamkeit, was letztlich auch bedeutet, dass wir Waren, die uns emotional anrühren, leichter erinnern und eher kaufen als solche, die uns völlig kaltlassen. Dieser Mechanismus funktioniert bei Frauen und Männern offensichtlich über unterschiedliche Themen, aber er funktioniert.

Spendierhosen sind sexy

Doch Babykulleraugen und Wellnessbilder sind offenbar nicht das Einzige, was Frauen anspricht. Auch männliche Freigiebigkeit nehmen die Damen als sexy wahr. Dass Frauen auf großzügige Männer stehen und mit ihnen eher intim werden als mit notorischen Geizkragen, scheint eine Studie von Daniel Kruger, Forscher an der Michigan-Universität in Ann Arbor, zu bestätigen. Er verzichtete auf den Hirnscan und führte eine ganz klassische Befragung durch: 100 Männer zwischen 18 und 45 Jahren sollten ihm Auskunft über ihr Intimleben geben. »Mit wie vielen Frauen haben Sie in den vergangenen Jahren geschlafen, wie viele Partnerinnen wünschen Sie sich in der Zukunft, und wie spendabel schätzen Sie sich ein?«, so lauteten in Kurzform die Fragen. Das Ergebnis fiel eindeutig aus und legt den Rat nahe, dass Spendierhosen unbedingt in die Garderobe von Männern auf Partnersuche gehören: Diejenigen Teilnehmer, die sich als am spendabelsten, gar verschwenderisch einschätzten und sogar Schulden nicht scheuten, um ihren großzügigen Lebensstil zu finanzieren, hatten in den letzten Jahren Sex mit etwa doppelt so vielen Frauen wie die sparsamsten Männer. Nach Krugers Ansicht stellen Männer ihre Potenz immer noch gern damit unter Beweis, dass sie sich viel leisten, eine potentielle Partnerin also gut unterstützen könnten. So steigern sie letztlich den Konsum von Statusgütern immer weiter. Und das scheint durchaus die erwünschte Wirkung zu erzielen. (Natürlich nur unter der Voraussetzung, dass Krugers Testpersonen die Wahrheit gesagt und bei der Protokollierung ihrer amourösen Abenteuer nicht geflunkert haben.) Übrigens galt das Ergebnis unabhängig von Beruf oder sozialem Status. Selbst der Vergleich zwischen verheirateten Männern bestätigte diese Relation, wenn auch auf einem insgesamt niedrigeren Niveau.

Dazu passen auch die Ergebnisse einer Studie, die dokumentierte, dass alleinstehende Frauen in Großstädten andere Anforderungen an potentielle Ehemänner stellen als ihre Kolleginnen in der Provinz. Geldbeutel und Bankkonto spielen bei ihnen offensichtlich eine größere Rolle als Herz und Hirn des Kandidaten. Zu diesem Ergebnis kommt Kevin McGraw von der Cornell-Universität, nachdem er 2300 *Lonely-Heart*-Anzeigen gelesen und statistisch ausgewertet hat. Der Neurobiologe und Verhaltensforscher beschäftigt sich normalerweise mit dem Balzverhalten von Singvögeln – was lag da näher, als sich auch einmal das Balzverhalten von Menschen vorzunehmen? McGraw wollte vor allem herausfinden, ob Umweltfaktoren wie Bevölkerungsdichte, Lebenshaltungskosten, das regionale Jahreseinkommen und die Beteiligung von Frauen am Arbeitsleben die Taktik bei der Partnerwahl beeinflussen. Er wertete die Partnerschaftsanzeigen aus Zeitungen in 23 Städten aus – von der 3,5-Millionen-Metropole Los Angeles bis zum verschlafenen Provinznest in Alabama – und kategorisierte sie nach den gewünschten Eigenschaften des gesuchten Partners.

Das Ergebnis: Je größer die Stadt, je dichter besiedelt und je höher die Lebenshaltungskosten, umso häufiger suchten Frauen nach Männern mit Attributen wie »beruflich engagiert«, »finanziell gesichert« oder schlicht »reich«. Emotionale Eigenschaften wurden zwar auch abgefragt, allerdings nachrangig. So wurde beispielsweise der Wunsch nach einer lang andauernden Partnerschaft kaum formuliert, und praktisch gleich null war das Interesse der Großstadtpflanzen an den Hobbys und persönlichen Neigungen der Männer, wie Musik, Sport oder Theater. Die Frauen in der Provinz dagegen wünschten sich vor allem Männer mit immateriellem Reichtum. In ihren Anzeigen formulierten sie eher das Interesse an einer dauerhaften, innigen Partnerschaft sowie emotionaler Stabilität.

»Frauen passen ihre Präferenzen offensichtlich an die Erfordernisse ihrer Umgebung an und daran, was auf dem Heiratsmarkt zu bekommen ist. Je nachdem variiert ihre Taktik bei der Partnersuche«, folgert McGraw aus der Studie. Die Wahl des Partners hänge letztlich auch davon ab, wie hoch die Lebenshaltungskosten sind und was eine Stadt an wohlhabenden Partnern maximal bieten kann. – Das Leben in der Großstadt ist nun einmal teurer, weshalb potentielle Ehemänner eben etwas mehr Geld mitbringen müssen. Was auch immer man aus diesen Beobachtungen folgern mag: Auf jeden Fall kann man amerikanischen Großstädtern, die um ihrer selbst willen geheiratet werden wollen, wohl nur raten, sich am Kiosk mit Zeitungen aus der Provinz einzudecken. (Wobei noch zu klären wäre, was denn eigentlich die Partnerschaftskriterien amerikanischer Männer sind.)

Möglicherweise beeinflusst das Gerangel um den besten Ernährer nicht nur die Partnerwahl, sondern hatte im Lauf der Evolution noch weiterreichende Auswirkungen. »Ökonomische Rivalität« unter Männern hat laut Geoffrey Miller die steinzeitlichen Rivalitätsmuster, bei denen es um Muskelkraft ging, abgelöst. Und das erkläre letztlich wirtschaftliche Fortschritte, für die die Männer sorgen, die Ansammlung von Reichtümern und viele Innovationen. Aber seine These geht noch weiter, denn er ist überzeugt: Frauen bevorzugten im Lauf der Evolution Männer mit großer intellektueller Leistungskraft, so dass sich das Gehirn zu dem unglaublich leistungsfähigen Organ entwickeln konnte, das wir heute in unserem Oberstübchen beherbergen. Er nennt es das »Prinzip der sexuellen Evolution«. Kreativität, Humor und Phantasie seien demnach ein Anzeichen für ein leistungsfähiges Gehirn, was männlichen Kandidaten Vorteile bei Frauen brachte, die nach möglichst guten Genen suchen. So habe die Evolution letztlich alles hervorgebracht, was uns Menschen heute unterhält und anzieht: Schönheit, Kunst und andere beeindruckende Dinge – alles nur ersonnen, um das Gehirn der Menschen zu stimulieren, getreu dem Motto: Wer den größten Sexappeal hat, bringt seine Gene weiter. Unumstritten ist diese These nicht, aber interessant auf alle Fälle.

Kuscheln, Konkurrenz und Kommerz

Werfen wir einmal einen näheren Blick auf den Hormonhaushalt der Geschlechter, denn der scheint beim Konsum durchaus eine Rolle zu spielen. Bekannt ist, dass bei Frauen mehr Östrogene, Gestagene sowie Oxytocin durch die

Adern fließen. Männer haben diese Hormone zwar auch, aber in wesentlich geringeren Konzentrationen. Sie sorgen dafür, dass Verhaltensmuster wie Fürsorge, Bindungen und soziale Belange im Vordergrund stehen. Oxytocin beispielsweise gilt als »Kuschelhormon«, es zählt momentan zu den Lieblingen der Forschung und wird vor allem während der Schwangerschaft, aber auch beim Orgasmus vermehrt produziert, um die Bindung zum Baby beziehungsweise zum Partner zu erhöhen. »Oxytocin ist der Kitt unseres Lebens«, ist Paul Zak, Chef des Center for Neuroeconomic Studies in Claremont, überzeugt. Blockierten Verhaltensforscher die Wirkung des Hormons bei Ratten, hörten Muttertiere damit auf, ihre Jungen zu säugen, und erkannten vertraute Artgenossen nicht mehr.

Außerdem sorgt das Hormon für Vertrauen in Geldangelegenheiten, wie ein Team um den Züricher Psychologen Markus Heinrichs und den Wirtschaftswissenschaftler Ernst Fehr herausfand. Verabreichten sie weiblichen wie männlichen Versuchspersonen Oxytocin in Form eines Nasensprays, waren diese bei Finanzentscheidungen eher gewillt, Vertrauen zu schenken, als Teilnehmer, die ein Placebospray in der Nase hatten. Bei dem Experiment ging es darum, einem fiktiven Treuhänder Geld für Investitionen zu überlassen, der es nach Gutdünken aber auch in die eigene Tasche stecken konnte (ganz wie im realen Leben also).

In der Folge fragten sich die Forscher, *warum* das Hormon eine so durchschlagende Wirkung auf unser Verhalten in Gelddingen haben kann. Also legten sie Probanden in den Hirnscan, um zu sehen, was sich unter Oxytocineinfluss in den Neuronen tut. Ergebnis: Es wirkt vor allem im Mandelkern, wo unter anderem Angstgefühle verarbeitet werden. Hatten die Versuchspersonen nur ein Placebospray geschnieft, regten sich die Neuronen in diesem Angstzentrum bei der Vorstellung, das eigene Kapital könnte sich in Luft auflösen. Bei der Oxytocingruppe dagegen blieb alles ruhig, die Teilnehmer hatten keine Angst und daher mehr Vertrauen. Im Gegenzug registrierten die Forscher mehr Aktivität im Belohnungszentrum der Oxytocingruppe. Dort werden, wie schon erwähnt, körpereigene Opiate ausgeschüttet. »So belohnt das Gehirn soziales Annäherungsverhalten«, ist Markus Heinrichs überzeugt. Wir fühlen uns gut, wenn wir Vertrauen haben. (Möglicherweise könnte es an diesem Hormon liegen, dass man Frauen eine besondere Vertrauensseligkeit in Gelddingen nachsagt.)

So weit zu einem der typischen Frauenhormone. Männer dagegen werden stark vom Hormon Testosteron beeinflusst. Ein hoher Spiegel dieses Stoffs sorgt für den Hang zu Abenteuer, Dominanz, einem ausgeprägten Konkurrenzverhalten und bringt Faszination für Technik und Systematisches aller Art hervor. Simon Baron-Cohen, Autismusforscher und Professor für Psychologie und Psychiatrie am Trinity College in Cambridge, hat zahlreiche Experimente mit Babys und Kleinkindern, Tierversuche und Messungen pränataler Hormonspiegel durchgeführt und kam vor einigen Jahren zu dem Schluss: Das Frauenhirn werde schon im Mutterleib auf Einfühlung, zum »E-Typ«, programmiert, das Männerhirn dagegen auf systematisches Denken zum »S-Typ«. Gesteuert werde diese Spezialisierung durch die Testosteronproduktion während der Schwangerschaft. Das erkläre unterschiedliche Interessen, Fähigkeiten und Aggressionen von Männern und Frauen sowie die jeweiligen Prioritäten in zwischenmenschlichen Beziehungen.

Und der unterschiedliche Hormonhaushalt kann ein Grund dafür sein, warum es Frauen beim Konsum häufig mehr um die Einrichtung der Wohnung, die Kleidung der Kinder und gemeinsame Aktivitäten geht, Männern dagegen mehr um das neue Auto/Motorrad/Handy, mit denen man Konkurrenten ausstechen, Wettbewerbe gewinnen und Eindruck schinden kann. Natürlich gibt es hier Ausnahmen, die Präferenzen können individuell sehr unterschiedlich sein, die Mehrheit der Konsumenten jedoch neigt zu diesen geschlechtsspezifischen Vorlieben, auf die der Großteil der Konsumgüterindustrie baut. Das bestätigt schon ein oberflächlicher Blick in einen Werbeprospekt für Nintendo-Spiele auf dem Schreibtisch unserer Tochter: Spiele für Mädchen heißen »Meine süßen Babys. Kümmere dich um die kleinen Racker«, »Traumhochzeit«, »Mode-Akademie« oder »Abenteuer auf dem Reiterhof«, die Spiele für Jungs dagegen »Auf Verbrecherjagd«, »Kampf den Flammen«, »Bauen und Reparieren«.

Der Hormonhaushalt beeinflusst übrigens auch, welche Werbefiguren wir zu sehen bekommen. In der Werbung wollen wir nicht Hans und Franz, Krethi und Plethi vorgesetzt bekommen, sie funktioniert natürlich am besten mit *attraktiven* Menschen, deren äußeres Erscheinungsbild an unsere unbewusste Wahrnehmung wichtige Signale bezüglich unseres Hormonspiegels sendet. Dabei lassen sich regelrechte Normen definieren: Bei Männern etwa gilt ein Verhältnis von Taillen- zu Hüftumfang von 0,9 bis 1,1 als attraktiv. Der nämlich deutet auf einen hohen Testosteronspiegel und damit auf ordentliche sexuelle Potenz hin. (Die Typen im *Playgirl* entsprechen dem ganz gut.) Bei Frauen beträgt dieser Attraktivitätsquotient 0,7. (Messen Sie jetzt besser nicht nach!) Rote, volle Lippen, ein schmales Kinn und große Brüste deuten auf viele Östrogene im Körper und damit auf eine gute weibliche Reproduktionsfähigkeit hin. Genau das zieht in der Werbung, und das macht sich jeder gern zunutze, der uns hormonell in Wallung versetzen und zum Kaufen stimulieren will.

Hormone machen Börsianer erfolgreicher und beeinflussen Frauen bei der Kleiderwahl

Hormone, diese kleinen, aber unglaublich einflussreichen chemischen Substanzen können im alltäglichen Wirtschaftsleben enorme Auswirkungen haben. So legt zum Beispiel eine aktuelle britische Studie nahe, dass Wertpapierhändler erfolgreicher spekulieren, wenn viel Testosteron in ihrem Blut schwimmt. John Coates und Joe Herbert von der Universität Cambridge ließen 17 Broker acht Tage lang jeden Morgen und jeden Abend zur Speichelprobe antreten, um die Konzentration von Testosteron, aber auch des Stresshormons Cortisol bei ihnen zu messen. Dann verglichen die Forscher die Werte mit den jeweils an dem Tag erzielten Gewinnen oder erlittenen Verlusten. Und siehe da: Je mehr Testosteron bereits am Morgen in den Adern der Broker zirkulierte, umso größer war ihr Erfolg auf dem Parkett. Eigentlich logisch, meinen die Forscher, denn Testosteron steigert das Selbstvertrauen und die Freude am Risiko, und beide Eigenschaften können zum Börsenerfolg beitragen. Zugleich kurbeln glorreiche Profite die körpereigene Produktion des Gewinnerhormons weiter an, auch das ergaben die Messungen.

Nur übertreiben sollte man es mit der hormonellen Aufwärtsspirale nicht, warnen die Forscher. Wer sich nämlich zu sehr dopt, läuft Gefahr, leichtsinnig zu werden und Gefahren nicht mehr einschätzen zu können. Was in hoher Konzentration gut ist, kann im Übermaß schaden – wie immer im Leben. Extrem erhöhte Testosteronspiegel über einen längeren Zeitraum können zu Hasardeuraktionen verleiten. Neuere Studien deuten übrigens darauf hin, dass Fonds, die von Frauen geleitet werden, in der aktuellen Finanzkrise weniger Spekulationsverluste zu beklagen hatten. Vorsicht wird vor allem in Zeiten von Spekulationsblasen belohnt.

Auch das Einkaufsverhalten von Frauen wird vom Hormonspiegel beeinflusst. Unter einem hohen Oxytocinspiegel sind sie vertrauensseliger als sonst, reagieren kurz vor dem Eisprung, also bei einem erhöhten Östrogenspiegel, sensibler auf maskuline Gesichter, und sie greifen, wie ältere Studien von Sexualwissenschaftlern gezeigt haben, in dieser Zeit besonders gern zu sexy Klamotten. Je näher der Eisprung rückt, umso aufreizender wird das Outfit, was wiederum am Fortpflanzungsprimat der Evolution liegen dürfte.

Diesen besonderen Moment im weiblichen Zyklus scheinen übrigens auch Männer zu spüren, und sie lassen sich davon in ihrem Umgang mit Geld beeinflussen. Der amerikanische Psychologe Geoffrey Miller beobachtete die Kunden in sogenannten »Gentlemen's Clubs«. Dort bezahlen Männer Frauen dafür, dass sie sich für einen Tanz auf den Schoß des Kunden setzen und ihn so in Hochstimmung versetzen. (Man staunt doch immer wieder, womit sich Wissenschaftler so beschäftigen.) Millers (rein wissenschaftliches) Interesse richtete sich auf die Höhe der Bezahlung für diese erotische Dienstleistung. Nach 60 Tagen Beobachtung stand das verblüffende Ergebnis fest, dass Tänzerinnen in der fruchtbarsten Phase des Zyklus nahezu doppelt so viel einnehmen wie Kolleginnen während der Menstruation. Miller vermutet nun, dass Männer – durch die Evolution bedingt – mit Geld um sich werfen, um einen hohen sozialen Status zu demonstrieren und die Chancen beim anderen Geschlecht zu erhöhen. Als spürten sie, wann sich der Einsatz lohnt, zeigen sie sich besonders spendabel, sobald sie das Gefühl haben, dass es fortpflanzungstechnisch nützlich sein könnte.

Zu einem ähnlichen Ergebnis kam Miller mit einem zweiten Experiment, an dem knapp 100 männliche Studenten teilnahmen. Die Hälfte von ihnen durfte schöne junge Frauen auf dem Computerbildschirm betrachten und sich dann ein Date mit ihnen ausmalen. Als die Herren phantasiemäßig auf dem Höhepunkt angelangt waren, stellte ihnen der Studienleiter einen Betrag von 5000 Dollar zur Verfügung und ließ sie entschieden, wie viel davon sie für Statussymbole ausgeben wollten, etwa für Handys oder Reisen. Und auch hier zeigten sich erregte Probanden deutlich spendabler. Sie hätten für die Angeberprodukte viel mehr ausgegeben als Versuchspersonen, die vorher keine hübschen Frauen betrachtet hatten. Bei seinen weiblichen Versuchspersonen beobachtete Miller einen anderen Effekt: Sie zeigten sich, versetzt in romantische Stimmung, eher bereit, anderen Personen zu helfen.

Erregte Männer scheinen sich generell zu überschätzen. Zu diesem Ergebnis kam vor einigen Jahren der Psychologe James Roney von der Universität Chicago. Er ließ männliche Probanden im Alter von 18 bis 36 Jahren nach Herzenslust in Magazinen blättern, in die vorwiegend Werbeseiten mit jungen Models eingestreut waren. In einer anschließenden Befragung schätzten die Männer ihren beruflichen Erfolg, ihre Machtposition, ihren Ehrgeiz und ihre Gehaltsaussichten deutlich höher ein als Teilnehmer, die Werbung mit älteren Damen über 50 betrachtet hatten. Deren Vorstellungskraft wurde offensichtlich weit weniger beflügelt, denn sie blieben bei der Beurteilung ihres Macht- und Finanzstatus auf dem Teppich. Auf einer Skala für Extraversion, also dem Gegenteil einer introvertierten Persönlichkeit, erreichte die Männergruppe mit den jungen Frauen 36, die mit den älteren nur 16 Punkte. Alle Probanden beteuerten freilich, die Fotos hätten nicht das Geringste mit ihren Aussagen zu tun. (So viel zur Objektivität männlicher Selbstwahrnehmung.)

Die Wissenschaftler waren von diesen Ergebnissen überrascht. In einem Interview mit dem *New Scientist* sagte Roney: »Ich hatte vermutet, dass Männer über eine stabilere Selbsteinschätzung verfügen.« Verantwortlich für die männliche Selbstüberschätzung ist seiner Meinung nach das ausgeschüttete Sexualhormon Testosteron, mit dem Charakterzüge wie Ehrgeiz und Dominanz korrelieren – was Frauen sexy finden. Roney vermutet nun, dass die visuellen Reize ein männliches Balzverhalten auslösen. Und dabei kann es, ganz wie bei den Kollegen im Tierreich, nie schaden, ein bisschen besser dazustehen als die Konkurrenz – buntere Federn, breiterer Brustkorb und ein paar Nüsse mehr im Bau, und sei es nur in der Phantasie. Es brüste sich, wer kann, im allgemeinen Balzwettbewerb.

Offensichtlich hat die Evolution dafür gesorgt, dass das männliche Gehirn – mit freundlicher Unterstützung des Hormonsystems – präzise unterscheidet, wann sich Protzerei lohnt und wann nicht. Was mich an dieser Stelle noch interessieren würde, wäre, wie eigentlich weibliche Testpersonen nach dem Blättern in Magazinen mit attraktiven jungen Männern ihre Macht und ihr Bankkonto einschätzen würden. Neigen sie ebenfalls zum Prahlen, oder werden bei ihnen eher typisch weibliche Muster abgerufen, wie: Hoffentlich sitzt meine Frisur richtig! Ob mein Hintern in dieser Hose dick aussieht? Auf jeden Fall sollte für Frauen gelten: Trau keinem, der gerade in einem Magazin geblättert hat, vor allem wenn er dir etwas über seine Karriereaussichten oder sein Einkommen erzählt. (Seniorenmagazine sind hiervon natürlich ausgeschlossen.)

Frauen kaufen anders, Männer auch

»Männer glauben nur, sie hätten die Vernunft gepachtet, doch sie irren. Nicht modische, sondern technische Produkte verleiten sie zu Spontankäufen. Das männliche Gehirn will Macht und Kontrolle und überlegt, wie es ans Ziel kommt. Daher seine Vorliebe für Maschinen und Zahlen.« Das stellte Neuromarketingexperte Hans-Georg Häusel in einem Interview mit dem Magazin *Focus* fest.

Siebzig Prozent des frei verfügbaren Einkommens sollen in den Händen von Frauen liegen. Sie sind es, die beim Einkauf im Supermarkt entscheiden, welche Tütensuppe in den Wagen kommt, welche Obstsorte und welches Toilettenpapier. Sie entscheiden im Möbelladen, wählen die Kleidung der Familie und die Wohnaccessoires aus. Frauen arbeiten häufiger als Männer nur halbtags und beschäftigen sich mehr mit Einkäufen. Und Frauen kaufen anders ein als Männer: »Hinsichtlich geschlechtsspezifischer Eigenschaften tendieren Männer eher dazu, kognitive Entscheidungen zu treffen, während Frauen primär den affektiven Aspekt einer Entscheidung hervorheben«, erklärt der Wirtschaftspsychologe Gerhard Raab die Unterschiede zwischen Männlein und Weiblein. Das heißt, Frauen entscheiden eher nach Bauchgefühl, während Männer beim Einkauf stärker rationale Gründe anführen. »Zudem äußert sich ein Unterschied in der Informationsverarbeitungsstrategie. Frauen besitzen im Gegensatz zu Männern eher eine geringe Verarbeitungsschwelle. Dies zeigt sich darin, dass sie sich intensiver mit dem Inhalt der Botschaft auseinandersetzen und dadurch eine größere Sensibilität für deren Einzelinhalte entwickeln. Bei Männern steht dagegen eher die Gesamtbotschaft im Vordergrund. Details werden weniger beachtet«, ergänzt Raab.

Zusätzlich beeinflusst die unterschiedliche Sozialisation das Einkaufsverhalten. Frauen verbringen mehr Zeit mit Kindern und zu Hause, sie lernen in der Regel von klein auf die Rolle der Vermittlerin, kümmern und sorgen sich um nahestehende Menschen. Sie konzentrieren sich außerdem mehr als Männer auf das Thema Schönheit in all seinen Facetten, ob auf die eigene, die der Wohnung oder des Gartens. Männer dagegen sind, allen Trends zum »Neuen Mann« zum Trotz, immer noch stärker auf Aspekte wie Wettbewerb, Finanzen, Berufsleben, Macht und Status konzentriert. Das zieht jeweils unterschiedliche Prio-

ritäten beim Konsum nach sich. Geschenke und Wohnaccessoires beispielsweise werden fast ausschließlich von
Frauen gekauft.

»Männer lieben technische Produkte, die berechenbar
sind, mit denen man die Welt beherrschen kann und die
Macht verleihen. Autos, Maschinen, technische Geräte –
sie begeistern Männer«, stellt der Marketingexperte Hans-
Georg Häusel fest. Ein Blick in die Gänge eines beliebigen
Technikmarktes bestätigt diese Beobachtung. (Eine der wenigen Ausnahmen stellt da wohl die konfliktgeladene Beziehung meines Mannes zu unserem Kaffeevollautomaten
dar. Nicht nur, dass ich für die Anschaffung verantwortlich
war, die beiden können einander bis zum heutigen Tag nicht
ausstehen und ärgern den jeweils anderen nach Kräften. Die
Maschine scheint für ihn ein Eigenleben zu besitzen und
immer dann nicht zu funktionieren, sobald er sie bedienen
möchte – sie lässt einfach alle seine Beherrschungsver-
suche ins Leere laufen.)

Häusels Gruppe Nymphenburg hat zum unterschiedlichen Einkaufsverhalten von Frauen und Männern ein
interessantes Experiment durchgeführt. Sie schickten Testpersonen, die sich eine Joggingausrüstung für Einsteiger zu-
sammenstellen sollten, in ein Sportgeschäft und verfolgten
den Weg, den die Personen im Laden nahmen. Welche Abteilung würden sie als Erstes ansteuern? Fünf von zehn
Frauen taten das, was ich auch tun würde – sie gingen
schnurstracks in die Abteilung für Tops und Shirts, dann
weiter zu den Hosen, um beides farblich aufeinander
abzustimmen. Am Ende schließlich schauten sie in der
Schuhabteilung vorbei, wobei sie sich jedoch kaum für die
Funktionen und Leistungscharakteristik der angebotenen
Laufschuhe interessierten. Dagegen steuerten alle Männer
direkt die Schuhabteilung an und ließen sich ausführlich
über die Leistungsversprechen informieren. Häusel schließt
daraus: »Frauen unterscheiden sich erheblich von Männern

in ihren Kauf- und Entscheidungspräferenzen.« Das Experiment ließe sich sicher für viele andere Produktgruppen reproduzieren.

Warum Männer ihr iPhone zärtlicher berühren als ihre Frauen und Frauen Schuhe besser finden als Sex

In der *Frankfurter Allgemeinen Sonntagszeitung* berichtete ein Autor von seiner Liebe zum neuen iPhone 3G: Er sei ein schwerer Fall, gestand er freimütig: »Arbeitstage werden vertrödelt mit iPhone-Surfen, dem Herüberspielen der iTunes-Bibliothek, dem faszinierten Ansehen von Videos, die eigentlich völlig uninteressant sind. Gespräche drehen sich nur noch um die neueste Entdeckung im Applications Store, die Sprachwahlkonfigurierung der Tastatur ...« Seit der Autor mit sechs Jahren ein Playmobil-Piratenschiff zum Geburtstag geschenkt bekommen habe, konnte ihn nichts mehr in einen solchen Zustand »blindseliger« Ekstase versetzen wie dieses neue Handy.

Und dieses Gefühl scheint auch anderen Männern nicht ganz fremd zu sein. Einer seiner Bekannten habe sich in diesem Zustand gar mit der Gattin überworfen. Sie hatte das Gefühl, dass er sie nie so zart berührt habe wie sein neues iPhone. Haben auch Sie manchmal das Gefühl, dass Ihr Mann sein Telefon mit mehr Zärtlichkeit in den Augen betrachtet und verträumter liebkost als Sie selbst? Machen Sie sich nichts daraus. Männer haben diesen seltsam erotischen Umgang mit Konsumgütern nicht erfunden, das kennen Frauen genauso, nur dass sich weibliche Ekstase seltener an Technik entzündet.

Wir haben für diesen Zweck zum Beispiel Schuhe. Von Madonna wird das Zitat kolportiert: »Manolos sind besser als Sex.« In dieselbe Kerbe schlug eine Teilnehmerin eines Kreativwettbewerbs von Manolo Blahnik und Coca-Cola, bei dem beide Firmen Frauen aufgerufen hatten, in einem Bild auszudrücken, welche Rolle Schuhe in ihrem Leben spielen. Besagte Teilnehmerin ließ sich fotografieren, wie sie im Bett liebevoll den Arm um einen Haufen Schuhe auf dem Kissen neben sich legte. Ihr Partner lag derweil neben dem Bett – auf dem Boden.

Wir lernen daraus: ja, was eigentlich? Dass die menschliche Begeisterungsfähigkeit wenig Grenzen kennt? Dass wir uns in der Hingabe an die Dinge Räume schaffen, in denen die Welt so ist, wie wir sie uns wünschen? iPhones und Sportwagen widersprechen einem nicht, sie wollen nicht dauernd über die Beziehung reden, und sie stellen ihren Besitzer erst recht nicht in Frage, sondern bringen ihn zur Geltung. Im Gegenzug schenken Manolos uns die Illusion, attraktiv und bewundernswert zu sein. Sie geben uns die Möglichkeit, hochhackig durch die Welt zu stolzieren und uns selbst das Maß an Beachtung zu verleihen, das wir im Alltag oft vermissen. So kann Konsum am Ende eine Art therapeutischer Freiraum für die Geschlechter sein, in dem jeder und jede sich die Welt ein bisschen so erschaffen kann, wie sie in einem idealen Universum wäre.

Rettung aus der Hormonfalle

Vielen Menschen mag die Vorstellung missfallen, in ihrem Kaufverhalten von Hormonen beeinflusst zu werden. Einen Ausweg aus der Hormonfalle bietet der Zahn der Zeit. Eine weitere interessante Erkenntnis der MEG-Studie Arndt Traindls nämlich war, dass bei älteren Probanden die neuronale Aktivität generell geringer ausfällt als bei jüngeren. Je älter seine Versuchspersonen waren, desto weniger ließen sie sich noch von aufreizenden Bildern animieren. Alter macht weise – zumindest in diesem Fall scheint es zu stimmen. Mit dem Alter nehmen die typischen Dominanz- und Sexualhormone wie Testosteron und Östrogen ab, so dass bestimmte Verhaltensweisen wie Neugierde, Abenteuerlust, Reizbarkeit oder Wettbewerbsstreben mit den Jahren in den Hintergrund treten. Das typische James-Dean-Gehabe von Männern lässt nach, ebenso Diva-Attitüden der Damenwelt. Ältere Leute sind in der Regel friedlicher und denken nicht mehr den ganzen Tag lang an Balz, Sex, Konkurrenz, Waffen oder Babys. Und das bedeutet wiederum, dass Werbung, die auf die Zielgruppe 50 plus zielt, entsprechend andere Bilder verwenden und sich einer anderen Sprache bedienen muss als Werbung für 20- bis 30-Jährige.

Ein Beispiel: Frauen lassen sich von besonders niedlichen Babygesichtern nur aus der Fassung bringen, solange sie sich diesseits der Menopause befinden. Haben sie die Wechseljahre jedoch erst einmal hinter sich, ist also der Östrogen- und Progesteronspiegel in den Keller gerauscht, reagieren sie ähnlich auf einen niedlichen Fratz wie Männer aller Altersstufen. Das fanden Psychologen um Reiner Sprengelmeyer an der schottischen Universität St. Andrews mit einem seltsam anmutenden Experiment heraus. Sie nahmen Babyfotos und veränderten sie am PC, entweder sie übertrieben das typische Kindchenschema (großer Kopf, Kulleraugen, Stupsnase), das als sehr süß gilt, oder sie schwächten es ab. Dann legten sie die Bilder paarweise Frauen und Männern verschiedener Altersstufen vor. Dabei zeigte sich, dass jüngere Frauen im gebärfähigen Alter sehr viel stärker auf die objektiv niedlicheren Babys reagierten und sie eindeutig bevorzugten. Männer sprachen darauf nicht an. Und auch bei älteren Frauen jenseits der Menopause war der Oh-ist-das-Baby-süß-Faktor deutlich schwächer ausgeprägt. Aus Sicht der Evolution ist es sinnvoll, dass junge Frauen besonders sensibel auf Babygesichter reagieren, müssen sie sich doch meist um die lieben

Kleinen kümmern. Für die Werbung heißt das: Man kann uns Frauen vielleicht mit zuckersüßen Babys locken, es mag uns viele Jahre lang zum Konsum überreden, aber der Effekt hat eine klare, ganz natürliche Grenze – dann hat das Locken mit den Babyschnuten ein Ende.

Und noch eine weitere hormonelle Eigenheit kennzeichnet das Alter: Die Stress- und Angsthormone wie Cortisol nehmen zu, was dazu führt, dass ältere Menschen leichter in Stress geraten und sich entsprechend mehr nach Sicherheit, Geborgenheit, Ausgleich und Entspannung sehnen. Sie brauchen mehr Beratung, mehr Service ebenso wie größere Tasten am Handy. In dieser Altersgruppe gewinnen entsprechend Aspekte wie Wellness, Natur, Garten und Gesundheit an Bedeutung beim Konsum. Clevere Werbeleute behalten diese veränderte Hirnchemie im Blick, wenn sie ihre Kampagnen gestalten.

Übrigens neigen ältere Menschen laut aktuellen Studien auch weniger zu Kaufattacken oder -sucht, die vorwiegend ein Problem jüngerer Konsumenten zu sein scheinen. Schauen wir uns also einmal an, was Menschen im Kaufrausch erleben, denn der ergreift immer mehr Menschen.

10. Ich will Rausch!

Kaufen als Droge: wenn die Neuronen wider Willen
zu Shoppingtouren zwingen

➢ Rausch in Tüten

➢ Wenn Konsum high macht

➢ Die unbekannte Sucht

➢ Kaufattacken bis zum Absturz

➢ »Ein Kick wie ein Orgasmus«

➢ Kaufen als Glücksersatz

➢ Neuronen sorgen für Verlangen

➢ Bilder verstärken die Sucht

➢ Tipps für harmlose Fälle

➢ Kaufprotokolle und andere Gegenstrategien

»Der vernünftigste Kaufrausch der Welt.«
»Sind wir nicht alle ein bisschen Bluna?«
»Der gute Rausch.«

Rausch in Tüten

Möchten Sie wissen, wie sich ein Kaufrausch anfühlt, wie es ist, wenn man viel mehr kauft, als man braucht, und man sich dabei nicht wirklich unter Kontrolle hat? Wie ist es, wenn man ratlos vor Bergen von Dingen steht, die man gekauft hat, ohne es wirklich geplant zu haben? Dann versetzen Sie sich doch einmal kurz in die vergangene Vorweihnachtszeit, am besten zum letzten Samstag vor Heiligabend. Wie war das? Spüren Sie die vollen Einkaufstüten in den kalten Händen, die Enge in den Geschäften und die ansteckende Kauflaune trotz der Aussicht auf wirtschaftlich schwierige Zeiten? Ist da wieder diese Lust, schöne Dinge zu berühren und sie mit nach Hause zu nehmen, ohne auf den Preis achten zu müssen? Kribbelt da dieses wunderbare Gefühl, Ihren Lieben mit schönen Geschenken eine Freude machen und einfach mal über die Stränge schlagen zu können? Sie gehören nicht zur Gruppe der Weihnachtsrauschkäufer? Gut, vielleicht mögen Sie ja ein schwedisches Einrichtungshaus und waren schon einmal vom IKEA-Syndrom befallen: Eigentlich will ich nur ein paar Einlegeböden für Bücherregale nachkaufen, aber auf dem Weg zur Kasse lauern links und rechts aufgetürmte Stapel von Servietten, Kerzen, Blumenvasen, Knoblauchpressen. So greife ich hier und da zu. Wer weiß, vielleicht geht ja die alte Knoblauchpresse bald kaputt, eine zusätzliche Vase kann man immer brauchen, und die Servietten könnten zur Neige gehen. So schaufle ich auf dem Weg zum Ausgang den Wagen voll, ohne es zu merken, ohne Blick fürs Ganze.

An der Kasse folgt das böse Erwachen. Die kleinen hübschen und immer-mal-brauchbaren Dinge summieren sich und sollen am Ende mehr kosten als die Regalböden. Aber jetzt ist es zu spät. Die Artikel sind eingescannt, der Weg nach hinten abgeschnitten von anderen Kunden, denen dieser Moment noch bevorsteht. Wie konnte das passieren?, frage ich mich. Benommen reiche ich der Kassiererin meine ec-Karte und schwöre meinen IKEA-Schwur: Das passiert mir nicht noch mal! Aber es wird wieder passieren, denn beim nächsten Einkauf sind wieder neue hübsche kleine Dinge längs des Parcours postiert, und beim Schlendern durch die endlosen Gänge wird das Gehirn von neuem fast unmerklich in den Kaufrauschmodus umschalten. Ignoriere ich die Dinge, springen sie von selbst in den Wagen, sobald ich ihnen den Rücken zudrehe. Da bin ich mir sicher.

Das haben Sie noch nie erlebt? In Ordnung, dann sind Sie vielleicht ein männlicher Leser und immun gegen Blumenvasen und Servietten mit Elchmotiv. Aber kennen Sie möglicherweise dieses wunderbare Gefühl beim Betreten eines Technikmarktes? Diese blitzenden und funkelnden Gehäuse, allerneueste Technik, wohin das Auge schaut. Hier ein superschneller Rechner der jüngsten Generation, dort ein verführerisches Handy mit x Funktionen, und da: die 12-Megapixel-Kamera. Oder darf es vielleicht Autozubehör sein, ein neues Navi mit integriertem MP3-Player oder ein Satz neue Alufelgen?

Die meisten von uns finden irgendwo ihren persönlichen Dealer in der bunten Warenwelt: Was für Kinder das Spielzeuggeschäft, ist für ihre Väter der Bau- oder Elektronikmarkt und für ihre Mütter die Boutique. Alle zusammen lassen sich vielleicht gern in einer Buchhandlung zu mehr verführen, als ursprünglich geplant war. So findet jeder seinen Lieblingskonsumort, an dem leicht einmal die Vernunft flöten geht.

Kaufen, zahlen, freuen – so eine ausgedehnte Shoppingtour macht nicht nur Spaß, sie beruhigt auch, lenkt von

Alltagssorgen ab und bringt auf andere Gedanken. Beim Plausch mit Verkäufern ist der Ärger mit dem Chef vergessen, die neuen Stiefel oder das neue Handy sind eine kleine Belohnung und Ausgleich für den Stress der letzten Wochen. Intensiver Konsum kann ein Genuss sein. Laut John de Graaf verwenden Amerikaner heute mehr als siebenmal so viel Zeit fürs Einkaufen wie für das Spielen mit ihren Kindern.

Aber wo Rausch und Exzess sind, da ist manchmal die Sucht nicht weit. Das wissen nicht nur Raucher aus Erfahrung. Bisweilen gerät der Drang nach dem Kick zum Horror, die Kauflust zur Kaufsucht. Und da hört der Spaß auf. Leider.

Wenn Konsum high macht

Kaufen, zahlen, sich schämen – so fühlt sich dieselbe Tour für Shoppingjunkies an. Die ziehen mit Herzklopfen und wie ferngesteuert durch die Läden, brauchen die Aufmerksamkeit der Verkäuferinnen mehr als das tägliche Brot und verlassen Läden ausschließlich mit Tüten beladen – um postwendend vom schlechten Gewissen gebeutelt zu werden. Zur Beruhigung und Ablenkung wird am nächsten Tag einfach weitergekauft. Das hilft. Wenn Ihnen dieses Gefühl bekannt vorkommt und Sie die eine oder andere Einkaufstüte an der Familie vorbei nach oben ins Schlafzimmer oder in den Keller schmuggeln, dann kann es sich dabei um Symptome einer Kaufsucht handeln. Und die kann im schlimmsten Fall im Gefängnis enden, in der Psychiatrie oder vor dem Scheidungsrichter. Zwar ist lange nicht jeder tatsächlich kaufsüchtig, der sich vom kostenbewussten Partner die ewige Sag-mal-muss-das-eigentlich-sein-Frage anhören muss. Aber viele, die es sich jahrelang nicht eingestehen, bis sie tief in der Schuldenfalle sitzen, bräuchten eigentlich eine Therapie. Denn Kaufsucht ist eine ernste psychische Störung und hat wenig mit unseren einfachen, liebenswerten bis skurrilen Konsummarotten zu tun.

Den Unterschied zwischen jemandem, der kaufsüchtig ist, und den vielen anderen, die einfach gern mal beim Einkaufen über die Stränge schlagen, hat mir zum ersten Mal meine Freundin Angela deutlich gemacht. Ihren Namen habe ich geändert, damit sie anonym bleibt. Aber ihre Geschichte ist es wert, erzählt zu werden, weil sie zeigt, wie tückisch diese eigenartige Sucht sein kann.

Wir kennen uns noch aus Studienzeiten. Der Kontakt war zwischendurch zwar schwächer geworden, doch er ist nie ganz abgebrochen. Gesehen haben wir uns in den letzten Jahren selten, aus regelmäßigen Telefonaten wusste ich aber, dass Konsum in Angelas Leben eine ungeheuer wichtige Rolle spielt. Kaum ein Gespräch vergeht, ohne dass sie von Dingen erzählt, die sie gekauft oder bei Auktionen ersteigert hat. Ich vermute seit Jahren, dass sie es mit ihrer Shopperei übertreibt. Zwar rufen auch meine Neuronen des Öfteren: *Go Shopping!*, aber bei ihr scheinen sie kaum noch andere Signale zu senden. So bat ich bei einem Besuch, sie für dieses Buch befragen zu dürfen, denn ich war auf der Suche nach Menschen, in deren Leben Konsum eine zentrale, ja existentielle Rolle einnimmt. Wir treffen uns bei ihr und nehmen in ihrem hübschen Garten hinter dem alten Bauernhaus Platz. Alles ist zugewachsen und sieht ein bisschen verwunschen aus. Es ist dieser Charme gezielter Verwilderung, der dem Anwesen etwas von der Villa Kunterbunt verleiht. Unwillkürlich sucht mein Blick nach dem gescheckten Pferd auf der Veranda.

Angela grinst bei der Vorstellung. Dann trübt sich ihre Miene ein. »Tja, nur dass ich im Gegensatz zu Pippi Langstrumpf keine Kiste voller Gold im Haus habe«, meint sie bedauernd und schenkt Tee nach, einen sehr seltenen, teuren weißen Tee. »Anders als Pippi bin ich praktisch pleite,

Pippi Blankstrumpf.« Sie sagt den Satz fast beiläufig, so wie man von Ärger im Büro erzählt.

»Weiß dein Mann davon?«, will ich wissen.

»Nein«, versichert sie, »zwar ahnt er es wohl, aber ich habe ja meine eigenen Ersparnisse.« Nach einer Denkpause fügt sie hinzu: »Hatte Ersparnisse, trifft es vielleicht besser.«

Sie schämt sich wegen ihrer schwer zu kontrollierenden Kaufexzesse, kann es aber nicht lassen. »Mein schlechtes Gewissen setzt mir schon zu. Ich glaube, meine Schwiegermutter ahnt was, aber sie sagt nichts, kontrolliert nur ständig, ob ich etwas Neues gekauft habe.« Auch mit Angelas Mann gibt es immer wieder Streit wegen ihrer ausgedehnten Shoppingtouren. »Er kapiert nicht, warum ich dauernd Sachen kaufe und sie dann nicht benutze. Doch für mich ist Einkaufen wie eine Droge. Mir geht es besser damit. Es geht meistens gar nicht um das Produkt selbst«, sagt sie und schnippt gedankenverloren einen Käfer vom Tisch. Er landet im Lavendelbeet. Nach einer langen Unterhaltung ist sie damit einverstanden, dass ich sie einmal beim Einkaufen begleite. Ich will miterleben, wie sie Shopping erlebt.

Also begleite ich sie einen Nachmittag lang, an diesem sonnigen Tag im August. Wir treffen uns am Bremer Rathaus. Dort, wo andere ihren Wochenendeinkauf erledigen, nach Schnäppchen Ausschau halten oder schnell noch ein Geschenk kaufen, versorgt sich Angela mit ihrem Suchtstoff. In der Fußgängerzone warten ihre Dealer: Juweliere, Antiquitätenhändler, Modeboutiquen. Nach einer Stunde haben wir ein großes Bekleidungshaus hinter uns. Eigentlich wollte meine Freundin nur eine weiße Bluse fürs Büro kaufen. Verlassen hat sie den Laden mit einer weißen und einer lila Bluse, einem Blazer und einem Seidentuch. Sie wirkt entspannter als vorher, kommt langsam ins Plaudern, als hätten die ersten Einkäufe ihre Zunge gelöst. Mir

271

fällt ein, dass bei manchen Menschen Alkohol dieselbe Wirkung hat. Mit zunehmender Dauer der Shoppingtour wird es immer netter und entspannter mit ihr.

»Gut«, sagt sie nach einem Besuch in einer Buchhandlung und einem Laden für Wohnaccessoires, »lass uns in ein Café gehen, ich glaube, es reicht erst mal.« Als wir an einer Parfümerie vorbeikommen, bleibt sie stehen. Mit ernster Miene sucht sie das Schaufenster ab. »Augenblick«, murmelt sie und ist schon im Laden verschwunden. Als sie nach einigem Ausprobieren einen Duft findet, der ihr gefällt, stellt sich zum ersten Mal an diesem Samstagnachmittag Erleichterung ein. Die letzte Anspannung scheint von ihr abzufallen. Angela atmet durch. Sie greift nach der silbrig glänzenden Packung mit den Blütenranken, lässt fast liebevoll ihre Finger darüber gleiten. »Zweiundsiebzig Euro«, flüstert sie. »Aber es ist toll.« Sie hält mir die Innenseite ihres Handgelenks unter die Nase. Ihre Augen leuchten. Ich nicke höflich, fühle mich unwohl in meiner Haut und habe das Gefühl, etwas sagen zu müssen. Aber mir fällt nichts ein, und ich möchte das Strahlen in ihren Augen nicht ausknipsen. Es scheint ihr wirklich gutzugehen in diesem Moment. Nach einem Gespräch mit der Verkäuferin, die sie zu ihrer Wahl beglückwünscht, verlassen wir den Laden. Die edle Tüte baumelt an Angelas Handgelenk. Zwischen all den anderen.

»Jetzt ist es besser«, murmelt sie und streicht sich eine Haarsträhne aus dem Gesicht. Und jetzt ist sie auch so weit, dass wir uns unterhalten können. Sie steuert ein Café an, direkt an der Schlachte, wie die Weserpromenade hier heißt, bestellt einen Cappuccino und beginnt zu erzählen, davon, wie es ihr in diesem Moment geht und dass die Erleichterung wohl auch diesmal nicht lange anhalten wird: »Oft meldet sich schon beim Bezahlen das schlechte Gewissen. Ein, zwei Tage höchstens, dann ist der Drang zurück. Am Montag nach der Arbeit bin ich wieder hier, aber in einer anderen Filiale, damit es nicht so auffällt. Vielleicht besuche ich auch meinen alten Freund mal wieder. Er hat ein Antiquitätengeschäft am Stadtrand. Ich wechsle die Läden, man entwickelt seine Taktik. Dann fällt es nicht so auf.«

Ob ihre Wahl tatsächlich gut war, wird sie nicht herausfinden, denn das teure Parfum wird nicht den Weg in ihr Badezimmer finden. Dort ist längst kein Platz mehr. Es wird originalverpackt in den Keller wandern – zu all den anderen Dingen, die gut versteckt hinter der Campingausrüstung lagern. »Langsam wird es eng«, sagt sie und lässt offen, ob sie den Keller meint oder ihre Finanzen.

Die unbekannte Sucht

Es hat lange gedauert, bis Angela begriffen hat, dass ihr Konsumverhalten eine bestimmte Grenze überschritten hat, dass der Drang nach immer mehr nichts mehr mit Lust zu tun hat und schon gar nichts mit Notwendigkeiten. »Ich wusste ja nicht, dass es so was wie Kaufsucht überhaupt gibt«, erzählt sie. »Alkohol, Tabletten, Nikotin oder Heroin ja, aber Konsum als Sucht? Man merkt das ja nicht, rutscht so rein mit den Jahren, steigert die Dosis und fühlt sich trotzdem immer schlechter damit. Aber gleichzeitig braucht man es immer mehr.«

Ähnliche Erfahrungen hat Sieglinde Zimmer-Fiene gemacht. Sie ist »kontrolliert kaufsüchtig« und setzt sich dafür ein, diese Suchtform in Deutschland bekanntzumachen und Betroffenen zu helfen. Die 54-Jährige war 25 Jahre lang kaufsüchtig und gründete 2002 die erste deutsche Selbsthilfegruppe. Und Hilfe haben Shoppingjunkies bitter nötig, denn Kaufsucht ist nicht bloß ein Lifestyle-Phänomen einer aus dem Ruder gelaufenen Konsumgesellschaft. Sie ist das Symptom einer ernsten psychischen Störung. Aber anders als Alkoholismus oder Nikotinsucht ist sie eben kaum bekannt und wird daher wenig ernst genommen. Wie andere Süchte beginnt auch Kaufsucht harmlos und endet nicht selten im Desaster. Und: Sie breitet sich aus. Laut Expertenschätzungen sind schon etwa sieben Prozent der Deutschen stark gefährdet, vor allem trifft es immer mehr junge Menschen. Sie geraten in die Abwärtsspirale von Konsum, Schulden und noch mehr Konsum, oft lange bevor sie ihr erstes eigenes Geld verdient haben. Horrende Handyrechnungen, unkontrollierte Klamottenkäufe, teure Kneipen- und Diskobesuche. Am Ende türmt sich alles zu einem unbezahlbaren Berg von Verbindlichkeiten auf.

Eine meiner Bekannten führt in München einen Secondhandladen für Kleidung. »Unsere besten Lieferanten sind die jungen Mädels«, erzählt sie. »Wenn die von einer Shoppingtour am Wochenende zurückkommen, muss der alte Kram raus. Das landet dann alles hier bei uns, oft noch mit den Originalpreisschildern dran, weil einfach keine Zeit war, die Sachen einmal anzuziehen.«

Kaufattacken bis zum Absturz

Die Folgen kennt Sieglinde Zimmer-Fiene allzu gut: 170000 Euro Schulden, Anzeigen wegen Betrugs und Unterschlagung, 180 Gläubiger auf den Fersen, von denen manche selbst vor Morddrohungen an der Haustür nicht zurückschreckten. Dann Prozesse, die Verhaftung und schließlich die Zwangseinweisung in die Forensische Psychiatrie. Geholfen hat man ihr dort nicht: »Richter, Anwälte, Gutachter, Therapeuten, niemand nahm das Problem ernst, sie behandelten mich wie eine Kriminelle«, erinnert sie sich im Gespräch. Sobald sie Freigang hat, geht sie wieder einkaufen, um sich im tristen Gefängnisalltag ein Stück heile Welt zu schaffen. Konsum wird zum letzten Rettungsanker. Erteilt eine Boutique Hausverbot, findet sie andere Läden, wo man sie noch nicht kennt. Am Ende kauft sie auf die Namen ihrer Kinder. Jeder Rückfall verlängert die Haft, so werden aus den ursprünglich verhängten drei Jahren schließlich acht. Es sind lange, quälende Jahre.

Viele Kaufsüchtige enden in dieser Art von wirtschaftlichem und persönlichem Ruin. In Internetforen erzählen sie von ihrer Angst vor dem Gefängnis, von Partnern, die die Flucht ergriffen haben, von Kindern, denen es am Nötigsten fehlt, weil das Geld im Kaufrausch verpulvert wurde. Kaufsucht endet wie viele andere Süchte nicht, wenn das Geld ausgeht. Und es werden längst nicht nur Menschen, die es sich finanziell leisten können, kaufsüchtig, sondern auch solche, die eigentlich jeden Euro zweimal umdrehen müssen. »Studien zeigen, dass alle Bevölkerungs- und Einkommensschichten betroffen sind. Jüngere Menschen scheinen gefährdeter zu sein als ältere, Frauen eher als Männer. Doch das Problem wird immer noch übersehen oder bagatellisiert«, kritisiert Astrid Müller, Psychologin an der Universitätsklinik Erlangen und Kaufsuchtexpertin.

Das Spektrum der Kaufsucht ist breit, es reicht von gelegentlichen bis täglichen Kaufattacken, von Menschen, die ihre Existenz aufrechterhalten können, wie meine Freundin Angela, bis zu Menschen, die völlig abstürzen. Sieglinde Zimmer-Fiene weiß, woran man Kaufsüchtige erkennt: »Sie haben sehr viele Sachen, kaufen Kleidungsstücke gleich doppelt, verstecken gekaufte Sachen oder ignorieren sie völlig. Und sie machen große Geschenke, um Liebe und Anerkennung zu bekommen. Am Ende baten mich meine Kinder inständig, ihnen nichts mehr von meinen Einkaufstouren mitzubringen. Die ganze Familie hat gelitten.« Bis heute ist das Verhältnis zu den Kindern belastet.

Astrid Müller erklärt den Unterschied zwischen gelegentlichen Lustkäufen und der Sucht so: »Kaufsucht ist weit mehr als gelegentliche Frust- oder Lustkäufe: Es werden immer öfter völlig unnötige Dinge gekauft und anschließend nicht benutzt. Die Kaufattacken lenken von unangenehmen Gefühlen und Gedanken ab. Gleich nach dem Bezahlen setzen Schuldgefühle ein, weswegen die Kaufexzesse in der Regel bagatellisiert oder verheimlicht werden. Die Betroffenen und ihre Angehörigen erleben dabei einen enormen Leidensdruck.« Doch trotz familiärer und finanzieller Probleme ist es Kaufsüchtigen nicht möglich, dieses Verhalten zu ändern. Sie kommen allein nicht mehr aus der Situation heraus.

»Geschlechtertypisch ist, dass kaufsüchtige Frauen eher bei schicker Kleidung oder teuren Kosmetika zuschlagen. Männer bevorzugen den Baumarkt für die vermeintlich unverzichtbare Zweitbohrmaschine oder den neuesten Schrei im Elektronikshop«, erklärt Kaufsuchtexperte Marc-Andreas Edel von der Universitätsklinik Bochum. Schmuck, Schuhe, Lebensmittel und Haushaltsgeräte für Frauen; Technik, Uhren, Sportgeräte oder Autozubehör für Männer, die mittlerweile schätzungsweise ein Drittel der Süchtigen ausmachen. Geldprobleme können zwar kurzfristig durch Kontoüberziehungen, Kredite oder das Auflösen von Sparbüchern und Lebensversicherungen hinausgezögert werden. Aber die exzessiven Shoppingtouren führen auf Dauer selbst bei gutsituierten Menschen zu Schulden und Strafverfahren. Bank- und Kreditkarten »erleichtern« die Sache zusätzlich. Ein Betroffener, Gymnasiallehrer und süchtiger Antiquitätensammler, beschreibt diesen Mechanismus so: »Wenn ich mit der Kreditkarte einkaufen gehe, kaufe ich zwar nicht unbedingt mehr, aber vergnüglicher, weil ich das Geld nicht sehen muss, das ich ausgebe. Außerdem habe ich die Summe schneller wieder vergessen.«

»Ein Kick wie ein Orgasmus«

Die Kaufsucht ist seit Anfang des 20. Jahrhunderts bekannt. Erstmals wurde die »Oniomanie« vom deutschen Psychiater Emil Kraepelin beschrieben. Sie wird zu den Zwangs- oder den Impulskontrollstörungen gezählt, wie auch die Spielsucht, die Pyromanie oder die Kleptomanie. Doch anders als etwa die Drogensucht ist sie kaum bekannt. Ein weiteres Dilemma besteht darin, dass das Kaufen heute im Grunde ein sozial anerkanntes und wirtschaftlich erwünschtes Verhalten darstellt. Wer kauft, gilt als leistungsfähig, was Status und Ansehen bringt. Konsum ist gut, versichern uns Wirtschaftsexperten und Politiker immer wieder. Er kurbelt die Wirtschaft an, sichert Arbeitsplätze und schafft allgemeinen Wohlstand. Konsumprediger fordern uns regelmäßig auf, die hemmende Konsumverweigerung doch bitte aufzugeben. Und so fallen exzessive Käufer zunächst nicht negativ auf, erfüllen sie doch lediglich die normalen Pflichten des *Homo oeconomicus* und guten Staatsbürgers. Zusätzlich torpediert das Neuromarketing die letzte Kaufzurückhaltung. Selbst psychisch stabilen Konsumenten fällt es oft schwer zu widerstehen. Die Warenwelt lockt, und wir müssen uns in ihr bewegen, ob wir wollen oder nicht. Das ist eines der Hauptprobleme von Kaufsüchtigen: Anders als etwa bei Alkoholabhängigen ist ihnen völlige Abstinenz letztlich unmöglich. Denn in der modernen Konsumgesellschaft muss man kaufen, um zu existieren. So können Kaufsüchtige niemals ganz »trocken« werden, der totale Entzug ist nicht drin.

Vor allem verschafft die Kauferei den Süchtigen Erleichterung und seelische Stabilität. Die wahllos angehäuften Waren brauchen sie nicht, wohl aber die Anerkennung und Selbstbestätigung, die der Kauf mit sich bringt. Kaufsüchtige sind oft der Meinung, dass Geld alle Probleme lösen könne, und verspüren entsprechend ein Gefühl von Überlegenheit, wenn sie für andere sichtbar welches ausgeben können.

»Als Kundin werde ich zuvorkommend behandelt, bekomme Aufmerksamkeit. Alles ist so einfach und schön. Man bewegt sich in einer intakten Glitzerwelt«, erklärt meine Freundin Angela und nippt an ihrem Cappuccino. »Das ist alles so einfach und klar und eingespielt. Ich bin wer als Kundin, vor allem in teuren Läden.« Im Vergleich zum Beginn unseres Treffens wirkt sie nun tatsächlich wie ausgewechselt. Die warme, wenn auch rein professionelle Wertschätzung der Verkäuferinnen hat ihr offensichtlich gutgetan. Man hat ihren Geschmack gelobt, ihre modekompatible Größe-36-Figur, die auch ich nicht ohne Neid zur Kenntnis nehme. Man hat ihr zuvorkommend die Türen aufgehalten. Kaufsüchtige erleben diese Begegnungen als angenehm. Sie beruhigen in Stresssituationen, kompensieren schlechte Gefühle und die vielen kleinen Enttäuschungen des Alltags. Und das macht Appetit auf mehr.

»Als ob ich Durst hätte«, so beschrieb eine Betroffene Forschern der Universität Hohenheim ihren Kaufdrang. Die Wissenschaftler begaben sich in den neunziger Jahren auf die Suche nach Konsumsüchtigen, führten Interviews mit ihnen, um den Ursachen der Sucht auf die Spur zu kommen: »ein unwiderstehlicher Drang, stärker als der eigene Wille«, »es ist stärker als ich«, »wenn ich Geld habe, dann muss es einfach raus«, »die Dinge ziehen mich magisch an«. Kaufsucht kann zum völligen Verlust der Selbstkontrolle führen. Die Interessen verengen sich auf das Kaufen als einziges Befriedigungsmittel. Sieglinde Zimmer-Fiene erlebte das Kaufen als »Kick, wie ein Orgasmus«.

Nach dem Kick kommt das Leid, wie bei anderen Süchten auch. Viele Kaufsüchtige leiden zusätzlich an Depressionen, Angst- und Zwangsstörungen, Alkoholmissbrauch oder Essstörungen. Und auch hier gibt es wie bei anderen

Suchtformen die Tendenz zur Dosissteigerung: Um den gleichen Effekt zu erreichen, müssen immer häufiger und immer teurere Dinge gekauft werden. Die Grenzen verschieben sich ständig.

Kaufen als Glücksersatz

Anders als »normale« Käufer können sich Shoppingjunkies nach dem Kauf nur selten über die Waren freuen. Sie kaufen, um inneres Chaos zu betäuben, um Depressionen oder Ängste zu unterdrücken, etwa die Angst, nicht angenommen, geliebt und beachtet zu werden. Kaufen dient auch als Aufputschmittel, um sich Glücksgefühle zu verschaffen, um innere Leere zu füllen und durch die aufregende Jagdlust den deprimierenden Alltag zu vergessen. Gekauft wird auch, um aus der Realität zu fliehen und Problemen auszuweichen. Für »Stresskäufer« ist das Shoppen ein Ventil, um seelischen Druck abzubauen. Angela erklärt es für ihren Fall so: »Ich fülle beim Kaufen das Loch in meiner Seele.« Der Wirtschaftspsychologe Georg Felser meint dazu: »Die Forschung weiß, dass stimmungsregulierendes Kaufen viel stärker bei Menschen ausgeprägt ist, die emotional weniger stabil sind. Diese Art von Konsum bedeutet, ich kaufe etwas, um mich aufzuheitern.«

Auch die Hohenheimer Befragten erzählten von frühen Kränkungen, bei denen nicht selten Finanzielles eine entscheidende Rolle spielte: übersparsame Eltern, eine karge oder freudlose Kindheit und die Erfahrung mangelnder Wertschätzung. Oder das Gegenteil davon: eine Kindheit, in der man bestens ausgestattet war, mit materiellen Zuwendungen als Liebesersatz. Fast immer haben die Betroffenen es nicht geschafft, in ihrer Lebensumwelt ein stabiles Selbstwertgefühl aufzubauen. Dann stützt Kaufen das unsichere Selbst, schützt vor Leere und Minderwertigkeitsgefühlen, ist Ersatz für Liebe, Anerkennung, Respekt: »Ich genieße es, als Stammkundin bevorzugt bedient zu werden«, »Einkaufen versetzt mich in Hochstimmung«, »Ich kaufe, um anderen zu imponieren«, »Ich bin ja sonst nichts wert, nur als Kundin mit lockerem Scheckbuch bin ich jemand«, »Kaufen ist bei mir Partnerersatz«. Bei Sieglinde Zimmer-Fiene war der frühe Tod ihres ersten Ehemannes der Auslöser. Mit Shopping konnte sie sich von der Trauer ablenken, es tröstete und schützte vor endlosen Grübeleien.

Angela plagt bis heute die Erinnerung an ihre lieblose, in strenge Regeln geschnürte Kindheit. »Meine Eltern verachteten Luxus und zwangen mich, erspartes Geld für wohltätige Zwecke zu spenden. Ich durfte nichts begehren, Besitz war schlecht. Ich hatte fast nichts, aber ich kenne bis heute fast alle gemeinnützigen Organisationen in diesem Land«, erzählt sie und bestellt einen weiteren Kaffee. »Irgendwann habe ich angefangen, heimlich zu kaufen, um einen Freiraum von den Verboten meiner Eltern zu schaffen. Ich tat einfach das, was sie am meisten verachteten. Das gab mir ein Gefühl der Macht und war unheimlich wohltuend. Ich konnte mir einen Lippenstift kaufen und fiel nicht tot um. Sie hatten unrecht, kaufen war nicht schlecht. Also kaufte ich weiter.« Irgendwie blieb sie dabei. Heute, wo ihre Eltern tot sind, kann sie die Gewohnheit nicht mehr aufgeben. Das gesamte Erbe landete in Parfümerien, Boutiquen und Möbelgeschäften. »Ein bisschen war es am Ende vielleicht auch Rache an meinen Eltern. Alles, was sie angespart haben, habe ich mit beiden Händen ausgegeben.« Sie spricht laut mit ausladenden Gesten und zieht die Blicke der anderen Gäste auf sich. Vielleicht auch, weil sie sehr attraktiv ist und unglaublich selbstbewusst wirkt. Ich frage mich, was in diesem Moment eben in der Parfümerie, als ihre Augen so wunderbar strahlten, in ihrem Kopf vorgegangen sein mag.

Neuronen sorgen für Verlangen

In einem Buch über die Shoppingvorlieben unseres Gehirns darf ein Blick auf die Neuronen von Kaufsüchtigen nicht fehlen. Das hat unlängst Gerhard Raab, Professor für Marketing und Psychologie an der Fachhochschule Ludwigshafen, ermöglicht. Raab erforscht die Kaufsucht seit vielen Jahren und versucht, die Öffentlichkeit für das Thema zu sensibilisieren. Da lag es nahe, auch zu den modernsten Methoden der Hirnforschung zu greifen. So führte Raab in Zusammenarbeit mit Bernd Weber von der Bonner Universitätsklinik die weltweit erste Studie durch, bei der Kaufsüchtige mit dem MRT untersucht wurden. Und er fand heraus, dass diese Sucht offenbar handfeste neurobiologische Ursachen hat: »Alles deutet darauf hin, dass dieselben Gehirnareale betroffen sind wie bei anderen Suchtformen auch«, erzählt er.

Für die Studie wurden 25 Kaufsüchtige und 25 normale Käufer als Kontrollgruppe ausgewählt. Alle hatten zu Beginn des Experiments ein Startguthaben von 50 Euro zur Verfügung. Über einen Monitor im Hirnscan wurden den Probanden nun Bilder von Produkten eingeblendet. Per Knopfdruck konnten sie entscheiden, welche Waren sie kaufen wollten. Beim Blick auf ihre Hirnaktivitäten zeigten sich zwei wesentliche Unterschiede: Erstens war bei den Kaufsüchtigen stärker als bei den normalen Käufern das limbische System aktiv, wo positive Emotionen verarbeitet werden. Zweitens zeigte sich bei der Gruppe der Kaufsüchtigen eine verminderte Aktivität in Bereichen der *Insula*, die dafür zuständig ist, die Folgen von Handlungen einzuschätzen.

Raab schließt daraus, dass Kaufsüchtige stärker von Warenangeboten und den dabei entstehenden positiven Emotionen angesprochen werden als normale Konsumenten, Shoppen also stärkere positive Gefühle auslöse, während gleichzeitig die negativen Konsequenzen ausgeblendet werden. Das erkläre neben verschiedenen Ursachen in der Lebensgeschichte und der Umwelt rein biologisch, warum es Kaufsüchtigen so schwer fällt, auf die durch das Kaufen ausgelösten psychischen Effekte zu verzichten. Im Gehirn von Kaufsüchtigen spielen sich ähnliche Prozesse ab wie bei anderen Süchten bis hin zu körperlichen Entzugserscheinungen, berichtet Raab. Diese Entzugserscheinungen reichen von innerer Unruhe und körperlichem Unwohlsein bis hin zu psychosomatischen Erkrankungen und Selbstmordgedanken.

Bilder verstärken die Sucht

Neben der Hirnbiologie können möglicherweise auch die eingängigen Bilder der Werbung zum exzessiven Konsum beitragen. Haben Sie sich schon einmal gefragt, warum eigentlich Fernsehwerbung die teuerste und begehrteste von allen Arten zu werben ist? Sie erreicht nicht nur besonders viele Menschen gleichzeitig, sondern schafft es auch besonders gut, Bilder in unserem Kopf zu verankern, die unsere Konsumlust beeinflussen. Sobald wir sie in unserem Gehirn sehen, steigt das Verlangen nach der Sache selbst. Innere Bilder spielen generell eine wichtige Rolle bei der Entstehung von Süchten. Das fand der britische Suchtexperte Jon May von der Universität in Sheffield heraus: Raucher beispielsweise sehen vor ihrem geistigen Auge das Bild einer Zigarette, bevor sich das intensive Verlangen danach bemerkbar macht. »Man kann förmlich vor sich sehen, was man gern hätte«, erzählt May. Er ist überzeugt, dass der Impuls, zum Glimmstängel zu greifen, durch solche Bilder hervorgerufen wird.

Gleiches kennt man in der Konsumforschung. »Innere Bilder entfalten sowohl kognitive als auch emotionale Wirkungen, die einen direkten Einfluss auf die gedankliche Informationsverarbeitung und -speicherung ausüben. Im Rahmen der Konsumentenforschung zeigen Untersuchungen, dass die Präferenz des Kunden für ein Produkt, ein Geschäft oder eine Dienstleistung wesentlich davon abhängt, wie lebendig das innere Bild des Konsumenten ist. Je lebendiger ein inneres Bild ausgeprägt ist, desto stärker ist sein Einfluss auf das Verhalten«, stellt Gerhard Raab fest. Und solche Muster nisten sich nur dauerhaft im Konsumentenhirn ein, wenn es der Werbung gelingt, Bilder zu schaffen, die sich stark genug von denen der Konkurrenz abheben. Je eingängiger ein Bild, umso besser geht es ins Langzeitgedächtnis. Und was dort landet, löst, wie wir wissen, wirksame Konsumimpulse aus.

Bei Rauchern kann übrigens das Betrachten flackernder Bilder das Verlangen nach einer Zigarette unterdrücken, wie May herausfand. In einem Experiment zeigte er Rauchern schwarze und weiße Quadrate. Die Bilder flirrten am Computerbildschirm und sollten das innere Bild von der Zigarette durchkreuzen. Der Effekt: Die Raucher verspürten tatsächlich weniger Verlangen. May vermutet, dass die Methode denjenigen Gedächtnisbereich beeinflusst, der für die Entstehung der inneren Bilder vom Suchtobjekt zuständig ist. Aber auch bereits die reine Vorstellung von flackernden Bildern kann offensichtlich ausreichen, um einen Suchtimpuls abzuschwächen: Vierzig Probanden, die ein Tennisspiel imaginiert hatten, entwickelten ein ebenso geringes Verlangen wie diejenigen, die sich vor dem Test noch eben eine Zigarette anstecken durften. Allerdings sei leider, so May, noch ungeklärt, ob die flackernden Bilder Raucher auch langfristig von ihrer Sucht abbringen können. Auch ob sie ein probates Mittel gegen Kaufimpulse sein könnten, ist unbekannt.

Tipps für harmlose Fälle

Wer sich vor Kaufräuschen schützen möchte, sollte nach Meinung von Experten zuallererst seine Kreditkarten zerschneiden. Es macht nämlich einen großen Unterschied, mit welchem Zahlungsmittel wir unsere Einkäufe erledigen. Aus konsumentenpsychologischen Studien ist bekannt, dass sich Käufer sehr viel besser an das ausgegebene Geld erinnern, also daran, wie viel sie für welche Dinge gezahlt haben, wenn sie die Rechnung mit Bargeld beglichen haben. Bei der Benutzung von Kreditkarten dagegen neigen wir dazu, die Ausgaben deutlich zu unterschätzen. Unser Gehirn vergisst leichter, wie viel Geld wir verpulvert haben, wenn wir mit einer – sehr abstrakten – Plastikkarte shoppen. Die immensen Konsumschulden, die vor allem die Amerikaner in den vergangenen Jahren aufgetürmt haben, gehen zum Teil auf dieses Konto. Denn in den USA ist es viel einfacher, an eine Kreditkarte mit großzügigem Dispokredit heranzukommen. Viele Bürger besitzen gleich mehrere Karten und überziehen den jeweiligen Kreditrahmen einfach im Wechsel. »Kartengestützte Zahlungssysteme erschweren die Ausgabenkontrolle«, beobachtet Raab. Doch es ist möglicherweise ein unrealistischer Rat, darauf zu verzichten, da die moderne Warenwelt immer stärker zum bargeldlosen Einkaufen tendiert und bereits an Systemen getüftelt wird, die Bezahlung mittels Fingerabdruck oder Handy ermöglichen. Damit wird das gesamte System völlig abstrakt.

Shoppingsucht-Gefährdete sollten darüber hinaus auf Einkäufe bei Fernsehsendern und im Internet sowie über Versandkataloge verzichten. Und Kaufsuchtexperte Marc-Andreas Edel rät außerdem zu »systematischer Selbstkontrolle durch diszipliniertes Auflisten von notwendigen und nicht notwendigen Anschaffungen«. Wer genau aufschreibt, was er braucht und was nicht, und diese Liste gut sichtbar aufhängt, vor einem Einkaufsbummel einen Blick darauf wirft oder sie in den Geldbeutel steckt, hat zumindest eine Bremse parat. Die kleine Notiz: »Ich brauche keine Schuhe!« kann helfen. (Diesen Zettel trage ich auch im Geldbeutel.) Ebenso übrigens wie das gute alte Haushaltsbuch, in dem akribisch alle Ausgaben festgehalten werden.

Außerdem legt Edel Betroffenen ans Herz, Fertigkeiten »zur Akzeptanz und zur Verarbeitung negativer Gefühle sowie gezielte Übungen zur Erzeugung und Verstärkung positiver Gefühle durch alternatives Verhalten, das Spaß macht«, zu erlernen beziehungsweise stärken. Hobbys, Besuche bei Freunden, Musik hören, Sport machen – alle Alternativen, die die Stimmung aufhellen, helfen gegen exzessives Shoppen.

Am Ende noch ein weiterer, diesmal ganz und gar unwissenschaftlicher Tipp, der möglicherweise in manchem Fall helfen kann, etwas weniger sehnsuchtsvoll an den Schaufenstern von Edelboutiquen kleben zu bleiben: Gehen Sie in einen dieser Luxusläden auf den Luxusmeilen dieses Landes. Schauen Sie sich dort genau um: Nicht nur sind die Waren meist völlig überteuert, die Verkäuferinnen sind noch dazu so mürrisch, dass einem die Lust aufs Shoppen gründlich vergehen kann. Holen Sie sich eine große Portion der gelangweilten Herablassung von Verkäuferinnen, die Sie gerade beim Blättern in der aktuellen *Vogue* stören. Das hilft gegen akute Shopperitis, so wie man sich an drei Stück Buttercremetorte dermaßen den Appetit verdirbt, dass man ein halbes Jahr lang keine Lust mehr darauf hat.

Kaufprotokolle und andere Gegenstrategien

Experten sind sich einig: Für schwerere Fälle von Kaufsucht ist der Besuch bei einer Suchtberatungsstelle, eine

Therapie oder der Besuch einer Selbsthilfegruppe unerlässlich. Die Regelmäßigkeit und Verbindlichkeit dieser Gespräche können Kaufexzessen vorbeugen. »Angesichts der wachsenden Kaufsuchtgefährdung müssen dringend wirksame Behandlungsangebote entwickelt und von den Krankenkassen bezahlt werden«, fordert Astrid Müller. Sie leitete eine Studie am Universitätsklinikum Erlangen, die erstmals für Deutschland die Wirksamkeit einer Kaufsuchttherapie untersuchte. Eine an der University of North Dakota entwickelte ambulante Gruppentherapie wurde über mehrere Jahre an 60 Frauen und Männern erprobt. Zwölf Wochen lang trafen sich die Teilnehmer jeweils 90 Minuten pro Woche gemeinsam mit einem Psychologen, um ihr Kaufverhalten zu analysieren. Kern der Therapie ist es, ein Bewusstsein dafür zu entwickeln, in welchen Situationen man zu Kaufattacken neigt. Dafür werden Kaufprotokolle geführt. Hat man das eigene Muster erkannt, können Gegenmaßnahmen entwickelt werden: Sport, Geselligkeit oder erfüllende kreative Tätigkeiten als Ersatz fürs exzessive Kaufen. Wenn die Betroffenen diese Strategien aus der Therapie beibehalten, ist eine langfristige Normalisierung ihres Kaufverhaltens realistisch.

Um ihre Fortschritte zu dokumentieren, berichteten die Teilnehmer der Studie in Fragebögen und Interviews regelmäßig über ihr Befinden und Verhalten. Und die Verhaltenstherapie schlug tatsächlich an: Bei einem Großteil der Teilnehmer verbesserte sich das Kaufverhalten deutlich. Doch weil die Kaufsucht bislang keine anerkannte psychische Erkrankung ist, bleibt für Betroffene die Kostenübernahme durch die Kassen ungesichert.

Sieglinde Zimmer-Fiene kann heute wieder gelassener durch ein Kaufhaus gehen und ist optimistisch, dass sie mit der Unterstützung von außen einen dauerhaften Weg aus der Sucht findet. Doch sie muss weiterhin täglich gegen die Sucht kämpfen. Ihren Schuldenberg wird sie für den Rest ihres Lebens abstottern müssen. Da sie von einem Gericht verurteilt wurde, ist ihr der Schritt in die Privatinsolvenz verschlossen.

Dieser Absturz steht Angela vielleicht noch bevor. Die Ersparnisse aus dem Erbe ihrer Eltern sind mittlerweile aufgebraucht. Schulden zu machen fürs Shoppen, das könne sie sich nicht vorstellen, beteuert sie. Aber die Vorstellung, die liebgewordenen Kaufaktionen einzustellen, fällt ihr genauso schwer. Einen Ausweg aus dem Dilemma sieht sie momentan nicht. »Vielleicht versuche ich es mit einer Selbsthilfegruppe«, sagt sie und schaut gedankenverloren auf die Weser. Ihre gute Laune scheint allmählich zu verfliegen, und der letzte Satz klingt verdächtig halbherzig.

Zum Abschied schiebt sie das Parfum über den Tisch: »Ich werde es eh nicht benutzen«, sagt sie knapp, »vielleicht kannst du es ja brauchen.« Ich streiche mit dem Finger über die silbernen Blütenranken auf der Packung. Was braucht man schon im Leben?

Zum Schluss: wie Sie clever und
mit Freude shoppen

Als ich von der sommerlichen Landpartie auf dem Wasserschloss zurückkam, stand ich etwas ratlos vor meinen Trophäen. Warum um alles in der Welt hatte ich all das gekauft? Jetzt, ein Jahr und viele Ausflüge in das Gehirn des Konsumenten später, habe ich einige Antworten auf diese Frage gefunden. In dieser Zeit hat sich mein Shoppingverhalten fast unmerklich verändert. Meine Einkäufe sind – zum Bedauern meines Mannes – nicht weniger und – zum Bedauern vieler Geschäfte, in denen ich einkaufe – auch nicht mehr geworden. Ich werde noch immer bei alltagsuntauglichen Schuhen schwach, ebenso bei allem, was neu und überraschend daherkommt. Aber: Wenn ich heute shoppen gehe, weiß ich, was ich da tue, warum ich es tue und wie ich es anders tun kann, wenn mir danach ist.

Ebenso wenig wie es unmöglich ist, *nicht* zu kommunizieren, ist es unmöglich, *nicht* zu konsumieren. Und niemand konsumiert »sinnlos«, also ohne bei seiner Entscheidung für oder gegen etwas einen bestimmten Grund im Hinterkopf zu haben. Selbst banale Kaufentscheidungen sind das Ergebnis von Konsumstrategien unseres Gehirns, die einen tieferen Sinn haben oder zumindest im Laufe der Menschheitsgeschichte einmal hatten. Mein Strohhut war das Resultat eines alten evolutionären Programms und diente dem Erhalt (mein Mann würde sagen: der Vortäuschung) von Schönheit. Die Rosenblütenseife bediente das hirneigene Luxusprogramm und die evolutionär entwickelte Lust am Neuen, die Garten-Terrakotta war das Ergebnis meines typisch weiblichen Einrichtungsfimmels, der viel mit weiblichen Lebenswelten, Hormonen und Bewältigungsstrategien zu tun hat. Ebenso wie übrigens Schachcomputer und Multifunktionstools mit den typischen Lebenswelten meines Mannes zu tun haben. Das herrliche Ambiente des Wasserschlosses sorgte gekonnt für den entsprechenden Framing-Effekt, die Unterstützung kleiner Manufakturen durch meinen Kauf gab mir das warme Gefühl, damit ein bisschen die Welt zu retten. Der gutgekleidete Auftritt im Gefolge meiner Freundin diente der sozialen Selbstverortung und der Inszenierung von Status. Die durchweg attraktiven Verkäufer schafften es mit Leichtigkeit, uns um den Finger zu wickeln, weil sich unser Hirn nun mal gern von gutaussehenden Menschen einnehmen lässt.

All diese Kaufimpulse laufen unbewusst ab, haben aber bisweilen weitreichende Konsequenzen auf unser Leben. Konsum bedient viele Bedürfnisse, eine große Klaviatur der Emotionen, auf der sich trefflich spielen lässt. Und auf all diese Dinge reagiert unser Gehirn. Verlässlich und konstant. In diesem einen Jahr also hat sich mein Shoppingverhalten in einer Weise verändert, die mich zu dem optimistischen Satz verleitet: Wir können den Verlockungen des (Neuro-)Marketings entgehen und unsere eigenen Konsumimpulse austricksen, wenn wir annähernd so gut über die Funktionsweisen unseres Gehirns informiert sind wie die Experten, die Unternehmen und ihre psychologischen Berater. Sie wollen uns glauben machen, unser Konsumverhalten sei das Produkt reiner Emotionen, ohne dass unser Verstand regulierend eingreifen könnte. Viele erklären gebetsmühlenhaft den rationalen Konsumenten zum Mythos. Aber: Natürlich haben gerade Marketingberater ein vitales Eigeninteresse an dieser Sicht des Konsumenten. Denn das sichert lukrative Aufträge von Firmen. Wie frei wir tatsächlich in unseren Entscheidungen sind, darüber führen Hirnforscher seit Jahren eine komplizierte Debatte. Lassen wir die Experten weiterstreiten und fragen uns stattdessen, was wir als Konsumenten mit dem ganzen Wissen, das Wissenschaftler über unser Kaufverhalten zutage gefördert haben, eigentlich anfangen können.

Gerade in Krisenzeiten nämlich wollen viele Menschen weniger konsumieren oder einfach nur anders, der eine sinnvoller, der andere nachhaltiger, der Dritte bewusster und kontrollierter, einige vielleicht auch lustvoller. Dazu sollten wir die eigenen Marotten kennen, sollten wissen, dass wir Konsum bisweilen als sinnstiftend erleben, dass man uns suggeriert, wir könnten mit unserem Einkauf die Welt retten oder wenigstens die deutsche Wirtschaft. Wir sollten uns darüber im Klaren sein, dass Konsum unsere Neugier befriedigt und, viel wichtiger, unsere Sucht nach Belohnung. Konsum kann uns in einen Rauschzustand versetzen und unsere Sehnsucht nach Schönheit befriedigen. Angesichts dieser Motive ist es äußerst unwahrscheinlich, dass uns irgendetwas jemals dauerhaft die Lust am Shopping austreiben wird.

Emotionale Entscheidungen sind nicht unbedingt immer schlecht, und man sollte sie nicht unterdrücken, denn manchmal ist der Bauch klüger als der Kopf. Doch wer sein Konsumverhalten in welcher Hinsicht auch immer verändern möchte, sollte sich dieses Verhalten so bewusst wie möglich machen. Analysieren Sie, unter welchen Umständen Sie zu viel oder das Falsche oder Unnötige kaufen. Der Mensch ist keine Laborratte. Er reagiert nicht blind auf Reize, auch wenn sie von einem immer raffinierteren Neuromarketing produziert werden. Wir können unser Verhalten beeinflussen. Etliche Studien zeigen zwar, dass die Emotionen gern mit uns durchgehen, sobald wir uns in Konsumlandschaften bewegen. Doch Verhalten lässt sich steuern. Immer. Mir ist bei den Recherchen für dieses Buch keine Hirnscanstudie begegnet, die untersucht hätte, was sich im Gehirn von Konsumenten tut, *nachdem* man die Versuchspersonen erstens darüber aufgeklärt hätte, *was* gleich untersucht wird, und wie sich zweitens ihr Verhalten verändert, wenn sie über ihre Hirnaktivitäten Bescheid wussten, also etwas gelernt hatten. Sicher, solche Studien wären teuer, würden aber auch interessante Erkenntnisse über mögliche Lerneffekte liefern.

Würden Sie gern weniger konsumieren oder lieber nachhaltiger, oder würden Sie sich gern bewusster auf bestimmte Konsumwelten konzentrieren und andere mehr links liegenlassen? Nervt Sie der eigene Sammeltick, oder fürchten Sie gar insgeheim Symptome einer Kaufsucht an sich zu beobachten? Worauf immer Sie Einfluss nehmen möchten: Machen Sie sich zuallererst die Vorlieben Ihres Gehirns bewusst. Auf dieser Basis kann dann über Veränderungen nachgedacht werden. Wir haben Möglichkeiten, unser Konsumverhalten in eine gewünschte Richtung zu lenken, wenn wir trainieren, uns in typischen Konsumsituationen zu beobachten und die jeweiligen Kaufimpulse zu entlarven. Wenn ich weiß, wie ich als Kundin ticke, irre ich nicht wie eine Laborratte im Käfig umher und folge jedem ausgelegten Köder. Ich habe den Bielefelder Hirnforscher Hans Markowitsch gefragt, wie die Chancen stehen, unserem Gehirn bestimmte Marotten wieder abzutrainieren. Seine Antwort: »Da liegen sozusagen Stirnhirn und limbisches System im Streit miteinander. Es ist ähnlich wie beim Rauchen: Bei der Minderzahl funktioniert es langfristig, die anderen kehren bald zu ihren Gewohnheiten zurück. Man kann Marotten aber sicher abtrainieren, wie man beispielsweise mit einer Verhaltenstherapie so gut wie alles an- oder abtrainieren kann. Es ist alles eine Frage der Trainingsintensität und -dauer.«

Hier also ein paar Dinge, die ich in meinem Konsumverhalten geändert habe. Sie können sie einfach als Erfahrungsbericht zur Kenntnis nehmen, aber auch als abschließende Tipps zur Anregung, Ihrem Gehirn ein paar steinzeitliche Konsumflausen auszutreiben:

Ich bin heute skeptischer gegenüber schön erzählten Werbegeschichten und klopfe Werbespots und -anzeigen daraufhin ab, ob sie auf kollektive Erfahrungen meiner Generation anspielen, an gemeinsame Erinnerungen appellieren, intime Lebensträume vorzutäuschen versuchen oder anderes emotionales Gemeingut ins Feld führen. Ich schaue kritisch hin, welche ansprechenden Geschichten über Produkte erzählt werden, und frage mich öfter als früher, ob ich wirklich die Sache oder vielleicht doch nur die Mär darum begehre. Versuchen Sie, vor allem Markenprodukte bewusst von der Story, dem Mythos dahinter abzukoppeln. Selbst von Wellnessbildern oder Babyfotos lasse ich mich heute nicht mehr in einen wehrlosen Kaufmodus versetzen.

Gerade Markenhersteller setzen immer stärker aufs »Emotionenmanagement«. Je emotionaler und vertrauter uns Markenprodukte sind, umso weniger hinterfragen wir ihren tatsächlichen Wert. Fragen Sie sich deshalb, warum Sie bestimmte Marken kaufen und ob sich der Preisunterschied zur Konkurrenz wirklich lohnt. Sind Sie einer Marke nur aus Gewohnheit treu, oder bietet sie tatsächlich handfeste Vorteile wie Qualität? Falls nicht, steigen Sie auf ein günstigeres No-Name-Produkt um.

Ähnliches gilt beim Einkauf selbst: Da Studien gezeigt haben, dass wir im Supermarkt mehr Dinge in den Wagen schaufeln, sobald wir uns gegen den Uhrzeigersinn Richtung Kasse bewegen, laufe ich eben gegen den Strom, egal, in welche Richtung man mich zu dirigieren versucht. Und da man in einem riesigen Einkaufswagen mehr transportieren kann als in einem Korb, dessen Gewicht man selbst tragen muss, nehme ich nur Körbe. Wenn ich weiß, dass mir spontane Lustkäufe emotionale Höhepunkte verschaffen, ich mein Geld aber eigentlich lieber für den nächsten Urlaub sparen möchte, gehe ich ohne Kredit- oder ec-Karte einkaufen und nehme nur so viel Bargeld mit, wie meine geplanten Einkäufe voraussichtlich kosten werden. Anschließend belohne ich mich mit einem Blick auf den Kontostand.

Einen weiteren originellen Tipp für Kaufrauschjunkies steuerte laut *New Scientist* jüngst der amerikanische Ökonom Richard Thaler von der Universität Chicago bei: »Freeze your creditcard!« Und zwar im wörtlichen Sinne. Nehmen Sie einen Behälter mit Wasser, werfen Sie Ihre Kreditkarte hinein und lassen Sie das Ganze in der Kühltruhe zu einem massiven Block gefrieren. Die normalen Einkäufe werden nun mit Bargeld erledigt, das uns nicht so leicht durch die Finger geht wie eine abstrakte Buchung über die Kreditkarte. Steht ein größerer Einkauf mit Karte oder Internetshopping an, müssen Sie zunächst geduldig warten, bis das Eis geschmolzen ist. Die Begeisterung über den anstehenden Kauf kann derweil einer kritischen Prüfung unterzogen werden, bei der der emotionale Schub eventuell schon nachlässt. Man kann in Ruhe nachrechnen, ob das Geld wirklich gut angelegt oder vielleicht doch auf dem Konto besser aufgehoben ist. Wenn Sie nach reiflicher Überlegung zum Schluss kommen, den Kauf zu tätigen, gehen Sie los. Im anderen Fall frieren Sie die Karte einfach wieder ein. Leider hat Thaler keine Angaben dazu gemacht, wie viele Vereisungen so eine Karte aushält. Aber der Trick scheint ein guter Weg, um irrationale Tendenzen unseres Gehirns in den Griff zu bekommen.

Wer die Erfahrung gemacht hat, dass ihn der Besitztumseffekt immer wieder schwach werden lässt, sollte sich keine Plasmafernseher zur Ansicht liefern und sich keine Designerklamotten zur Auswahl mit nach Hause geben lassen. Besser eine Nacht darüber schlafen, scharf nachdenken und am nächsten Tag noch einmal in den Laden gehen, wenn man genau weiß, was man braucht und haben möchte – und wie man es finanzieren kann. Das bedeutet: keine »Welpenabschlüsse« mehr, nur weil man an einer Ware hängt wie an einem kulleräugigen Hundebaby.

Wer sich – wie ich – immer wieder von (vermeintlichen) Innovationen locken lässt, weil die Neugier ihm zuflüstert: »Das musst du haben, es ist ganz neu!«, nimmt vor dem Kauf am besten erst einmal Informationen mit nach Hause, legt eine Denkpause ein und fragt sich bei einer Tasse Tee, ob das Produkt wirklich so innovativ ist wie behauptet. So schmilzt die angeblich ultimative Innovation bisweilen auf ein uninteressantes Maß zusammen, wenn man nur lange genug darüber nachgedacht hat. Wer sich dagegen allzu leicht von der Rhetorik von Luxusgüterproduzenten um den Finger wickeln lässt, kann sich in einer ruhigen Minute fragen, ob der Distinktionsgewinn tatsächlich so groß ist wie versprochen. Wird irgendjemand tatsächlich merken, welche tolle Marke ich da trage? Wer kennt die überhaupt in meinem Umfeld? Wen will ich warum damit beeindrucken? Und lässt sich der Distinktionsgewinn vielleicht mit einem anderen Produkt günstiger herstellen?

Bei teuren Anschaffungen nehme ich jetzt immer eine Vertrauensperson mit: Partner, Freund oder Freundin, einen kompetenten Kollegen oder eine nette Nachbarin, wen auch immer. Wir fühlen uns der (psychologisch raffiniert geschulten) Übermacht der Verkäufer weniger ausgeliefert, wenn wir nicht allein sind. Vor allem bei größeren Anschaffungen schließen wir vorher einen Pakt: Nicht sofort zugreifen, egal, mit welchen Verführungstaktiken der Verkäufer lockt. Manchmal gerät man selbst als aufgeklärte und selbstbewusste Kundin in Situationen, in denen man sich von exzellenten Verkäufern in die Ecke gedrängt fühlt. Mein Mann und ich haben uns zur Angewohnheit gemacht, ein vereinbartes Codewort zu sagen, sobald ein Verkäufer zu viel Druck ausübt (»das Angebot gilt nur noch wenige Tage, greifen Sie besser sofort zu«). Das Codewort ist das Zeichen dafür, dass einer von uns beiden auf die Bremse treten will (in der Regel ist das mein Mann, weil diese Rolle seiner natürlichen Sparsamkeit eher entgegenkommt). Ein Paar, das sich uneins über einen Kauf ist, kann für einen noch so gewitzten Verkäufer eine harte Nuss sein. Sie fürchten kaum etwas so sehr wie einen Ehestreit im Laden, zwischen dessen Fronten sie geraten könnten. Und so vermeidet unser Gegenüber dann häufig, den Kaufabschluss mit weiteren Argumenten zu forcieren. Unser Entschluss, die Diskussion erst einmal zu Hause weiterzuführen, wird meist mit Erleichterung quittiert. Und wir gewinnen Zeit nachzudenken.

Der amerikanische Wissenschaftler und Experte in Sachen Käufermanipulation Robert Levine berichtet von einer noch drastischeren Reißleine. Sein Freund erkläre in solchen Situationen: »Ich habe eine Störung, die mein Therapeut als Impulsivität bezeichnet und die es mir sehr schwer macht, nein zu sagen. Er hat mir das Versprechen abgenommen, nie eine wichtige Entscheidung auf der Stelle zu treffen.« Die Methode ist wahrscheinlich nicht geeignet, sich Freunde zu machen, kann aber aus Zwangssituationen befreien. Legen Sie sich solch einen Rettungsanker zurecht, bevor Sie einen Laden betreten. Es muss ja nicht gleich der Verweis auf psychische Unzurechnungsfähigkeit sein (gerade in kleinen Orten spricht sich so etwas herum). Oft reicht schon ein Satz wie »Meine Oma hat immer gesagt: ›Junge (Mädchen), schlaf erst mal eine Nacht drüber.‹ Den Rat berücksichtige ich und komme morgen noch mal wieder.« Wie für alle Lebenslagen gilt auch für die Konsumlust: Üben Sie, »nein« zu sagen. Das schützt vor eigenen Konsumimpulsen und Manipulationen von außen.

Zeitdruck ist ein schlechter Berater, daher kaufe ich nicht mehr, vor allem nichts Teures, wenn ich gestresst, gehetzt oder abgelenkt bin. Ich lasse mich weder von Sonderangeboten (»nur für kurze Zeit«) noch von Verkäufern unter Zeitdruck setzen und kaufe nach Möglichkeit nicht kurz vor Ladenschluss. Bewusster Konsum funktioniert nicht, wenn es zugeht wie beim TV-Home-Shopping, wo unablässig ein Countdown die Cremetuben rückwärts zählt, um Kunden zum Zuschlagen zu animieren. Die meisten Angebote kommen irgendwann wieder. Nehmen Sie sich Zeit für Entscheidungen und tricksen

Sie Ihr Gehirn auf der Suche nach schnellen Abkürzungen aus. Nehmen Sie sich die Zeit, um nachzurechnen, ob ein von 25 auf 24,90 Euro reduzierter MP3-Player tatsächlich ein Schnäppchen ist oder ob möglicherweise ein früherer Preis angegeben wird, der völlig unrealistisch ist. Die permanente Überlastung unseres Wahrnehmungsapparates, auf die die Unternehmen setzen, lässt sich aushebeln, wenn wir uns daran gewöhnen, nicht automatisch zuzuschlagen, wo ein Rabattschild blinkt. Meist reichen einfache Grundrechenarten – und Klarheit über die eigenen Motive. Will ich das Produkt um seiner selbst willen oder nur weil es mir als Schnäppchen aufgedrängt wird?

Darüber hinaus überlege ich heute sehr bewusst, ob es zu meinem Wunschprodukt, das bei mir Begehrlichkeiten geweckt hat, möglicherweise eine ökologisch und sozial verträglich produzierte Alternative gibt.

Und noch ein letzter Tipp zum Thema Verkäufer: Ich bevorzuge heute die hässlichen. Je unattraktiver, umso lieber sind sie mir. Wir haben gesehen, dass schöne Verkäufer erfolgreicher sind als hässliche, weil wir uns generell von gutaussehenden Zeitgenossen leichter um den Finger wickeln lassen. Ich spreche heute deshalb, wenn ich die Wahl habe, immer den weniger gut aussehenden Berater für ein Verkaufsgespräch an. Er wird mir im Zweifelsfall weniger den Kopf verdrehen und dafür sorgen, dass die rationalen Hirnareale im präfrontalen Kortex nicht von sexuellen Signalen außer Kraft gesetzt werden. Haben Sie *niemals* ein schlechtes Gefühl dabei, nein zu sagen, ganz gleich, wie charmant der Verkäufer ist. Im Regelfall sind wir beim Einkaufen nicht auf Partnersuche, ganz egal also, wie sehr man mit Ihnen flirtet, machen Sie sich klar, dass es ein berechnender Flirt ist, der ausschließlich den Verkauf zum Ziel hat. Wenn ich einen besonders adretten Verkäufer vor mir habe und kein unattraktiver Kollege zu greifen ist, visualisiere ich den Tsunami meiner Hormone im

Gehirn, mache mir klar, dass das hier rein gar nichts mit Balz zu tun hat und gleich wieder vorbei ist. Plötzlich kann ich mich wieder auf die Fakten konzentrieren, das Lächeln meines Gegenübers verliert an Zauber, seine Augen an magischer Anziehungskraft.

Entwickeln wir als Konsumenten ein Selbstbewusstsein und seien wir uns unserer Kompetenz bewusst, alles, was wir dafür brauchen, ist in unserem Gehirn vorhanden. Mit ein bisschen Übung klappt das nach einiger Zeit. Versuchen Sie es. Und versuchen wir das Ganze als Spiel zu begreifen. Wenn dann Ihre Hirnzellen wieder einmal *Go Shopping!* rufen, können Sie sich bequem zurücklehnen und das Spiel nach den eigenen Regeln spielen. Und falls Sie nun das Gefühl haben, dass dabei der Spaß an der Sache etwas verlorengeht, gönnen Sie sich hin und wieder einen unvernünftigen Tag des Konsums, an dem all diese Regeln ausgesetzt sind. Vielleicht kurz vor Weihnachten oder im Urlaub, wenn ohnehin alles konsumtrunken ist.

Viel Freude weiterhin bei den kleinen und großen Höhepunkten wünscht Ihnen

Eva Tenzer

Literatur und Internetadressen

Bücher rund um Kaufen, Kunden und Konsum

Ariely, Dan: Denken hilft zwar, nützt aber nichts: Warum wir immer wieder unvernünftige Entscheidungen treffen, München 2008

Berns, Gregory: Satisfaction: Warum nur Neues uns glücklich macht, Frankfurt/M. 2006

Brafman, Ori; Brafman, Rom: Kopflos. Wie unser Bauchgefühl uns in die Irre führt – und was wir dagegen tun können, Frankfurt/M. 2008

Busse, Tanja: Die Einkaufsrevolution: Konsumenten entdecken ihre Macht, München 2008

Felser, Georg: Werbe- und Konsumentenpsychologie, Heidelberg 2001

Fischbach, Gerhard; Jassner, Wolfgang: Wachstumschancen einer Unterhose oder: Wie man einen Markt erregt, Frankfurt/M. 2003

Fuchs, Werner T.: Tausend und eine Macht. Marketing und moderne Hirnforschung, Zürich 2005

Gottschall, Jonathan; Wilson, David: The Literary Animal. Evolution and the Nature of Narrative, Evanston 2005

Graaf, John de: Affluenza: Zeitkrankheit Konsum, München 2002

Grimm, Fred: Shopping hilft die Welt verbessern. Der andere Einkaufsführer, München 2008

Haubl, Rolf: Geld, Geschlecht und Konsum. Zur Psychopathologie ökonomischen Alltagshandelns, Gießen 1998

Häusel, Hans-Georg: Brain Script. Warum Kunden kaufen, Freiburg 2005

Ders.: Neuromarketing. Erkenntnisse der Hirnforschung für Markenführung, Werbung und Verkauf, Freiburg 2007

Hellmann, Kai-Uwe: Räume des Konsums. Über den Funktionswandel von Räumlichkeit im Zeitalter des Konsums, Wiesbaden 2008

Helmle, Simone: Identitätsfindung und Wohlbefinden. Über die Symbolik der Handlung »Einkaufen im Bioladen« auf der Grundlage lebensgeschichtlicher Erzählungen, Weikersheim 2004

Kaminsky, Annette: Kaufrausch. Die Geschichte der ostdeutschen Versandhäuser, Berlin 1998

Klein, Naomi: No Logo! Der Kampf der Global Players um Marktmacht. Ein Spiel mit vielen Verlierern und wenigen Gewinnern, München 2001

König, Wolfgang: Kleine Geschichte der Konsumgesellschaft, Stuttgart 2008

Lee, Michelle: Fashion Victim: Our Love-Hate Relationship with Dressing, Shopping, and the Cost of Style, New York 2003

Levine, Robert: Die große Verführung: Psychologie der Manipulation, München 2003

Markowitsch, Hans: Dem Gedächtnis auf der Spur. Vom Erinnern und Vergessen, Darmstadt 2002

Meschnig, Alexander; Stuhr, Mathias: Wunschlos unglücklich. Alles über Konsum, Hamburg 2005

Miller, Geoffrey: Die sexuelle Evolution. Partnerwahl und die Entstehung des Geistes, Heidelberg 2001

Ders.: Spent: Sex, Evolution, and Consumer Behavior, New York 2009

Pfabigan, Alfred: Nimm drei, zahl zwei: Wie geil ist Geiz?, Wien 2004

Priddat, Birger P. (Hg.): Neuroökonomie: Neue Theorien zu Konsum, Marketing und emotionalem Verhalten in der Ökonomie, Marburg 2007

Ders.: Moralischer Konsum. 13 Lektionen über die Käuflichkeit, Stuttgart 1998

Pritzel, Monika u. a.: Gehirn und Verhalten: Ein Grundkurs der physiologischen Psychologie, Heidelberg 2003

Raab, Gerhard; Unger, Fritz: Marktpsychologie. Grundlagen und Anwendungen, Wiesbaden 2005

Renz, Ulrich: Schönheit. Eine Wissenschaft für sich, Berlin 2006

Rosen, Emanuel: Net-Geflüster. Kreatives Netzwerk-Marketing oder: Wie man aus Geheimtipps Megaseller macht, München 2000

Roth, Gerhard: Persönlichkeit, Entscheidung und Verhalten: Warum es so schwierig ist, sich und andere zu ändern, Stuttgart 2008

Saad, Gad: The Evolutionary Bases of Consumption, Mahwah, New Jersey 2007

Scheier, Christian; Held, Dirk: Was Marken erfolgreich macht. Neuropsychologie in der Markenführung, Freiburg 2007

Solomon, Michael u. a.: Konsumentenverhalten. Der europäische Markt, München 2001

Spitzer, Manfred: Lernen: Gehirnforschung und die Schule des Lebens, Heidelberg 2006

Ullrich, Wolfgang: Haben wollen. Wie funktioniert die Konsumkultur?, Frankfurt/M. 2006

Underhill, Paco: Warum kaufen wir? Die Psychologie des Konsums, München 2000

Unfried, Peter: Öko: Al Gore, der neue Kühlschrank und ich, Köln 2008

Waal, Frans de: Der Affe in uns. Warum wir sind, wie wir sind, München 2006

Wenzel, Eike; Kirig, Anja; Rauch, Christian: Greenomics. Wie der grüne Lifestyle Märkte und Konsumenten verändert, München 2008

Wuppertal-Institut für Klima, Umwelt, Energie: Fair Future. Begrenzte Ressourcen und globale Gerechtigkeit, München 2005

Artikel aus Fachzeitschriften und Sammelbänden

Aharon, Itzhak u. a.: Beautiful faces have variable reward value, in: *Neuron* 32/2001, 537–551

Apicella, Coren u. a.: Testosterone and financial risk preferences, in: *Evolution and Human Behaviour* 29/6 (2008), 384–390

Ariely, Dan: Die Heilkraft der Verpackung, Interview in: *Psychologie Heute* 3/2009, 44–49

Ders. u.a.: Placebo effects of marketing actions: Consumers may get what they pay for, in: *Journal of Marketing Research* 42/2005, 383–393

Berns, Gregory u. a.: Neurobiological correlates of social conformity and independence during mental rotation, in: *Biological Psychiatry* 58/2005, 245–253

Ders. u. a.: Predictability modulates human brain response to reward, in: *Journal of Neuroscience* 21/2001, 2793–2798

Ders.: Price, Placebo, and the Brain, in: *Journal of Marketing Research* 399/ Vol. XLII (November 2005), 399–400

Bertrand, Marianne u. a.: What's psychology worth? A field experiment in the consumer credit market, Working Paper www.nber.org/papers/w11892

Biederman, Irving u. a.: Perceptual pleasure and the brain. A novel theory explains why the brain craves information and seeks it through the senses, in: *American Scientist* 94(3)/ 2006, 247–255

Brendl, Miguel: Name letter branding. Valence transfers when product specific needs are active, in: *Journal of Consumer Research* 32/2005, 405–415

Buchanan, Mark: Gimme money, that's what I want, in: *New Scientist* 21.3.2009, 26–30

Charles, Kerwin u. a.: Conspicuous consumption and race, Working Paper, http://faculty.chicagogsb.edu/erik.hurst/research/race_consumption_april2007_applications.pdf

Coates, John; Joe Herbert: Endogenous steroids and financial risk taking on a London trading floor, in: *Proceedings of the National Academy of Sciences of the US* 4/105/2008, 6167–6172

Critcher, Clayton u. a.: Incidental environmental anchors, in: *Journal of Behavioral Decision Making* 21/2008, 241–251

Dreisbach, Gesine: Wie Stimmungen unser Denken beeinflussen, in: *ReportPschologie* 6/2008, 289–298

Einzmann, Simone: Herdentrieb spart Energie, in: *Bild der Wissenschaft* 1/2008, 92–93

Erk, Susanne u. a.: Cultural objects modulate reward circuity, in: *Neuroreport* 13/2002, 2499–2503

Escalas, Jennifer Edson: Narrative versus analytical self-referencing and persuasion, in: *Journal of Consumer Research*, 34(4), 421–429

Felser, Georg: Wenn ein Sommertee nach Winter schmeckt: Der Einfluss des Produktnamens auf das Geschmackserlebnis.

Vortrag auf der 51. Tagung experimentell arbeitender Psychologen, Friedrich-Schiller-Universität Jena (30.3.–1.4.2009)

Ders.: Schmeckt die Cola anders, wenn man ihre Marke kennt?, in: *Wirtschaftspsychologie* 4/2008, 61–66

Fliessbach, Klaus u. a.: Social comparison affects reward-related brain activity in the human ventral striatum, in: *Science*. 318(5854)/23.11.2007, 1305–1308

Füllkrug-Weitzel, Cornelia: Für eine Ökonomie des Genug, in: *Zeitzeichen* 6/2008, 35–36

Hayden, Benjamin u. a.: Economic principles motivating social attention in humans, in: *Proceedings of the Royal Society* B 274: 1619 (2007), 1751–1756

Hein, Grit; Henning, Christoph: Wahrnehmung im Gehirn. Limits, Optimierungen und ihre Implikationen für die Neuroökonomie, in: Priddat (2007), 107–123

Hellmann, Kai-Uwe: Zur Historie und Soziologie des Markenwesens, in: Michael Jäckel (Hg.): Ambivalenzen des Konsums und der werblichen Kommunikation, Wiesbaden 2007, 53–71

Hellmuth, Utz: Ökonomik des Vertrauens, in: Priddat (2007), 125–148

Hsu, Jeremy: Wie ein offenes Buch, in: *Gehirn&Geist* 12/2008, 22–27

Hubert, Mirja; Kenning, Peter: A current overview of consumer neuroscience, in: *Journal of Consumer Behaviour* 7/2008, 272–292

Dies.: Im Kopf des Konsumenten, in: *Gehirn&Geist* 1–2/2009, 44–49

Kahn, Barbara u. a.: The influence of positive affect on variety-seeking among safe enjoyable products, in: *Journal of Consumer Research* 20/1993, 257–270

Kaminsky, Annette: »Keine Zeit verlaufen – beim Versandhaus kaufen«, in: Neue Gesellschaft für bildende Kunst (Hg.): Wunderwirtschaft. DDR-Konsumkultur in den 60er Jahren, Köln 1996, 124–137

Kenning, Peter; Hilke Plassmann: NeuroEconomics: An overview from an economic perspective, in: *Brain Research Bulletin* 67/2005, 343–354

Ders. u. a.: Die Entdeckung der kortikalen Entlastung, Neuro-ökonomische Forschungsberichte der Westfälischen Wilhelms-Universität Münster 1/2002

Ders. u. a.: Wie eine starke Marke wirkt, in: *Harvard Business Manager*, 2005, 53–57

Kruger, Daniel: Male financial consumption is associated with higher mating intentions and mating success, in: *Evolutionary Psychology* 6(4)/2008, 603–612

Lorenz, Konrad: Die angeborenen Formen möglicher Erfahrung, in: *Zeitschrift für Tierpsychologie*, 5/1943, 235–409

Lotter, Wolf: Verschwendung ist sozial, in: *Zeitzeichen* 6/2008, 34–35

Mackowiak, Katja u. a.: Die Bedeutung von Neugier und Angst für die kognitive Entwicklung. www.familienhandbuch.de/cms/Kindliche_Entwicklung-Neugier_und_Angst.pdf

Markowitsch, Hans: Neuroökonomie – wie unser Gehirn unsere Kaufentscheidungen bestimmt, in: Priddat (2007), 11–67

Ders.: Warum wir keinen freien Willen haben. Der sog. freie Wille aus Sicht der Hirnforschung, in: *Psychologische Rundschau* 55/2004, 163–168

McClure, Samuel u. a.: Neural correlates of behavioral preference for culturally familiar drinks, in: *Neuron* 44/2004, 379–387

Miller, Geoffrey u. a.: Ovulatory cycle effects on tip earnings by lap-dancers: Economic evidence for human estrus?, in: *Evolution and Human Behavior* 28/2007, 375–381

Ders. u. a.: Blatant benevolence and conspicuous consumption: When romantic motives elicit strategic costly signals, in: *Journal of Personality and Social Psychology*, 93(1) 2007, 85–102

Müller, Astrid u. a.: A randomized, controlled trial of group cognitive therapy for compulsive buying, in: *Journal of Clinical Psychiatry*, 69/2008, 1131–1138

Nisbett, Richard: Attending holistically versus analytically: Comparing the context sensitivity of Japanese and Americans. *Journal of Personality and Social Psychology* 81/2001, 929–934

Phelps, Elizabeth: Understanding Overbidding. Using the Neural Circuitry of Reward to Design Economic Auctions, in: *Science* 321/26.9.2008, 1849–1852

Plassmann, Hilke u. a.: What can Advertisers learn from Neuroscience?, in: *International Journal of Advertising*, 26(2), 2007, 151–175

Dies. u. a.: Marketing actions can modulate neural representations of experienced pleasantness, in: *PNAS* 105(3) 2008, 1050–1054

Putler, Daniel: Incorporating reference price effects into a theory of consumer choice, in: *Marketing Science* 11/1992, 287–309

Raab, Gerhard: Kein Mensch wird mit einem Nike-Gen geboren, in: *Psychologie Heute* 8/2006, 62–65

Ders. u. a.: Ein Jahrzehnt verhaltenswissenschaftlicher Kaufsuchtforschung in Deutschland, in: *Verhaltenstherapie* 14/2004, 120–152

Ramachandran, Vilayanur: Kunst ist, wenn das Hirn »Aha!« sagt, in: *Gehirn&Geist* 6/2008, 62–64

Roney, James: Effects of visual exposure to the opposite sex: Cognitive aspects of mate attraction in human males, in: *Personality and Social Psychology Bulletin*, 29/2003, 393–404

Ders. u. a.: Behavioral and hormonal responses of men to brief interactions with women, in: *Evolution and Human Behavior*, 24/2003, 365–375

Scheele, Markus: Duftender Gedächtnisanker fürs Firmenimage, in: *Handelsblatt* 4.1.2006

Seymour, Ben u. a.: Differential encoding of losses and gains in the human striatum, in: *Journal of Neuroscience* 27/2007, 4826–4831

Shapiro, Stewart u. a.: The effects of incidental ad exposure on the formation of consideration sets, in: *Journal of Consumer Research* 24/1997, 94–104

Ders.: When an ad's influence is beyond our conscious control: Perceptual and conceptual fluency effects caused by incidental ad exposure, in: *Journal of Consumer Research* 26(1)/1999, 16–36

Shavritt, Sharon u. a.: Persuasion and culture. Advertising appeals in individualistic and collectivistic societies, in: *Journal of Experimental Social Psychology* 30/1994, 326–350

Sprengelmeyer, Reiner u.a.: The cutest little baby face: A hormonal link to sensitivity to cuteness in infant faces, in: *Psychological Science* 20(2)/2009, 149–154

Weber, Bernd u. a.: Neural evidence for reference-dependence in real-market-transactions, in: *NeuroImage*, 35(1)/2007, 441–447

Ders. u.a.: Neurowissenschaftliche Analyse des Regret-Effekts und der Beeinflussbarkeit der Kaufentscheidungszufriedenheit, in: *NeuroPsychoEconomics* 2/2007

Ders. u.a.: Wirkung von Markenemotionen: Neuromarketing als neuer verhaltenswissenschaftlicher Zugang, in: *Marketing – Zeitschrift für Forschung und Praxis*, 2/2008, 109–127

Ders. u.a.: The medial prefrontal cortex exhibits money illusion, in: *PNAS* 106(13) 2009, 5025–5028

Ders. u.a.: Warum sind Prominente in der Werbung so wirkungsvoll? Eine funktionelle MRT-Studie, in: *NeuroPsychoEconomics*, 1(1)/2006

Wendlandt, Marc u.a.: Determinanten des Kaufs gefälschter Markenprodukte, in: *Jahrbuch der Absatz- und Verbrauchsforschung* 2/2008, 156–179

Westerhoff, Nikolas: Der gefühlte Preis, in: *Gehirn&Geist* 1–2/2009, 50–56

Wittmann, Bianca u.a.: Striatal activity underlies novelty-based choice in humans, in: *Neuron* 58(6)/2008, 967–973

Wolf, James: The power of touch. An examination of the effect of duration of physical contact on the valuation of objects, in: *Judgment and Decision Making* 3, 6/2008, 476–482

Internetseiten

Neuroökonomie:

www.neuroeconomics.de (Universitätsklinik Münster)

www.neuroeconomics-bonn.org (Labor für Neuroökonomie der Universität Bonn)

www.neuroeconomics.net (Zentrum für neuroökonomische Forschung, George Mason Universität, Fairfax)

www.neuroeconomics.org (Gesellschaft für Neuroökonomie)

www.neuropsychoeconomics.org (deutschsprachige Fachzeitschrift für Neuroökonomie)

Ethischer Konsum:
www.ecoshopper.de
www.foodwatch.de
www.lohas.com/www.lohas.de
www.newconsumer.com
www.utopia.de

Kaufsucht:
www.kaufsuchthilfe.de
www.kaufsucht.org
www.shopaholicsanonymous.org

Sonstige:
www.glauben-und-kaufen.de (Sammlung religiöser Motive in
   der Werbung)
www.plagiarius.com (Museum für Markenpiraterie)

> »Man muss sich die Kunden des Aufbau-Verlages als glückliche Menschen vorstellen.«

SÜDDEUTSCHE ZEITUNG

Das Kundenmagazin des Aufbau Verlags finden Sie kostenlos in Ihrer Buchhandlung und als Download unter www.aufbau-verlag.de. Abonnieren Sie auch on-line unseren kostenlosen Newsletter.

Eva Tenzer
Ja!
Alles übers Heiraten von Antrag bis Zuhören
Illustrationen von Katja Wehner
235 Seiten. Gebunden
ISBN 978-3-378-01096-3

Verliebt, verlobt, verheiratet

Mit Herz für heimliche Romantiker erkundet Eva Tenzer die Facetten des Heiratens ebenso wie seine Vor- und Nachspiele – angefangen bei der Rolle des Internets für die Zeit des Kennenlernens über die Veränderungen durch Kinder bis zu Krisen oder sogar Scheidung. Sie erklärt, warum ein Doppelleben zu jeder guten Ehe dazugehört, worüber man sich besser vor der Hochzeit klarwerden sollte, warum schon die Frauen der Antike ein Drama um ihr Brautkleid veranstaltet haben, wie die Eifersucht Zar Peter den Großen zu blutigem Aktionismus trieb, warum wir uns mit Reis bewerfen, während die Massai ihre Brautpaare bespucken, vor welchen Hochzeitsbräuchen man sich hüten sollte und welche noch immer ihre Reize haben. Amüsant und geistreich – ein echtes Lesevergnügen.

Mehr Informationen erhalten Sie unter
www.aufbau-verlag.de oder in Ihrer Buchhandlung

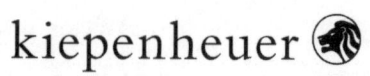

Judith Levine
No Shopping!
Ein Selbstversuch
Aus dem Amerikanischen von
Annette Hahn
301 Seiten
ISBN 978-3-7466-2493-8

Ein Jahr ohne Shopping

Judith Levine hat ein Jahr lang nichts gekauft – zumindest nichts, was über das Nötigste hinausging. Aber zählt Wein wirklich dazu? Und was ist mit diesen limettengrünen Schuhen? Voller Esprit erzählt Levine von den Folgen der Shopping-Verweigerung für ihren Alltag, ihre Beziehung, ihre Psyche und ihren Kleiderschrank. Schon bald gibt es Schwierigkeiten, durchzuhalten: Sabotageversuche und unwiderstehliche Verlockungen treiben sie zum kommerziellen Sündenfall. Eine pointierte Darstellung des zutiefst menschlichen Hanges, sich selbst etwas vorzumachen.

»Ehrlich, mit viel Selbstironie und Witz.« MARTIN SUTER, SONNTAGSZEITUNG

Mehr Informationen erhalten Sie unter
www.aufbau-verlag.de oder in Ihrer Buchhandlung

aufbau taschenbuch

Diablo Cody
Nackt
Ein Enthüllungsroman
Aus dem Amerikanischen von Teja Schwaner
273 Seiten. Gebunden
ISBN 978-3-378-00690-4

»Sie strippte, sah und siegte.« STERN

Für den Oscar-prämierten Film »Juno« schrieb sie Dialoge, wie
sie Hollywood noch nicht gesehen hatte – rasant, authentisch
und urkomisch. Hier berichtet Amerikas neue Stimme Diablo
Cody davon, was es bedeutet, sie selbst zu sein: Sie ist noch nie
auf einem Motorrad gefahren, nicht mal auf einem japanischen.
Sie hat alle erdenklichen Sakramente außer dem der Ehe und der
letzten Ölung empfangen. Sie hat das College in acht Semestern
abgeschlossen. Sie hat noch nie jemandem ein Glas Bier ins
Gesicht geschüttet. Sie hat noch nicht einmal einen lächerlichen
Lippenstift geklemmt. Sie war die reinste Schlaftablette, Mann! Sie
spürte, wie das Feuer verglühte. Deswegen landete sie nackt in der
Skyway Lounge.

»Offen und sarkastisch.« SÜDDEUTSCHE ZEITUNG

Mehr Informationen erhalten Sie unter
www.aufbau-verlag.de oder in Ihrer Buchhandlung

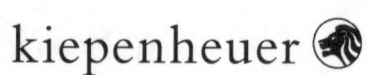

Miriam Collée
In China essen sie den Mond
Ein Jahr in Shanghai
267 Seiten. Broschur
ISBN 978-3-378-01106-9

(Über-)Leben im Reich der Mitte

Ein kleines Haus an der Alster, eine Schaukel im Garten, die Biokiste vor der Tür – eine junge Familie scheint am Ziel ihrer Träume angelangt. Wäre da nicht das Jobangebot aus China: Miriam, 35, Tobias, 37, und Amélie, 3, ziehen in ein Reihenhaus nach Shanghai, wo sie es als einzige Langnasen in chinesischer Nachbarschaft mit Fengshui-Geistern, toten Hühnern auf der Wäscheleine und Tupperdosen-Toiletten zu tun bekommen.
Die STERN-Journalistin Miriam Collée erzählt von einem außergewöhnlichen Abenteuer, das sie mit viel Humor, Liebe, Verzweiflung und Tsingtao-Bier überlebte.

Mehr Informationen erhalten Sie unter
www.aufbau-verlag.de oder in Ihrer Buchhandlung

Lauren Frances
Von Männern und Vögeln
Wie man sich den Richtigen fängt
Illustrationen von Konstantin Kakanias
Aus dem Amerikanischen von
Annette Hahn
269 Seiten. Leinen
ISBN 978-3-378-01097-0

»Jungs, ihr seid erledigt!«

MATT GROENING, ERFINDER DER »SIMPSONS«

Welcher Männertyp ist Mr. Right: ein Paradiesvogel in buntem
Gefieder, ein belesener Brillenkauz, ein echter Dreckspatz – oder
gar ein Raubvogel, den es zu zähmen gilt? Anders als oft behauptet,
sind Männer wirklich keine Schweine, sie sind, so Lauren Frances,
wie Vögel: Sie zwitschern einem schöne Lieder, doch wenn man
sich ihnen nähert, flattern sie davon, sie sind schreckhaft und treten
oft in Schwärmen auf. Wie also fängt man sich seinen Liebesvogel
– und behält ihn? Dieses Buch klärt auf über Balztänze, Lockrufe,
Fang- und Paarungstechniken, gibt Hinweise zur Männersprache,
warnt, von welchen Typen man bei ernsthaften Ambitionen besser
die Finger lässt, zeigt, wie man sie dazu bringt, einem aus der Hand
zu fressen, und warum man bisweilen die Vogelperspektive einnehmen sollte.

»... das witzigste Männer-Versteh-Buch des Jahres« YOUNG

Mehr Informationen erhalten Sie unter
www.aufbau-verlag.de oder in Ihrer Buchhandlung

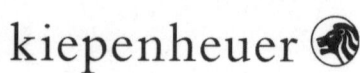

Adam Soboczynski
Die schonende Abwehr verliebter
Frauen oder die Kunst der Verstellung
204 Seiten. Gebunden
ISBN 978-3-378-01100-7

»Gnadenlos weise und trotzdem komisch«

HARALD MARTENSTEIN

Das Chamäleon ist sein Wappentier, Machiavelli sein Pate. Adam Soboczynski erzählt von Männern und Frauen, die das schwierige Spiel des Lebens und die hohe Kunst der Verstellung mal blendend, mal mäßig beherrschen. Wir sehen Menschen in peinlichen und verführerischen Situationen, wie sie jeder kennt: den jungen Aufsteiger in Gehaltsverhandlungen; die Frau, die beim Bewerbungsgespräch nach ihren eigenen Schwächen gefragt wird; den Professor im nicht rein wissenschaftlichen Austausch mit einer Kollegin. All diese Lebenslagen kommentiert Adam Soboczynski mal mit der Strenge eines Zuchtmeisters, mal mit der Zärtlichkeit eines liebevollen Erzählers.

Weitere Titel von Adam Soboczynski:
Polski Tango. AtV 2414

Mehr Informationen erhalten Sie unter
www.aufbau-verlag.de oder in Ihrer Buchhandlung

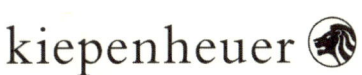

kiepenheuer

Lisa Lutz
Little Miss Undercover
Familie Spellman ermittelt
Aus dem Amerikanischen von
Patricia Klobusiczky
383 Seiten
ISBN 978-3-7466-2486-0

Die Spellmans.
Es bleibt in der Familie

Eine Sippe wie die Spellmans hat die Welt noch nicht gesehen.
In diesem liebenswerten wie abgebrühten Detektivclan lernt man
schon früh das präzise Rund-um-die-Uhr-Beschatten und hinter-
listige Erpressen der eigenen Familie. Auch Isabel Spellman kann
ein Lied davon singen. Als aber ihre kleine Schwester Rae sie und
ihren aktuellen Lover beschatten soll, fasst sie den folgenreichen
Beschluss, aus dem Business auszusteigen.

»Herzerfrischend anders und urkomisch.« Cosmopolitan

Mehr Informationen erhalten Sie unter
www.aufbau-verlag.de oder in Ihrer Buchhandlung

aufbau taschenbuch